HSE
管理体系基础知识

中国石油天然气集团公司安全环保与节能部 编

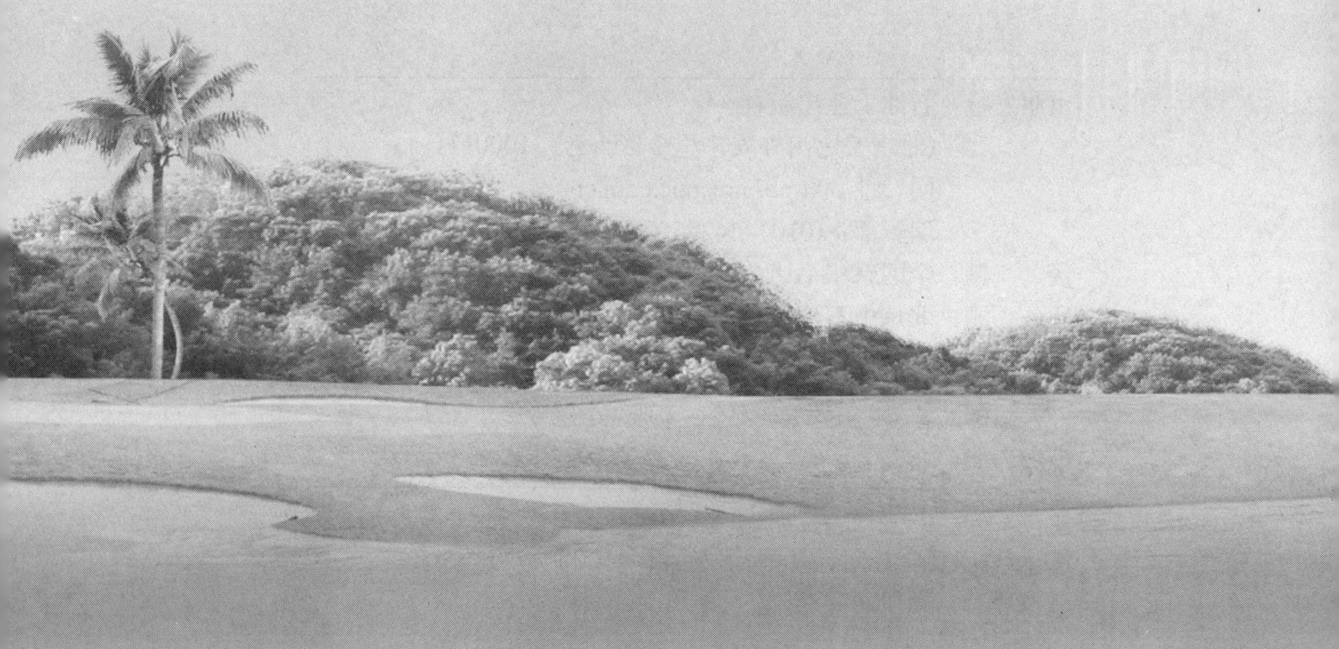

石油工业出版社

内 容 提 要

本书介绍了 HSE 管理体系的起源与发展、建立与运行等相关知识,并重点阐述了中国石油 HSE 管理实践,总结了近年来 HSE 管理取得的典型经验。本书为提高中国石油广大员工的 HSE 意识、知识和技能提供了有力保障,有利于集团公司 HSE 管理体系推进工作的展开。本书可作为石油石化企业安全管理人员、各级管理干部和岗位员工的参考书。

图书在版编目(CIP)数据

HSE 管理体系基础知识/中国石油天然气集团公司安全环保与节能部编. —北京:石油工业出版社,2012.9
(中国石油 HSE 管理丛书)
ISBN 978-7-5021-9080-4

Ⅰ. H…
Ⅱ. 中…
Ⅲ. 石油企业-工业企业管理-安全管理-中国
Ⅳ. F426.22

中国版本图书馆 CIP 数据核字(2012)第 104332 号

出版发行:石油工业出版社
（北京安定门外安华里 2 区 1 号　100011）
网　　址:http://pip.cnpc.com.cn
编辑部:(010)64255590　发行部:(010)64523620
经　销:全国新华书店
印　刷:北京中石油彩色印刷有限责任公司

2012 年 9 月第 1 版　2014 年 6 月第 4 次印刷
787×1092 毫米　开本:1/16　印张:16.25
字数:414 千字

定价:45.00 元
(如出现印装质量问题,我社发行部负责调换)
版权所有,翻印必究

《中国石油 HSE 管理丛书》编委会

主　　任：张凤山
副 主 任：吴苏江　邹　敏　黄　飞　周爱国
委　　员：王洪涛　付建昌　赵邦六　沈　钢　金安耀
　　　　　丁建林　黄永章　赵业荣　杨时榜　钟裕敏
　　　　　闫伦江　王学文　邱少林　饶一山　郭喜林
　　　　　卢明霞　张广智　杨光胜　刘景凯　宋　军

《HSE 管理体系基础知识》编写组

主　　编：邱少林
副 主 编：王其华　韩新芳
编 写 人：谢国忠　胡月亭　王　戎　于海宁　王桂兰
　　　　　杜　民　韩文成　张凤英　朱凤琴　龙政军
　　　　　侯永平　王国成　谢代安　宋　伟　郭勇刚
　　　　　杜庆华　主志宇　田建军　李　森　王国权
　　　　　蒿　露　蒋国亮　马向民　刘炳新

前　言

　　健康、安全与环境关系着员工生命和国家财产的安全，影响着生态环境和社会环境。加强和改进 HSE 管理水平，是中国石油天然气集团公司（以下简称中国石油）始终不渝的努力方向，是全面贯彻落实科学发展观、构建和谐社会、建设综合性国际能源公司的基本要求和根本保证。

　　中国石油高度重视 HSE 管理工作，把 HSE 管理作为企业发展的战略基础、作为"天字号"工程摆在突出位置，把推进 HSE 管理体系建设作为建立安全环保长效机制、提升健康安全环境管理水平，实现安全发展、清洁发展、节约发展、和谐发展的保障。中国石油 HSE 管理体系建设经历了从"九五"到"十一五"再到"十二五"的发展历程，在充分继承优秀管理传统的基础上，认真总结近年来 HSE 管理的经验和教训，以构建"统一、规范、简明、可操作"的 HSE 管理体系为目标，开展国际 HSE 合作，通过学习与借鉴国外公司先进的 HSE 管理经验，扬其优势、摈其弊端，将中国石油特点和 HSE 管理实践相结合，在结合中实践、在实践中推进、在发展中创新，在 HSE 管理的理念、方法和工具方面取得了新的突破，确立了安全环保是企业核心价值的理念。通过全面推行有感领导、落实直线责任、属地管理以及实施安全经验分享、安全观察与沟通、作业许可、工作前安全分析等行之有效的做法，形成了具有中国石油特色的 HSE 管理体系，HSE 业绩水平得到提升。

　　HSE 春风如剪，裁出了中国石油健康、安全与环境管理的一片新绿。然而，管理的变革、制度的创新不是一件容易的事情，HSE 的路还很长。在中国石油业务不断拓展的形势下，健康、安全与环境管理面临许多新的挑战，需要不断探索与实践，持续改进。

　　本书系统介绍了石油石化企业的 HSE 管理理论、管理方法，描述了 HSE 管理体系的起源、发展历程及其建立与运行的程序和方法，对 HSE 管理体系标准条款和要求进行了解析，专题介绍了 HSE 风险管理、应急管理，特别是将中国石油近几年HSE管理的最佳实践汇集到了本书当中。

本书由中国石油新疆培训中心承担主要编写任务，中国石油安全环保技术研究院、大庆油田HSE培训中心、辽阳机电仪研修中心、中油宇安健康安全环境咨询中心，以及北京中油东方诚信认证咨询有限公司和重庆科技学院给予了大力支持，在此表示衷心感谢。由于编者水平有限，书中难免有不妥之处，恳望读者予以批评指正。

编者

2012年5月

目 录

第一章　HSE 管理体系概述 ··· 1
  第一节　HSE 管理体系的起源与发展 ······································ 1
  第二节　中国石油 HSE 管理体系概述 ······································ 7
  第三节　国际石油公司 HSE 管理简介 ······································ 19
  思考题 ··· 30

第二章　风险管理 ·· 31
  第一节　风险管理概述 ··· 31
  第二节　危害因素辨识 ··· 36
  第三节　风险评价与分析方法 ·· 50
  第四节　风险控制 ·· 66
  第五节　工艺安全管理 ··· 77
  第六节　应急管理 ·· 81
  思考题 ··· 96

第三章　中国石油 HSE 管理体系标准 ·· 97
  第一节　HSE 管理体系标准的产生与变化 ································· 97
  第二节　HSE 管理体系　第 1 部分：规范简介 ··························· 100
  第三节　HSE 管理体系　第 2 部分：实施指南简介 ····················· 104
  第四节　HSE 管理体系　第 3 部分：审核指南简介 ····················· 127
  思考题 ··· 134

第四章　HSE 管理体系的建立与运行 ·· 135
  第一节　建立 HSE 管理体系的准备工作 ·································· 135
  第二节　初始状态评审 ··· 139
  第三节　HSE 管理体系的策划与设计 ····································· 145
  第四节　HSE 管理体系文件的编写 ·· 154
  第五节　HSE 管理体系试运行 ··· 168

第五章　中国石油 HSE 管理实践 ··· 170
  第一节　HSE 管理原则 ··· 170

第二节	反违章禁令	174
第三节	有感领导、直线责任和属地管理	175
第四节	个人安全行动计划	183
第五节	安全经验分享	188
第六节	安全观察与沟通	189
第七节	HSE 培训矩阵	192
第八节	工作前安全分析	198
第九节	工艺危害分析	202
第十节	作业许可管理	208
第十一节	上锁挂牌管理	211
第十二节	目视化管理	213
第十三节	HSE "两书一表" 管理实践	215

思考题 …… 223

附录 …… 224

附录1　Q/SY 1002.1—2007《健康、安全与环境管理体系　第1部分：规范》…… 224

附录2　中国石油天然气集团公司关于进一步加强健康安全环境管理体系建设的意见 …… 238

附录3　中国石油天然气集团公司 HSE 管理体系建设推进计划 …… 242

附录4　中国石油天然气集团公司 HSE 管理体系建设提升计划（2011—2015年）…… 247

参考文献 …… 252

第一章　HSE 管理体系概述

健康、安全与环境管理体系（Health, Safety and Environment Management System，简称 HSE 管理体系）是指实施健康、安全与环境管理的组织机构、策划活动、职责、制度、程序、过程和资源等构成的动态管理系统。HSE 管理体系由若干要素构成，遵循闭环管理的运行模式，要素间相互关联、相互作用，通过实施风险管理，采取有效的预防、控制和应急措施，以减少可能引起的人员伤害、财产损失和环境污染，最终实现企业的 HSE 方针和目标。

HSE 管理体系是国际石油天然气工业通用的一种科学、系统的管理体系，集各国同行管理经验之大成，突出了以人为本、预防为主、全员参与、持续改进的管理思想，具有高度自我约束、自我完善、自我激励的运行机制，是石油天然气企业实现现代化管理、走向国际市场的通行证。

第一节　HSE 管理体系的起源与发展

一、HSE 管理体系发展历程

任何一个管理系统的形成都是其外部环境和内部因素共同影响的结果，HSE 管理体系也不例外。石油天然气行业的高风险特点决定了其需要科学合理的方法进行健康安全环保管理工作，这成为促使 HSE 管理体系产生的源头；石油天然气工业对历史上发生的灾难性事故进行反思，得出了"强化风险评估"的思想，这成为 HSE 管理体系的核心理念；国际油气生产组织的推动，促进了健康安全环境管理方法的不断深化；全球各行业对以人为本、安全生产、环保节能等理念认识的不断提高，也促使 HSE 管理体系内涵的进一步丰富和完善。

纵观 HSE 发展历程，大致可分为以下几个阶段：

（一）HSE 管理体系的萌芽期

20 世纪 80 年代初期，全球海上石油生产作业近二三十年的实践，大大推动了各石油公司加强安全管理。1984 年 1 月，壳牌公司在咨询当时世界上安全管理技术和表现业绩都最佳的杜邦公司的基础上，首次在石油勘探开发领域提出了"强化安全管理"的 11 条原则。1986 年，在强化安全管理的基础上，形成手册，以文件的形式确定下来，HSE 管理体系初现端倪。

(二) HSE 管理体系的形成期

20世纪80年代后期，国际上发生的几次重大事故，特别是1998年英国北海油田的帕玻尔·阿尔法平台火灾爆炸事故和1989年埃克森公司瓦尔迪兹油轮触礁溢油事件，推动并加快了石油工业HSE管理体系的形成。

1. 帕玻尔·阿尔法平台火灾爆炸事故

1988年7月6日，位于英国大陆架北海海域的帕玻尔·阿尔法石油天然气生产平台发生了严重的爆炸和火灾事故，226人中有167人死于这场灾难，这是世界海洋石油工业最悲惨的一次事故。

帕玻尔·阿尔法石油天然气生产平台的生产区分为A、B、C、D四个模块，主要进行原油、凝析油、天然气的生产和集输。凝析油生产配置了两台注入泵，一台使用，另一台备用。1988年7月6日，一台凝析油注入泵（A泵）停用检修，按原计划在下午下班前检修完毕，但下班时，维修工没有完成A泵的检修工作，于是就填了一张维修单，注明"A泵没有检修好"，送到平台经理的办公室。当时由于平台经理非常繁忙，这个维修工就将维修单放到了平台经理的办公桌上。此时，A泵仅检修了一部分，泄压管线上的安全阀已经撤掉，在安装安全阀的位置上安装了一个盲板法兰，且该法兰没有上紧。7月6日晚21时45分，另一台凝析油注入泵（B泵）跳闸。为了不影响生产，平台经理召开会议，讨论决定启动A泵，于是查找A泵的维修单，但没有找到那张注明"A泵没有检修好"的维修单，此时平台经理认为A泵已经停用检修了几天，应该修好了，就下令启动A泵。当A泵开启后，凝析油立刻从没有上紧的盲板法兰处泄漏出来。顿时燃烧爆炸，2名员工当场死亡。员工们乱成一团，不知所措，纷纷向平台宿舍区奔跑，等待直升机来救援。此时，周围几个平台已经发现帕玻尔·阿尔法平台爆炸、失火，但是在没有得到岸上总部命令之前，仍然不停地向帕玻尔·阿尔法平台输送天然气，这样在无形中等于给帕玻尔·阿尔法平台源源不断地火上加油，导致帕玻尔·阿尔法平台发生接连不断的爆炸。最终导致帕玻尔·阿尔法平台报废，167人死亡。

事故发生后，英国工业界和官方被震惊了，英国能源大臣任命卡伦爵士带队对这次事故进行了公开调查。通过调查发现：

（1）帕玻尔·阿尔法平台原来设计时仅生产石油，后来增加了分离和处理天然气的设施。在增加这些设施时，对平台做过风险评估，但实际上没有按风险评估的要求去做。并且在以前对帕玻尔·阿尔法平台的审计报告中发现，报告中多处指出，该平台风险很大，一旦发生火灾或爆炸事故，将无法控制，但平台负责人没有给予足够的重视而采取措施去预防。

（2）帕玻尔·阿尔法平台自身设有自动灭火系统，当平台发生火灾时，可以自动将海水引到平台上灭火。但是由于技术落后，海底作业需潜水员来完成，为了保证潜水员的安全，当潜水员在海底作业时，自动灭火系统将处于手动位置。夏季，潜水员经常潜入海底作业，所以在夏季50%的时间自动灭火装置处于手动位置，以致7月6日平台发生火灾事故时自动灭火系统不能正常启动。

（3）工序程序混乱、不清。当维修工看到平台经理工作繁忙时，就将维修单放到平台经理的办公桌上，以致平台经理不知道A泵的检修情况。另外，交接班中交接不清，操作人员不知道安全阀已经卸掉。

（4）平台之间缺少联系和培训。帕玻尔·阿尔法平台发生爆炸时，周围几个平台已经发现，距离帕玻尔·阿尔法平台最近的仅有30海里。事故发生后，一方面这几个平台无法和帕玻尔·阿尔法平台取得联系，另一方面，他们向岸上总部请示是否继续向帕玻尔·阿尔法平台输送天然气时，也一直不能取得联系，直到半小时后，才终于和总部联系上，当停止向帕玻尔·阿尔法平台输送天然气时，帕玻尔·阿尔法平台的厄运已经无法挽救。

（5）缺少应急准备和响应程序。平台上共有226人，其中62人上夜班，其余都在宿舍区。从平台发生第一声爆炸到整个平台无法挽救，共持续了40分钟，即他们有40分钟的时间可以逃生，但他们当中大多数人都停留在宿舍区，等待直升机救援（当时浓烟滚滚，飞机降落的可能性很小），却没有想到利用其他办法逃生。从事故录像可以发现，当时就有一条救生船靠在平台附近。分析死亡原因认为，大多数人是因为吸入了有毒烟气窒息而亡，极少部分人是被烧死的，还有一部分是被淹死的。幸存者都是自己做主，从30米高的平台上跳入大海才保住了性命。帕玻尔·阿尔法平台没有相应的应急准备和响应程序，平时没有对员工进行过应急方面的培训和训练，仅告诉员工一旦发生大型爆炸事故，就到宿舍区去，等待直升机救援，以致平台失火爆炸时，员工不知如何去逃生。

（6）权力过分集中。当紧急情况发生时，平台经理应有一定的权力立即采取措施将损害降低到最小。当帕玻尔·阿尔法平台发生爆炸后，由于周围几个平台的平台经理没有权力命令停止向帕玻尔·阿尔法平台输送天然气，以致造成帕玻尔·阿尔法平台无法挽救的损失。

（7）领导参与程度不够。经理们很少到平台上检查，不知道平台的具体情况，认为平台运转一切正常，并没有对平台采取有效的预防措施。

由卡伦爵士率领的官方调查团对调查结果进行整理，提出了英国大陆架海上石油开采改进安全状况的106条建议，于1990年11月向世界公开发表，这就是世界工业界著名的卡伦报告。卡伦爵士在调查报告中提出的安全状况报告、安全管理体系、安全立法和强化执法等建议对现代安全管理产生了革命性的影响。

鉴于帕玻尔·阿尔法平台事故的惨痛教训，1990年英国能源部要求石油作业公司依据安全评估结果建立安全管理体系和提交安全状况报告。壳牌公司首先制定出了自己的安全管理体系，并在壳牌公司范围内实施海上作业安全状况报告程序。由于对健康、安全与环境危害的管理在原则和效果上彼此相似，在实际过程中三者又有不可分割的联系，因此很自然地把健康（H）、安全（S）与环境（E）作为一个整体来管理。1991年，壳牌公司HSE委员会颁布健康、安全与环境方针指南。1991年，在荷兰海牙召开了第一届油气勘探开发的健康、安全与环保国际会议，HSE这一概念逐步为业内接受。

2. 瓦尔迪兹油轮触礁溢油事件

1989年3月24日晚上9时，埃克森公司的"瓦尔迪兹"号超级油轮从阿拉斯加装满原油后驶出威廉太子港。起航后3小时，在距离威廉太子港以南40公里的勃莱岛附近突然发现前方的冰山，为躲避冰山，驾驶员匆忙转舵，结果触礁搁浅，油舱有8处破裂，3.6万吨原油泄漏到海上。10多天后，油污面积扩大到2300平方千米，对海洋生物造成了极大的危害。据统计，截止到当年10月，在阿拉斯加海湾内共有993只海獭、3万多只海鸟死亡，渔业收入损失约1亿美元。

为处理原油污染事件，美国有关方面伤透了脑筋。他们采用各种方法处理海洋污染，如使用铅制水栅控制油污、在海滩上喷射氮、磷肥混合物来刺激石油细菌分解油污等，耗费了巨大的资金。有关瓦尔迪兹号油轮泄漏事故的法庭诉讼从20世纪90年代初起就一直在进行。2004年1月28日，美国阿拉斯加州联邦法官判决埃克森公司要为瓦尔迪兹号油轮泄漏事故交出共67.5亿美元罚款。这其中45亿美元是对油轮泄漏所造成的各项损失的赔偿，另外22.5亿美元则是赔偿费的利息。

此次事故发生后，美国又发生了几起重大油污事故。在环保主义者的强大压力下，美国众、参两院通过了石油污染法（OPA 90），并于1990年8月11日由布什总统签署成为美国法律。该法律规定，1990年6月20日以前建造的油轮及现有油轮，按吨位大小、船龄等从1995年开始改装为双壳船。

1990年11月19日至30日，国际海事组织在伦敦召开了"国际油污防备和反应国际合作会议"，此次会议形成了《1990年国际油污防备、反应和合作公约》（简称OPRC公约），并翻译成阿拉伯文、中文等6种语言版本。在这次会议上，对《防止船舶污染国际公约》进行了修订，新增"船上油污应急计划修正案"、"（新油轮）防止在碰撞或搁浅事故中油污染"、"防止现有油轮在碰撞或搁浅事故中油污染措施"等内容。OPRC公约的问世，促进了环境管理体系的形成。

（三）HSE管理体系的发展期

1994年，油气勘探开发的健康、安全与环境国际会议在印度尼西亚雅加达召开，由于这次会议由石油工程师学会（SPE）发起，并得到国际石油工业保护协会（IPICA）和美国石油地质工作者协会（AAPG）的支持，影响力很大，全球各大石油公司和服务商都积极参与，因而促使HSE管理活动在全球范围内迅速推广。

1994年7月，壳牌公司制定了"开发和使用健康、安全与环境管理体系导则"。同年9

月,壳牌公司 HSE 委员会制定并颁布了"健康、安全与环境管理体系"。1996 年 1 月,国际标准化组织(ISO)的 ISO/TC67 的 SC6 分委会起草了 ISO/CD 14690《石油和天然气工业健康、安全与环境管理体系》(委员会草案标准)。随后,此草案标准在国际石油界得到普遍推行。

2004 年 3 月,在加拿大卡尔加里召开了第七届 SPE 健康安全环境年会。大会除对提交的论文进行了交流外,还举办了由 BP、壳牌、哈里伯顿、斯伦贝谢、道达尔等石油公司和健康安全环境咨询公司参加的 HSE 文化及软件、产品等展览活动。这次大会提交论文的显著特点是除对健康、安全与环境分别进行专题描述和案例分析外,还对 HSE 管理体系的深入运行和发展进行了理论探讨;突出企业的 HSE 文化理念,重点体现以人为本管理和可持续发展思路;企业领导在 HSE 管理方面亲身谈体会和经验,体现了 HSE 管理体系运行的重点和关键在领导,领导作用和行为等对体系保证和持续改进的研究有了新的进展;加强了对作业者(业主)、承包商(乙方)及相关方等一体化的管理,HSE 责任、权利及义务有了更明确的界定。此外,由展览活动可看出,HSE 管理软件有了实质性发展,体系审核软件、教育培训软件以及多媒体教学模块有很强的实用价值。

从 1991 年第一届健康、安全与环保国际会议到 2004 年第七届 SPE 健康安全环境年会的专著论文中,可以感受到健康、安全与环境管理体系正作为一个完整的管理体系,在国际石油工业界蓬勃发展。

二、HSE 管理体系特点

HSE 管理体系相对于传统的安全管理,具有以下特点:

(1) 注重系统管理与过程控制相结合,突出现代企业管理的科学性和系统性。

HSE 管理体系由很多要素构成,每一个要素对应于企业健康安全环保管理的一项或若干项活动,涉及或覆盖了企业内部所有相关生产经营业务和部门、岗位。按照统一的运行机理,各项 HSE 管理活动互为联系、支持、约束,形成一个有机整体,避免了传统安全管理顾此失彼的被动局面。同时,按照 PDCA(策划、实施、检查、改进)管理原理,对每一项活动或过程事先进行周密策划,做到对应流程清晰、目标明确、制度和资源到位,并对其运行过程实施监督检查和改进,保证每一项活动和过程始终处于受控状态。

HSE 管理体系将各管理要素有机结合,形成系统的、程序化的管理体系,克服了经验型、粗放型管理弊端。管理方式由过去分散型的制度化管理到系统型的体系化管理转变,并逐渐形成以 HSE 文化建设为主导的管理体系。

(2) 注重文化引导和制度规范相结合,突出现代社会人文精神。

HSE 管理体系强调标准化、规范化管理,通过建立健全制度来实施严格管理,这是健康安全环境管理的基础和底线。同时也注重安全文化建设,强调通过领导良好的 HSE 意识和在 HSE 事务方面的积极行为，培育企业良好的安全文化氛围，引导全体员工形成良好的 HSE 习惯。

(3) 注重风险防范和应急处理相结合，突出全过程、全方位控制。

HSE 管理体系突出强调了风险管理的核心作用，通过事先深入、细致的风险识别、分析，采取针对性管理和技术措施，将风险控制到可接受程度，尽最大努力防范事故的发生。同时也高度重视防范措施一旦失效事故状态下的应急处理，保障在突发情况下能够迅速、有序采取应对措施，防止事态扩大，避免事故发生，将损失降到最低程度。

(4) 注重业绩评估和持续改进相结合，突出过程监控和自我完善机制。

HSE 管理体系强调了目标指标管理的重要性。基于充分的风险分析评估，从控制和削减人的不安全行为和物的不安全状态两方面考虑，建立风险控制和削减目标。通过监测、审核、评估等采集数据，定期评估目标指标完成情况，考察企业 HSE 管理体系运行业绩。同时不断调整、更新这些目标指标，不断设置更高水平的目标，采取更加有效的措施，促进企业 HSE 管理体系持续改进。

(5) 注重健康、安全与环境管理相结合，突出系统化、一体化要求。

石油天然气产业属于高风险行业，因健康、安全、环境管理与事故的关联性，必须控制健康、安全、环境方面的各种危害因素，杜绝事故发生。HSE 管理体系正是以风险管理为主线，将健康、安全与环境管理结合为三标一体化的管理体系，符合现代企业管理集中、集成、集约的要求。

三、HSE 管理体系运行模式

企业管理体系是企业各种管理的有机组合，对于一个企业而言，可能有多个并存的管理体系，如财务管理体系、人力资源管理体系，以及质量管理体系、安全管理体系、环境管理体系等。健康、安全与环境管理体系也是企业综合管理体系的一种，它将企业的健康、安全与环境管理纳入了一个管理体系之中，体现了企业一体化管理思想。

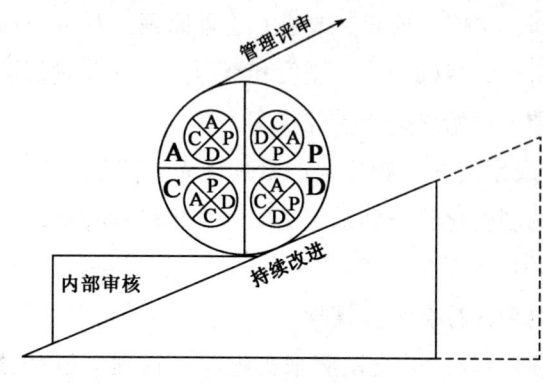

图 1-1 戴明模式

HSE 管理体系运行模式基于戴明模式（图 1-1）。戴明模式由美国著名的质量管理专家戴明首先提出，该模式由策划（Plan）、实施（Do）、检查（Check）、改进（Act）四个阶段组成，构成 PDCA 循环，所以又称戴明循环。策划：建立所需的目标和过程，以实现组织的健康、安全与环境方针所期望的结果；实施：对过程予以实施；检查：根据承诺、方针、目标和指标，以及法律法规和其他要求，对过程进行监视和测量；改进：采取措施，以持续改进健康、安全与环境管理体系绩效。按照戴明模式，通过内部审核、管理评审手段，可推动管理体系的持续改进，不断提高 HSE 管理水平。

第二节　中国石油 HSE 管理体系概述

一、中国石油 HSE 管理体系发展历程

加强和改进健康安全环境管理，事关员工生命和国家财产安全，是中国石油天然气集团公司（以下简称中国石油）全面贯彻落实科学发展观、构建和谐企业、建设综合性国际能源公司的基本要求和根本保证。中国石油高度重视 HSE 管理体系，把推进 HSE 管理体系建设作为建立安全环保长效机制、提升健康安全环境管理水平、实现安全环保形势根本好转的有效途径。中国石油 HSE 管理体系是在我国石油工业对外合作过程中逐渐形成和发展起来的，是国际 HSE 管理理念与我国石油工业多年管理经验相结合的结果。

（一）国际 HSE 管理理念与传统观念的碰撞

1993 年 3 月，中国石油天然气总公司发布"陆上对外合作开采石油资源"第一轮招标通告。一个月内，包括埃克森、BP、壳牌、阿吉普等世界著名公司在内的 61 家国际石油公司蜂拥而至、竞相角逐。

1993 年 12 月，埃克森公司凭借强大的实力，率先与中国石油天然气总公司签署塔里木盆地 3 个区块的风险勘探合同。总部设在河北涿州的中国石油天然气总公司石油地球物理勘探局（BGP）得到消息后，有关人员立即通宵达旦地紧张工作，准备与 3 家外国公司、4 家中国公司竞争，来获得埃克森公司在风险勘探区块进行的 1400 公里地震采集的反承包作业。

1994 年 9 月，BGP 接到美国休斯敦发来电传，埃克森总部决定聘用 BGP 的两支地震队伍在塔里木区块作业。几天后，埃克森公司和 BGP 双方代表在合同议定书上正式签字。议定书签署的同时，也注定 BGP 的 2207 队、219 队两个物探队将经历与国际石油公司 HSE 管理思想、方式的激烈碰撞和交锋。

1. 对健康管理的冲击

寒冬腊月的一个中午，2207 队的 HSE 监督伍德走进职工餐厅巡视，发现许多就餐的工人碗里既没有肉也没有鸡蛋，转身走出了餐厅。当晚 8：30 召开的例会上，伍德先生向中方经理提出："经理先生，在寒冷的冬季作业，人员体力能量消耗很大。而中方人员现在每天进食所获得的能量远不足以弥补作业过程中的体力消耗，应该规定每人每天至少补充 150 克肉食。"伍德先生的这番陈辞，使中方经理不由得联想起 20 世纪 80 年代初的一段经历。那次进入沙漠勘察，有 7 名同志被抬出塔里木盆地，其中一位最终离去。当时这些病患者浑身

无力，站都站不住，肚子发胀，但就是查不出原因。过了很长时间，才知道发生这种情况是长期缺乏蔬菜、肉类供应的缘故。会议当即决定，马上提高员工的伙食标准。

经过一段时间的肉食和蔬菜补充之后，全队员工都发现身体确实不像过去出工回来那样疲惫了，脸色也都有了光泽。通过这次事情，大家懂得了怎样保证"健康"。

2. 对安全管理的冲击

负责埋炸药的埋药工李某忽然发觉自己的安全帽遗忘在炮点附近，于是未加思索便朝着炮点方向跑去。10米、5米、2米，就在埋药工李某距离炮点1米左右的时候，爆炸工李某按下爆炸机的开关。埋药工李某被爆炸气浪打翻在地，安全帽则被炸飞出去20多米远。很快，"在TA—94—11测线7180桩号进行小折射作业时，发生一起爆炸事故，埋药工李某受伤"的消息通过卫星传送到位于美国休斯敦的埃克森公司总部，公司勘探部立即中断业务会议，决定派出国际物探作业经理何特先生赴中国，由埃克森中国有限公司总裁陪同到作业现场进行事故调查。事故调查结束后，埋药工李某、爆炸工李某因违章作业被解雇。

219队也"连坐陪绑"和2207队一道停工整改，重新进行HSE培训，学规程、找隐患。沉痛的教训使全队职工领教了国际石油公司要求的"安全"。

3. 对环境管理的冲击

在219队的队部里，HSE监督迈克大发雷霆，声称在焚埋垃圾的问题上"上当受骗"。BGP的队伍在沙漠里曾征战14载。过去，不少迷失方向的职工都是依靠测线上的雷管炸药包装箱、罐头壳等废弃物和生活垃圾"迷途知返"的；推土机手按队长选址推出的两个大坑就是"法定"的男女厕所。而埃克森公司到这里进行风险勘探以后，马上立下诸多规矩：要求作业队伍厕所冲水式、营房化；生活污水要通过陶瓷管道排放到200米以外的污水坑中；作业过程中产生的废弃物必须带回生活营地统一处理；营地搬迁时要认真清理废弃物，恢复原来的地形地貌等。3个月前，219队有些队员为了省时省事，偷偷将没有焚烧完的垃圾草率地埋在沙坑里，但如今，由于大自然"风吹沙移"又使垃圾"重见天日"暴露出地面。迈克先生正在为这起事件大动肝火："我是第一次来中国，感到这里非常美丽。这片沙漠原始自然，我不希望在我们作业以后成为垃圾场地"。这就是国外公司强调的"环境"。

4. 对管理方式的冲击

219队一名炊事人员两次在储存间内搅拌鸡蛋，违反了"在操作间操作以保证卫生"的队规。结果，炊事班长被外方解雇，而没有直接处理炊事人员。因为外方主管认为，是炊事班长负责炊事班的管理工作，而不是具体的操作人员。"上对谁负责，下向谁负责，具体负责什么"的线性管理，也是区别于我们传统管理的一个特点。

正是诸如此类的冲击和碰撞，使BGP领导和职工的思想意识逐渐发生了深刻变化，由被动执行到自觉建立和不断完善HSE管理体系。也正是诸如此类的冲击和碰撞，以及随着石油工业跨国合作机会的增多，使中国石油认识到要想与国际接轨，必须建设和运行 HSE 管理体系。

（二）中国石油 HSE 管理体系的建立

1994 年，在印度尼西亚雅加达召开的油气勘探开发的健康、安全与环境国际会议上，中国石油天然气总公司作为会议的发起人和资助者之一派代表团参加了会议。在会议上，中国石油天然气总公司与国际石油组织、全球各大石油公司和服务商广泛交流，建立了良好的沟通渠道，并密切关注国际 HSE 管理体系标准制定的发展动态。

从 1996 年 9 月开始，中国石油天然气总公司及时组织人员对 ISO/CD 14690《石油和天然气工业健康、安全与环境管理体系》标准草案进行翻译。在吸收以往行之有效的安全生产、环境保护的规章制度和管理经验的基础上，将上述标准进行了等同转化，于 1997 年 6 月 27 日正式颁布了中华人民共和国石油天然气行业标准《石油天然气工业健康、安全与环境管理体系》（SY/T 6276—1997），自 1997 年 9 月 1 日起实施。

中国石油参照国际石油天然气工业通行做法，认真学习、借鉴国际石油公司 HSE 管理的先进经验，从 1997 年开始，结合企业实际，积极探索并大力推行 HSE 管理体系。1998 年，中国石油天然气总公司提出了"先国外、后国内，先试点、后推广"的建立和实施 HSE 体系化管理的指导思想，力争用 3 年时间，建立起中国石油的 HSE 管理体系。2000 年 1 月 29 日，发布了《中国石油天然气集团公司 HSE 手册》A 版，标志着中国石油 HSE 管理体系的全面推行。与此同时，中国石油大港油田公司、中国石油地球物理勘探局等多家局级企业在借鉴、消化、吸收国际石油公司 HSE 管理经验的基础上，结合中国石油安全生产、环境保护管理经验和责任制度，以 SY/T 6276—1997 为主体框架，以《中国石油 HSE 管理手册》和《HSE 管理体系建立指南》等系列文件为指导，以基层实施 HSE 风险管理为重点，建立起一套完整的、分层次的、文件化的、对应于全员 HSE 责任的保障体系，初步形成了健康、安全与环境管理一体化的新格局，加快了中国石油健康、安全与环境管理工作与国际石油公司接轨的步伐，为实施"走出去"战略打下了基础。

随着国际贸易和科技文化交流的不断扩大，采用国际标准，或者说标准的国际化或标准的国际趋同化，已成为全球标准化工作的普遍发展趋势。中国石油在考虑与国际健康、安全与环境相关管理体系标准高度兼容的前提下，提出了开发《健康、安全与环境管理系列标准》的计划，并于 2004 年 7 月 29 日发布了 Q/CNPC 104.1—2004《健康、安全与环境管理体系 第 1 部分：规范》，同时中国石油股份公司也推出了 Q/SY 2.2—2001《质量健康安全环境管理体系要求理解与实施》的 QHSE 标准。2007 年 7 月，中国石油根据多年来 HSE 管理实践，结合企业实际，在继承 SY/T 6276—1997、Q/CNPC 104.1—2004 的基础上，参照 GB/T 24001—2004《环境管理体系 要求及使用指南》和 GB/T 28001—2001《职业健

康安全管理体系 规范》，相继发布了中国石油统一的 HSE 管理体系系列标准 Q/SY 1002.1—2007《健康、安全与环境管理体系　第 1 部分：规范》、Q/SY 1002.2—2008《健康、安全与环境管理体系　第 2 部分：实施指南》、Q/SY 1002.3—2008《健康、安全与环境管理体系　第 3 部分：审核指南》。2010 年，为更加有效地深入推进我国石油天然气工业的健康、安全与环境管理体系工作，实现健康、安全、环境管理与国际接轨和持续发展，促进石油企业在国际上的竞争力，对 SY/T 6276—1997 的内容进行了重新修订，参考了 ISO/CD 14690、API PUBL 9100A—1998《环境、健康和安全管理体系模式》，以及 GB/T 24001—2004 和 GB/T 28001—2001 等有关标准的相关技术要求，充分考虑了体系要素的融合，于 2011 年 1 月 9 日发布、5 月 1 日实施了 SY/T 6276—2010《石油天然气工业健康、安全与环境管理体系》，这标志着中国石油的 HSE 体系化管理进入了一个崭新的阶段。

二、中国石油 HSE 管理体系实践与探索

从正式发布实施 SY/T 6276—1997《石油天然气工业健康、安全与环境管理体系》，全系统建设 HSE 管理体系开始至今，中国石油在多方面开展了 HSE 体系化管理的实践与探索。

（一）确立三大工程战略

早在 2001 年，中国石油就提出了"十五"期间重点抓好的三大工程，即"HSE 管理体系、HSE 管理人才、HSE 技术创新"建设工程。

(1) 构筑 HSE 管理体系工程：进一步健全现代企业健康、安全与环境管理制度，深化、完善 HSE 管理的文件体系、监督体系和信息发布体系，实现 HSE 管理与国际石油公司接轨，力争 HSE 控制指标达到或接近国际石油公司先进水平。

(2) 实施 HSE 管理人才工程：进一步建立和完善 HSE 培养和继续教育体系，营造 HSE 人才脱颖而出的竞争机制。

(3) 推动 HSE 技术创新工程：进一步加快施工作业队伍 HSE 设备、技术更新程度，优化中国石油健康、安全与环境技术支持体系，大力开发石油清洁生产和安全保障急救设备，发展环保产业，逐步形成新的经济增长点。

（二）建立 HSE 培训和认证体系

为了确保中国石油 HSE 发展战略在基层得到有效实施，HSE 管理体系得到规范运行和实现持续改进，中国石油 HSE 管理引入了 HSE 认证制度。通过 HSE 认证，有效激发了各企业建立体系的内在动力，促进了 HSE 管理体系有效运行。通过建立集团公司级 HSE 培训咨询机构，对企业 HSE 管理体系的建立、保持起到了重要的技术支撑作用。

(三) 探索异体监督机制

在管理体制和监督机制方面，借鉴国外石油作业公司实行 HSE 监督的做法，积极探索建立了一套 HSE 管理与监督互为补充的新机制。在强调"管生产必须管安全"和"谁主管、谁负责"的管理原则下，提出在企业及二级单位设置安全总监、副总监，关键施工项目派驻安全监督，重大项目实施环境监理的管理制度。即企业"行政一把手负全责，主管领导负管责，安全总监负监责"的 HSE 管理、监督两条线的管理机制。安全监督经过培训、考核合格，取得相应资质后上岗。实施相对第三方的异体监督，探索出安全（HSE）监督的新体制。通过机制创新，使 HSE 工作真正做到管理到位、监督到位、责任到位。

(四) 基层组织的 HSE 管理模式

HSE 风险管理的重点在基层，风险削减和应急的措施重点是落实。为了使 HSE 管理体系识别风险和控制危害落实到基层、落实到岗位，中国石油建立了以风险管理为主要内容的基层"两书一表"（HSE 作业指导书、HSE 作业计划书、HSE 现场检查表）和"四有一卡"（有指令、有规程、有确认、有监控、卡片化）等有效做法，立足于 HSE 风险管理理论和安全环保责任制，从人、机、环境三个方面通过静态、动态风险控制，做到了 HSE 责任"一岗一责制"，使 HSE 管理由文件化进一步落实到责任的具体化，促进了 HSE 管理的工作到位、责任到位、全过程风险控制措施到位，从而实现生产受控。

(五) HSE 管理方案

1999 年，中国石油发布实施了《中国石油天然气集团公司 HSE 管理方案编制指南》（中油质字〔1999〕194 号），规范了中国石油天然气集团公司所属企业关于《HSE 管理方案》编制的基本要求。《HSE 管理方案》是企业职能部门实施 HSE 管理的基本模式，是企业管理层解决重要风险问题，实施 HSE 活动和任务的指导性文件。《HSE 管理方案》和《HSE 两书一表》、《HSE 创优升级计划》都是中国石油 HSE 管理体系的重要组成部分，从管理层级、主体内容、运行机制等方面，立体构架出了中国石油 HSE 管理体系的综合模式。

(六) HSE 创优升级

2003 年，为实现全面建设具有国际竞争力的综合性国际能源公司的战略目标，在贯彻国家有关法律法规的基础上，借鉴当今国际石油公司先进管理方法，中国石油下发了《关于印发＜中国石油天然气集团公司 HSE 创优升级计划（试行）＞的通知》（中油质安字〔2003〕68 号），提出了具有中国石油特色的 HSE 创优升级计划。创优升级计划是一套自我评价体系，是帮助各级组织进行内部评审的手段、测量自身 HSE 表现的基准、持续改进的向导、落实 HSE 管理方案的有效途径和工具。企业按照"整合体系、自我约束、恪守标准、持续改进"的要求，通过对体系各个要素开展自我评价和考核，可实现 HSE 管理的进步与创新。

三、中国石油 HSE 管理体系推进与提升

（一）HSE 管理体系推进与提升历程

2006 年，中国石油明确提出，要建立更加科学完善的 HSE 管理体系，推进 HSE 管理体系有效运行。建立"统一、规范、简明、可操作"的 HSE 管理体系是中国石油当前及今后一段时期的重点工作。

2006 年 7 月南戴河领导干部会议后，中国石油为了全面加强健康、安全与环境管理体系建设，进一步推进 HSE 管理体系的规范有效运行，实现安全发展、清洁发展，为把中国石油率先建成一流的社会主义现代化和具有较强国际竞争力的跨国企业集团提供保障，出台了《中国石油天然气集团公司关于进一步加强健康安全环境管理体系建设的意见》（中油质安字〔2006〕739 号），具体见附录 2，明确了 HSE 管理体系工作的指导原则和 2007—2020 年 HSE 管理体系工作的总体目标等，从此揭开了中国石油 HSE 管理的新篇章。

（1）HSE 管理体系工作的指导原则。

①安全第一、环保优先、以人为本。坚持把安全生产、清洁生产放到各项工作的首位；坚持生产建设服从安全环保；坚持关爱生命、保护环境，切实做到人与自然、企业与社会的和谐统一发展。

②统一规范、持续改进、全员参与。坚持统一 HSE 政策和标准，规范管理方式和方法；坚持不断提高 HSE 管理体系运行质量，持续改进 HSE 绩效；坚持人人讲 HSE、全员抓 HSE，强化 HSE 管理体系执行力。

③继承发扬、科学创新、注重实效。坚持继承和发扬优良传统；坚持推进观念创新和管理创新；坚持与企业生产经营相结合，立足基层实际，克服形式主义，切实提高 HSE 管理体系的可操作性和有效性。

（2）HSE 管理体系工作的总体目标。

2007—2020 年 HSE 管理体系工作的总体目标是，建立安全环保长效机制，形成具有中国石油特色的 HSE 管理体系和安全文化，中国石油 HSE 管理达到国际石油行业先进水平。具体目标：

①到 2007 年末，中国石油制定统一的 HSE 承诺、方针、战略目标和 HSE 政策，各企业全面建立并运行 HSE 管理体系。

②到 2010 年，中国石油制定统一的 HSE 技术标准和操作规程；基本建立安全环保长效机制，形成具有中国石油特色的 HSE 管理体系。

③到 2020 年，HSE 管理体系有效运行，安全环保文化系统形成，本质安全全面实现，安全环保业绩优良。

2007 年 7 月，为贯彻《关于进一步加强健康安全环境管理体系建设的意见》，规范和强化 HSE 管理体系有效运行，加快安全环保长效机制建设，实现安全环保形势明显好转和根本好转，中国石油制定发布了《中国石油天然气集团公司 HSE 管理体系建设推进计划》（中油安字〔2007〕343 号）（具体见附录 3）。《推进计划》中具体部署了 2007—2010 年 HSE 管理体系推进的总体思路、推进原则、工作目标，并明确了整合 HSE 理念、统一 HSE 规范、加强 HSE 风险管理、提高 HSE 执行力等工作任务，对中国石油的 HSE 管理体系推进工作起到了积极的推动作用。同年 10 月，整合了 HSE 承诺、方针和战略目标，统一了 HSE 管理体系政策、标准，修订发布了《中国石油天然气集团公司 HSE 管理体系管理手册》C 版，总结提炼了基层组织 HSE 管理的经验和方法，夯实了 HSE 管理的基础。

2008 年 2 月 4 日，中国石油颁布了《反违章禁令》，规范了全员岗位操作的"规定动作"；2009 年 1 月 7 日，中国石油出台了《HSE 管理原则》，这是继发布《反违章禁令》之后，进一步强化安全环保管理的又一治本之策。

2008—2010 年，中国石油在 HSE 体系推进过程中，注重学习、借鉴国际先进 HSE 理念和方法，与杜邦公司在不同层面、不同领域开展了 HSE 合作，积极探索建设符合中国石油实际、具有中国石油特色的 HSE 管理体系。同时，配套完善了中国石油 HSE 制度和技术标准，加强了 HSE 管理、监督、审核人员队伍建设，健全了 HSE 信息系统，完善了 HSE 管理体系规范运行的培训、指导、监督、审核等保障机制。

2011 年，为进一步加快推广 HSE 管理体系推进试点成功经验，全面提升中国石油 HSE 管理整体水平，中国石油出台了《中国石油天然气集团公司 HSE 管理体系建设提升计划（2011—2015 年）》（中油安〔2010〕561 号）（具体见附录 4），此提升计划中明确提出了中国石油"十二五"时期 HSE 管理体系提升工作的总体思路、工作目标、工作任务、保障措施等内容。

(1) 总体思路。

坚持以科学发展观为统领，以贯彻落实中国石油 HSE 管理原则和反违章禁令为重点，以推广实施试点经验和有效做法为载体，着力在"转变观念、养成习惯、提高能力"上狠下工夫，进一步提升 HSE 理念，提高全员能力，控制作业风险，规范体系运行，真正树立安全核心价值观，培育有中国石油特色的 HSE 文化，为建设综合性国际能源公司提供坚实的战略基础保障。

(2) 工作目标。

①在中国石油 HSE 管理体系总体框架下，各专业板块突出管理特性，形成共性通用、特性突出、统一规范的 HSE 制度标准体系；各专业板块有 2~3 家所属企业的 HSE 管理达

到国际同行业先进水平。

②建立以培训矩阵为基础的基层 HSE 培训管理模式，完善培训课件，改进培训方式，培养培训师队伍，形成满足企业安全环保需要的 HSE 培训管理系统。

③建立 HSE 管理体系运行质量评估标准，培养满足企业需求、综合素质高、业务能力强的 HSE 评估专家队伍，在总部和企业层面有效开展系统、量化的 HSE 管理现状评估工作。

(3) 主要任务。

一是进一步提升 HSE 管理理念。充分利用电视、报纸、网络等多种媒介，组织开展形式多样的 HSE 管理原则及理念宣贯活动，完善配套落实措施，推动"环保优先、安全第一、以人为本"以及"一切事故都可以避免"等 HSE 理念观念入脑入心入行，推动领导干部切实践行有感领导、职能部门落实直线责任、基层员工履行属地职责。

二是进一步提高全员 HSE 技能。分层次组织开展领导干部、管理人员、专职人员 HSE 理念、方法和管理技能培训，提高 HSE 领导管理能力和监管能力；以 HSE 培训矩阵为载体，以操作规程为主体内容，采取现场在岗辅导为主、课堂培训为辅的方式，大力开展岗位技能培训，不断提高岗位操作人员操作控制和风险防控能力。

三是进一步加强 HSE 风险管理。采取多种方式加强 HSE 风险管理，深化"两书一表"、"四有一卡"和作业许可管理，规范岗位操作规程管理，切实加强常规和非常规作业管理。以推广运用 HAZOP 分析方法为切入点，深化工艺危害分析工作，全面加强工艺安全和事故事件管理，不断提高基层生产作业风险管理水平。

四是进一步推动体系规范运行。学习先进经验，完善方法工具，优化工作流程，切实建立结构清晰、流程顺畅、简明实用的 HSE 制度标准体系；借鉴国际通行做法，逐步建立中国石油百万工时事故事件统计指标和考核准则；不断规范应用和完善 HSE 信息系统，扎实开展推进重点指导和审核评估工作，推动 HSE 管理体系有效规范运行。

(4) 保障措施。

为保证中国石油 HSE 管理体系提升计划有效实施，使各项工作落在实处，见到实效，提升计划中针对组织领导、资源投入、强化落实等方面的保障措施提出了明确要求。

(二) HSE 管理体系推进工作模式

中国石油围绕 HSE 管理体系建设重点任务，不断总结工作经验、创新工作方法，形成了具有中国石油特色的"33333"推进工作模式。"33333"即确立三大目标、明确三大任务、推进三个层次、突出三个重点、采取三种方式。

1. 确立三大目标

按照建立"统一、规范、简明、可操作"HSE 管理体系的原则，中国石油确立了 HSE 管理体系推进工作的"三大目标"，这是"33333"中的最核心内容，即转变观念、提高能力、养成习惯。通过统一认识，让安全环保成为企业的核心价值，不断培育具有中国石油特色的安全文化。

(1) 转变观念。

先进的安全理念是现代企业安全文化的精髓和核心。经过长期的摸索实践和总结提炼，中国石油已经形成了一整套具有系统性、科学性和指导性的 HSE 管理理念。实际上，HSE 体系管理是一种管理思想和方法，其重要特点是：前移关口、主动预防，责任归位、业务管理，风险核心、源头控制，规范运行、持续改进。转变观念主要是要树立体系管理的思想，并在日常生产经营工作中坚持运用和融入体系管理，而不仅仅是建立一套管理体系文件。

(2) 养成习惯。

养成习惯的重点是养成 HSE 管理的核心是风险控制的思维习惯，任何工作和活动都遵循 PDCA 闭环管理的管理习惯以及安全成为员工工作和生活的行为习惯，全员养成良好习惯的总和构成了企业的安全文化。

(3) 提高能力。

提高能力的最终目的是确保生产经营各个层次、各个环节和风险管理流程有机融合，最终提升全体员工的风险管控能力，这些层次和环节包括战略规划、项目投资、方案设计、生产组织、教育培训、施工作业等生产经营的各个环节和过程。

对于领导干部来说，要提高其 HSE 领导和决策能力，可通过践行有感领导、亲自运用安全观察与沟通方法等载体来实现；对于机关职能部门人员来说，要提高其 HSE 组织和管理能力，可通过落实直线责任、制定实施个人安全行动计划等方式来实现；对于基层员工来说，要提高其 HSE 操作和执行能力，可通过实施属地管理、积极参与工作前安全分析等方式来实现。

2. 明确三大任务

2007 年以来，中国石油大力推进 HSE 管理体系建设，并在此过程中明确了三大工作任务和内容，即健全 HSE 制度标准、完善 HSE 培训系统、改进 HSE 绩效管理。

(1) 健全 HSE 制度标准：解决"干什么，如何干"的问题；

(2) 完善 HSE 培训系统：解决"学什么，如何学"的问题；

(3) 改进 HSE 绩效管理：解决"管什么，如何管"的问题。

三个重点工作任务以健全 HSE 制度标准为主线，相辅相成，互为支持，构成 HSE 管理体系推进工作的主体任务。

3. 推进三个层次

HSE 管理体系推进的关键是构建和完善全员 HSE 责任体系，落实全员 HSE 责任。有感领导、直线责任和属地管理就是建立完善 HSE 责任体系，明晰并落实全员 HSE 责任的有效方式和具体体现。有感领导、直线责任和属地管理既是一种管理理念，也是一种工作要求。这三个理念之间互为载体，同时具体内涵也有交叉，但针对不同职能层次有不同的侧重点。

三个层次即领导层、管理层、操作层。

（1）领导层——推行有感领导：由重视变成重实；

（2）管理层——落实直线责任：由体系参与者变成体系管理者；

（3）操作层——强化属地管理：由操作者转为属地管理者。

4. 突出三个重点

在大力推进 HSE 管理体系建设的过程中，针对当前中国石油 HSE 管理现状和薄弱环节，确立了当前三个工作重点，即行为安全、工艺安全和承包商安全。

（1）行为安全：行为包括组织管理行为以及个人操作行为。组织管理行为的安全可通过风险辨识、作业许可、HSE 培训等来实现；个人操作行为的安全可通过执行反违章禁令、操作规程、应急预案等来实现。

（2）工艺安全：随着对员工行为安全管理工作不断加强，工艺安全管理不到位已逐渐成为引发事故的重要原因。加强工艺安全管理，可以从本质上保证安全生产。

（3）承包商安全：近些年承包商事故呈现出高比例、高危害、高重复发生的"三高"趋势，加强承包商管理，势在必行。

5. 采取三种方式

三种方式即试点引路、重点指导、全面推广。

（1）试点引路：总结成功经验，固化成熟模式；

（2）重点指导：选择重点单位，重点帮促和指导；

（3）全面推广：通过发布 HSE 制度标准、召开专题会议、加强宣传教育、开展系列培训等多种方式在全系统内大力推广典型经验和有效做法。

（三）中国石油 HSE 管理体系推进成效

2007 年以来，中国石油按照"系统策划、分级管理、分步实施、上下协调"的总体原则，积极采取试点引路、重点指导和全面推广等三种方式大力推进 HSE 管理体系建设，形成 HSE 管理体系推进"点线面"结合的工作格局。试点引路和重点指导工作为全面推广 HSE 体系化管理做出了有益的探索和实践，成绩斐然。

（1）HSE 理念更加清晰。"环保优先、安全第一、质量至上、以人为本"，"安全源于质量、源于设计、源于责任"，"一切事故都是可以避免的"，"有感领导、直线责任和属地管理"、"事故事件是一种宝贵资源"等安全环保管理理念逐步深入人心，这些新理念是对大庆精神、铁人精神的继承发扬和再创新，更加符合时代特征，具有现实指导意义。

（2）制度更加健全。突出源头控制和过程管理要求，建立了涵盖工艺安全、行为安全和污染物控制的总部通用健康安全环保制度框架。制修订了作业许可、安全监督、环境统计等安全环保制度标准，发布实施了总部"1+18"应急预案，企业层层配套细化，夯实了安全环保管理基础。

（3）措施更加有力。发布了HSE管理原则和反违章禁令，推广完善了HSE信息系统，集中开展领导干部HSE培训，鼓励上报未遂事故事件，强化HSE管理体系审核评估等一系列安全环保管理重大举措，标本兼治，推动安全环保工作由被动、滞后管理向主动、超前防范转变。

（4）方法更加完善。实施领导干部个人安全行动计划，推广运用安全观察与沟通方法，推动落实有感领导和直线责任。推行作业许可、工作前安全分析、工艺危害分析、上锁挂牌等风险管理方法，进一步完善"四有一卡"、"两书一表"，推动落实属地管理。这些方法是对传统有效做法的总结、升华和再创新，更加贴近基层，更具有操作性。

（5）氛围更加浓厚。积极推广"安全经验分享"，广泛开展安全环保主题月、宣传周活动，组织开展安全生产大家谈、安全演讲、HSE知识竞赛、安全技能比武、HSE论文征集评选等形式多样、卓有成效的安全活动，营造了良好安全文化氛围，有效促进了员工从"要我安全"到"我要安全"转变。

（6）试点经验珍贵。试点企业积极学习借鉴国际先进经验，成效显著。领导干部HSE工作"七个带头"、安全环保"责任归位"、基层属地管理"六字法"、HAZOP方法运用、安全文化建设"流动站"等典型经验，符合企业实际，可借鉴性强，已经在全中国石油系统推广。通过试点还培养了一批体系推进骨干力量，为全面深入推广试点经验提供了人才储备。

通过HSE管理体系深入推进与持续发展，全员安全环保意识进一步增强，HSE文件体系进一步规范，基层风险管理水平进一步提高，安全环保执行力进一步强化，极大地提升了中国石油HSE管理整体水平。

四、中国石油企业安全文化

文化是人类文明进步的象征，是企业发展的内在动力。企业文化是企业在创建和发展过程中形成的物质财富与精神财富的总和，是人类社会发展的标志之一。企业安全文化是企业文化的有机组成部分，是企业核心竞争力之一。一个企业只有培育出良好的企业安全文化，才能使写在纸上的安全管理要求成为全体员工的自觉行动，并最终实现"安全融入我心中"。企业安全文化包括了信念、价值观、审美观、驱动力、个人承诺、心理素质、参与和责任等，主要体现在：

(1) 持续改进 HSE 表现的信念；

(2) 鼓励和促进员工改善 HSE 表现；

(3) 每个员工的责任和义务都体现公司的 HSE 价值观；

(4) 各个层次员工都参与 HSE 管理体系的建立和运行；

(5) 自上而下地实施 HSE 管理承诺；

(6) 保证 HSE 管理体系的有效实施。

早在 2004 年修订的《企业文化建设纲要》中，中国石油就把"安全"写入了企业的核心经营管理理念。中国石油的核心经营管理理念为：诚信、创新、业绩、和谐、安全。其具体含义为：

(1) 诚信——立诚守信，言真行实；

(2) 创新——与时俱进，开拓创新；

(3) 业绩——业绩至上，创造卓越；

(4) 和谐——团结协作，营造和谐；

(5) 安全——以人为本，安全第一。

这一理念代表着中国石油经营管理决策和行为的价值取向，是有机的统一整体，其中诚信是基石，创新是动力，业绩是目标，和谐是保障，安全是前提。安全就是业绩、责任和无隐患。

2004 年，中国石油出台的《关于进一步加强安全生产工作的决定》中，对建立全员参与的企业安全文化又进行了进一步强调，明确提出抓安全生产要实现四个转变，强化三个 HSE 理念，明确了安全环保工作方针，安全文化建设的方向越来越清晰。

为进一步加强企业安全文化建设，2006 年 12 月 28 日，中国石油印发的《关于加强安全文化建设的指导意见》中进一步提出安全文化建设的主要内容：

(1) 传承大庆精神、铁人精神，培育中国石油安全理念；

(2) 夯实基层工作，打牢安全生产基础；

(3) 加强制度建设，规范安全行为；

(4) 强化安全培训，提高安全素质；

(5) 加大宣传力度，营造安全氛围。

2008 年，中国石油为进一步规范员工安全行为，防止和杜绝"三违"现象，保障员工生命安全和企业生产经营的顺利进行，特制定反违章禁令，作为全体员工的保命条款和安全生产的"高压线"，对严重的违章行为实行"零容忍"政策，任何情况下，任何人都不能碰"高压线"。要求全体员工时刻牢记安全只有"规定动作"，没有"自选动作"。2009 年，中国石油又颁布了 HSE 管理原则，规范了各级管理者 HSE 管理基本行为的"规定动作"。

与此同时，中国石油积极开展标准化企业及班组建设，实施中国石油机关干部安全行为准则，倡导企业推行有感领导、属地管理、直线责任、安全观察与沟通、个人安全行动计划、目视化管理等方法和工具，极大地推动了中国石油的安全文化建设，各级领导和员工的HSE意识和素质显著提高，浓厚的安全文化氛围正在逐步形成。

第三节　国际石油公司HSE管理简介

国际石油公司在长期生产经营活动中，深切认识到安全生产的极端重要性，从行为学分析和危害管理的理论入手，把"以人为本、线性管理、风险控制、持续发展"的HSE指导思想融入HSE管理运行中，并通过不断总结事故教训，逐步完善、开发、形成了一套科学合理、完整规范、行之有效的HSE管理体系。

一、国际石油公司HSE管理典型做法

以下对国际上安全管理业绩较为突出的壳牌公司、杜邦公司典型经验做法进行简单的介绍。

（一）壳牌公司

壳牌公司是世界四大石油跨国公司之一，该公司拥有员工大约43000人。1984年前，壳牌公司尽管也重视HSE管理，但效果不佳，后来该公司学习了美国杜邦公司先进的安全管理经验，取得了非常明显的成效。目前，该公司的HSE管理水平堪称世界一流。

壳牌公司的业务遍布全球140多个国家，作为一个全球化经营的跨国集团公司，在HSE管理方面，有着良好的HSE承诺和标准，并把安全理念贯穿到全部工作中。为防止发生意外事故，壳牌公司以系统化的方式管理HSE问题，形成了以危害和影响管理为核心要素的HSE管理体系。

壳牌公司的HSE管理体系涵盖10个关键要素，每个要素的执行都有诸多具体的标准和条件，只有当10个要素共同发挥作用时，整个体系才能得以有效运作。壳牌公司的HSE管理模式如图1-2所示，其要素包括：领导和承诺，方针和战略目标，组织结构、责任、资源、标准和文件，危害和影响管理，计划和程序，实施，审核，管理评审，监测，纠正措施与改进。壳牌公司还提供了一整套程序化、规范化的HSE管理方法支持HSE管理体系的运行，内容涉及承诺、方针、目标、流程控制、培训、事故事件管理等方面。基于全员参与、层层负责的共同作用，壳牌公司HSE管理体系的各要素有机配合、整个系统有效运作，可以将企业生产、经营活动对HSE的不利影响降到最低，从而实现健康、安全与环境管理目标。

壳牌公司先进的HSE管理方法主要表现在以下几个方面：

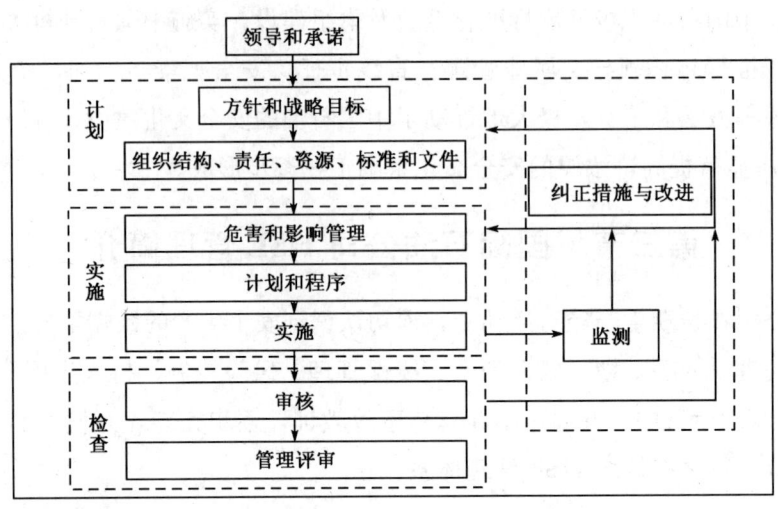

图 1-2 壳牌公司的 HSE 管理模式

1. HSE 承诺、方针、目标、管理原则

为保持良好的 HSE 管理业绩,壳牌公司制定了明确的 HSE 承诺、方针和战略目标,以及 12 条救命规则。

(1) HSE 承诺。

壳牌公司认为 HSE 承诺是 HSE 规划中必不可少的组成部分。要求承诺做到简明易懂,适用于每个人,分发到每个人并要张贴,下属承包商都应根据自己的具体情况制定自己的 HSE 承诺。强调必须有下列的承诺:

"在集团公司内,我们一致承诺:

①不使人员受到伤害是我们的追求;

②所有的作业都要保护环境;

③提供高效利用原材料和能源的产品和服务;

④在与上述原则一致的前提下,开发能源和产品,提供服务;

⑤定期公布我们的绩效;

⑥在促进本行业 HSE 的最佳行为方面发挥带头作用;

⑦像管理其他关键业务那样来管理 HSE;

⑧培养一种使所有壳牌公司员工都分担承诺的企业文化。

这样做的目的是为了使我们取得引以为自豪的良好 HSE 绩效,以赢得广大客户、股东和社会公众的信任,成为一个好邻居,并为可持续发展作出贡献。"

(2) HSE 方针和战略目标。

壳牌公司要求所属每个公司都要:

①有一套健康、安全与环境管理体系,以确保其在商业活动中遵纪守法,不断改进,取

得更好的业绩；

②不断提出改善目标，衡量、评价和报告自己在健康、安全与环境方面的成绩；

③要求承包商依据本政策管理健康、安全与环境事务和工作；

④要求在壳牌公司控制之下经营的合资企业应用本政策并通过自己的影响促进本政策在其他企业的推广；

⑤在对员工进行评比时，将健康、安全与环境方面的绩效包括在内，并给予相应奖励。

(3) 12条救命规则。

壳牌公司制定了强制性的12条救命规则，强调了员工和承包商人员必须了解和遵守的安全操作规程，以防止发生重大伤亡事故。任何违反救命规则的员工和承包商将受到纪律处分。

壳牌的12条救命规则是：

①在有要求情况下获得有效的工作许可证；

②进入封闭空间之前需获得批准；

③必要情况下进行气体测试；

④工作开始之前检查隔离情况和使用专用防护设备；

⑤取消或关闭安全设备之前需获得批准；

⑥高空作业时防止跌落；

⑦不要在作业中的起重设备下行走；

⑧不要在非指定区域吸烟；

⑨工作或驾驶时不要喝酒或服用带有麻醉成分的药；

⑩驾驶时不要使用手机，不要超速；

⑪系上安全带；

⑫遵守行程管理规定。

2. EP-55000安全手册

壳牌公司十分注重人的行为研究，认为人的不安全行为、机械物质和环境的不安全状态是引起事故的重要原因。针对这些，壳牌公司主要的管理方法表现在采用EP-55000勘探与生产安全手册。EP-55000安全手册是为其下属子公司所雇请的承包商制定的。要求下属子公司和承包商在将施工设计和作业过程中的HSE管理写成文件时，要把总部的EP-55000安全手册建议作为一个指导原则。下属子公司制定的标准或建议，凡不符合手册中具体建议和做法的，都应加以更新和修改，目的是能有效地加强和增进人身安全和环境保护的意识。

3. HSE培训

壳牌公司认为对于一个能正确执行HSE政策的人来说，他不仅要懂得如何发现和消除实际的危险情况，还必须具有完成 HSE 任务的能力和技巧。这主要通过 HSE 培训来实现。HSE 培训的主要任务是：

（1）对新的雇员和承包商进行诱导式的培训，不培训不能进入施工区；

（2）使行为方法与完成任务所需要的技术保持平衡；

（3）使公司和承包商的业务经理具备必要的 HSE 管理技能。

4. 内部审查制度

壳牌公司认为要做出种种努力来提高 HSE 规划实施的效果，就必须配备检测设备和人员，而且应制定一套审查程序，以便能够及时监督 HSE 建议的执行情况。应该指定一个行动小组来协调和贯彻执行这些 HSE 建议。

管理人员在检查施工作业时应注意：

（1）检查员工的不安全行为和检查施工人员在做什么和如何去做；

（2）检查防护用品的穿戴和工具使用情况；

（3）检查设备和一般的施工现场等。

5. HSE 管理组织

"必须要舍得花费人力和财力来预防事故的发生"是壳牌公司在综合考虑技术、商业风险和法律责任三个主要因素后采取的 HSE 措施。壳牌公司认为必须制定一个明确的计划和建立必不可少的管理机构，才能更好地实施上述 HSE 措施。HSE 管理组织的任务有以下四个方面：

（1）通过现场察看来发现风险。如开展医疗、职业健康评价、环境评价和审查，上报事故和事故报告、HSE 检查报告、安全会议报告和地方病类型统计报告等。

（2）通过 HSE 委员会制定管理层的正确措施和政策。HSE 委员会应包括壳牌公司和承包商的高级管理人员，指定一个协调员来执行 HSE 委员会的决议和建议。

（3）通过协调员与有关部门共同执行行动计划。如发展或更新工艺过程、供应或更换个人防护用品（用具）、制定和改进培训计划。

（4）形成现场检查结果。对发生的事故或事件进行调查，根据统计数字分析发展趋势，派 HSE 管理小组进行全面的现场检查。现场作业队 HSE 审查工作可由壳牌公司派医务、环保顾问专家来完成。具体工作程序为现场检查、调查事故、事故分析、HSE 委员会会议、业务管理员安全会议、组长/组员安全会议。

6. HSE 责任

壳牌公司认为发生不安全作业以及由此引起的伤亡事故或职业病的责任在于主管人员、各级负责人和业务管理机构。全体员工都应该知道他们对 HSE 管理产生的具体作用和应负的责任，并且必须在任务书和对他们的业绩期望中写得清清楚楚。

7. 事故或事件管理

壳牌公司要求每起事故教训都应该让全体员工知道。发生事故后，管理部门应迅速报告事故，及时反馈和交流。在调查事故或事件时，要彻底、深入地查明事故原因，对员工进行广泛地宣传，让每个人从这些事故或事件中吸取教训。

8. HSE 激励和交流

壳牌公司认为 HSE 管理成功与否取决于有关各方的积极参与和交流。如果出现以下三种情况，说明可能激励与交流方面存在问题：

（1）安全性能指标未显示出稳步地改善；

（2）工作人员不了解或不关心 HSE 工作；

（3）工作人员不能自由和积极地发表意见，或者不能经常地提出改进工作方法的意见和建议。

因此要采取如书面通知、报告、业务通讯、参与 HSE 活动、奖励等办法，鼓励大家关心 HSE 工作。

（二）杜邦公司

杜邦公司有着悠久的历史，由法国移民化学家伊雷尔·杜邦于 1802 年创始于美国特拉华州。现在，杜邦公司已成为世界上最具历史性、最多元化的工业机构之一。

杜邦公司 200 多年的发展，分为三个阶段，第一个阶段是以制造火药为主的阶段，第二个阶段是以化工原料为基础的阶段，第三个阶段是向生物化工、知识密集性方向发展的阶段。100 年前，杜邦公司的业务重心转向全球化学制品、材料和能源等领域；进入第三阶段时，杜邦公司开始向能更好地改善人们生活、以科学为基础的高科技领域开拓。今天，杜邦公司的产品涉足石油、化工、原料、材料、油漆、农业、食物与营养、保健、服装、家居及建筑、电子、交通等领域，其下属企业遍布世界六大洲，在全球 70 多个国家成立了 200 多家公司、工厂及合资企业。

在两个世纪的历程中，面对不断的变化、创新和发现，杜邦公司的核心价值始终保持不变，即：致力于安全、健康和环境；正直、具有高尚的道德标准；公正和尊敬地对待他人。由公司高层主管公开对健康安全环保做出承诺、确定"零事故"的共同目标。亲身参与并且全力支持，是杜邦安全健康环保管理成效卓著的重要因素。

杜邦公司的安全管理系统主要由安全文化和工艺安全这两大机制组成，如图 1-3 所示。杜邦安全管理系统涵盖 22 个关键要素，每个要素的执行都有诸多具体的标准和条件，只有当 22 个要素共同发挥作用时，整个系统才能得以有效运作。基于文化的要素包括：强有力的、可见的管理层承诺，切实可行的安全工作政策与原则，挑战性的安全目标、指标与计划,直线职责,综合性的安全组织,安全专业人员的支持,高标准的安全表现,持续性安全培训及改进,有效的双向沟通,有效的员工激励机制,有效的安全行为审核与再评估,全面的伤害和事故调查与报告。基于工艺安全的要素包括:人员变更管理,承包商安全管理,应急计划与响应,质量保证,启动前安全检查,机械完成性,设备变更管理,工艺安全信息,工艺危害分析和风险评估,技术变更管理。基于22个要素,杜邦专家为企业提供详尽的评估报告,帮助企业充分了解现有的问题和挑战,制定未来改进计划和行动方案,并适时提供现场跟踪指导,以确保22个要素有机配合、整个系统有效运作,带动组织的整体管理水平提升,企业由此逐步建立起拥有自身特色的卓越的安全管理体系。

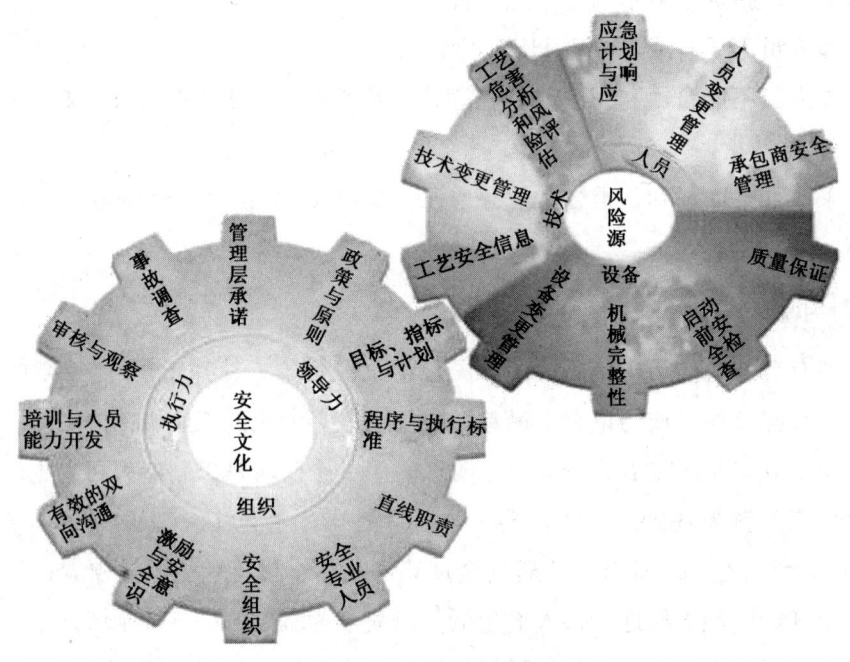

图1-3 杜邦安全管理系统

杜邦公司先进的安全管理方法主要表现在以下几个方面:

1. 承诺及目标

安全、保护环境、尊重人、最高的职业操守作为企业的价值观是杜邦公司赖以存在的基石。为此,杜邦公司在健康、安全与环保方面做出了明确的承诺并制定了目标。

(1) 杜邦公司向所有员工、客户、股东及社会大众承诺:

①杜邦一定会在尊重与爱护环境的前提下进行公司营运;

②在执行引领公司迈向成功的政策时,极力为员工、客户、股东及社会大众创造最高利益;

③所有作为绝不损及后代子孙之利益。

基于科技的不断进步和健康、安全与环保新知识的不断出炉，杜邦公司将持续提升在健康、安全与环保方面的作为。杜邦公司分布于全世界的营运单位也将执行此健康、安全与环保的承诺，同时展示出持续又显著的进步。杜邦公司全力支持"责任关怀"及"环保伙伴"两大方案的推动，来实现此承诺。

（2）HSE 目标。

杜邦公司深信所有的职业伤害与疾病，一如安全、环保事故，都是可以避免的。因此，杜邦公司的 HSE 目标是：零伤害、零疾病、零事故。

2. 安全文化

杜邦公司成立之初主要是制造火药，特殊的行业造就了其对安全的重视。1812 年，公司明确规定：进入工场区的马匹不得钉铁掌，马蹄都用棉布包裹着，以免马蹄碰撞其他物品产生明火引起火药爆炸；任何一道新的工序在没有经过杜邦家庭成员试验以前，其他员工不得进行操作；在高级管理层亲自操作之前，任何员工不允许进入一个新的或重建的工厂等。杜邦公司经过 200 多年的发展，已经形成了自己的企业安全文化，并把健康、安全和环境作为企业的核心价值之一。他们对安全的理解是：安全具有显而易见的价值，而不仅仅是一个项目、制度或培训课程；安全与企业的绩效息息相关；安全是习惯化、制度化的行为。

杜邦公司安全文化的形成经历了四个发展阶段：

（1）第一阶段：自然本能反应。处在该阶段的企业和员工对安全的重视仅仅是一种自我保护本能的反应，安全缺少高级管理层的参与。

（2）第二阶段：依赖严格监督。处在该阶段的安全行为特征是各级管理层对安全责任做出承诺，员工要依赖外在监督才能执行安全规章制度，是被动行为。

（3）第三阶段：独立自主管理。此阶段企业已具有良好的安全管理及体系，安全意识深入人心，员工把安全视为个人成就，自觉自愿遵守和维护安全规章制度。

（4）第四阶段：团队互助管理。此阶段员工不但自己遵守各项规章制度，而且帮助别人遵守；不但观察自己岗位上的不安全行为和条件，而且留心观察他人岗位上的不安全行为和条件；员工将自己的安全知识和经验分享给其他同事；关心其他员工的异常情绪变化，提醒安全操作；员工将安全作为一项集体荣誉。

200 多年来，杜邦公司逐渐形成了较完善的安全管理制度，近乎苛刻的安全指南。从修一把锁到换一个灯泡，都有极其严格的程序和控制；高层领导的以身作则以及公司严格的训练和要求，使每个人对安全几乎形成条件反射；安全一旦形成习惯，事故就变得非常遥远。杜邦公司安全文化的本质就是通过人的行为体现对人的尊重，就是要让员工在科学文明的安全文化主导下，创造安全的环境，通过安全理念的渗透，来改变员工的行为，使之成为自觉规范的行动。

3. 管理原则

杜邦公司把安全放在经营战略的重要地位来考虑，认为"安全是我们的传统"、"安全是个好职业"、"安全使我们放心"。最重要的一点是公司坚持把安全作为其核心价值观之一。团队中的每个成员都拥有个人安全价值，都必须对自己和同事的安全负责；同时，领导通过关心每一位员工，建立相互尊重、彼此依赖的关系，为安全管理奠定坚实的基础，逐步形成了杜邦公司安全管理十大基本原则。杜邦公司安全管理十大基本原则是：

（1）所有安全事故是可以预防的；

（2）各级管理层对各自的安全直接负责；

（3）所有安全操作隐患是可以控制的；

（4）安全是被雇佣一个条件；

（5）员工必须接受严格的安全培训；

（6）各级主管必须进行安全审核；

（7）发现的安全隐患必须及时改正；

（8）员工的直接参与是关键；

（9）工作外的安全和工作中的安全同样重要；

（10）良好的安全创造良好的业绩。

4. 安全保命条例

200多年来，安全已经是整个杜邦公司"理所当然的"的基本信念。各级管理层和全体员工都把违反重要的安全规定、忽视自己和他人生命的行为视为不可容忍的组织禁忌。这些"禁忌"常被称为"不可违背的安全规则"或称为"安全保命条例"。对于违反这些规定的员工，公司会给予直至解雇的纪律处分。

安全保命条例一：任何人不能违反上锁挂签、清理和试车的程序。

安全保命条例二：任何人不得违反受限空间进入许可的程序。

安全保命条例三：任何人不得违反"管线断开"程序。

安全保命条例四：除了在完全遵守禁止触摸（Do Not Touch，DNT）程序的情况下，任何人不得直接或间接地接触任何转动/移动的设备或物料。

安全保命条例五：任何人不得未经授权进行带电作业。

安全保命条例六：任何人不得未经授权旁路（人工取代）安全联锁。

安全保命条例七：在存在跌落危险的1.8米以上高空作业时必须系安全带。

安全保命条例八：任何人不能指使或容忍任何意识违反安全保命条例的行为。

安全保命条例九：在公司内，公司车辆内或者为公司业务工作时都必须带好配置的安全带。

安全保命条例十：没有相应的证照，任何人不得操作特种设备。
安全保命条例十一：上下班途中骑乘摩托车、电瓶车要佩戴安全头盔。

5. 安全培训

杜邦有一套非常成熟的安全培训系统。安全培训队伍遍布世界各地，把杜邦公司的安全理念、安全系统、安全管理以及形成的安全产品——全套杜邦工厂安全系统，在各地推广。该系统包括五大内容：工作场所安全、人机工效、承包商安全、资产效率和应急响应。

6. 安全管理

杜邦公司深信"预防重于治疗"，为确保各项系统操作及人员运作均达到安全健康环保的最高标准，对于各项制度和规定的设计、安全防护、人员健康以及环境保护设施，从最初的工程设计规划，就纳入工艺安全管理（PSM）系统。在杜邦公司全球所有机构中，均设有独立的安全管理部门和专业管理人员。这些专业人员与各部门中经过严格培训的合格安全协调员，共同组成完整的安全管理网络，保证各类信息和管理功能畅通地到达各个环节。同时，杜邦公司有一整套完善的安全管理方案及操作规程，全体员工均参与危害识别和消除工作，保证将隐患消灭在萌芽状态。

7. 管理责任

杜邦公司认为安全人人（层层）有责。

（1）每个工人都要对其自身的安全和周围工友的安全负责。每个厂长、车间主任、工段长对其手下职员的安全都负有直接责任。这种层层有责的责任制在整个机构中必须非常明确。

（2）领导一定要多花费一点时间到工作现场，到工人中间去询问、发现和解决安全问题。

（3）在提倡互相监督、自我管理的同时，也必须做出这样的组织安排，即确保领导和工人在安全方面进行经常性的接触；不能容忍偏离安全制度和安全规范的行为。

（4）任何一员都必须坚持杜邦公司的安全规范，遵守安全制度，这是在杜邦公司就业的一个基本条件。如果不这么做，将受到纪律处罚，包括解雇。有时即使受伤也不例外，这是对管理者和工人的共同要求。

各级管理层都要直接参与安全管理，每位经理都应对员工的安全负责，并对上级管理层负责。为此每位经理都应该建立长期的安全目标，制定具体目标和标准，制订和实施计划，并对照目标来监督结果。

8. 承包商管理原则

在严格要求自身安全管理的同时，杜邦公司对承包商的安全管理也制定了明确的管理原则。

(1) 选择合格承包商时，考虑其以往的安全业绩；
(2) 先明确向承包商阐述安全要求，然后才允许投标书；
(3) 投标时要讲清合同中有什么样的特殊安全要求，包含合同价的百分之多少；
(4) 现场监督承包商；
(5) 对承包商进行奖励或处罚；
(6) 承包商完成工作后要进行评估，以此作为是否继续聘用的依据。

9. 事故管理

杜邦公司认为：一切事故的原因在于管理，所有的工伤事故都应归于管理上的失误。对一切不安全因素都要从管理上进行反省，用管理的先进性来杜绝一切事故的可能性。除事故外，对未遂事故也要进行调查。

10. 现场安全

根据杜邦公司的安全与健康原则，杜邦公司所有工厂的厂长和管理人员都应定期对工厂进行现场安全检查；各级主管也应在其责任范围内，根据生产运行情况做经常的安全检查；每个工种的员工都有责任和义务进行现场安全检查。在这些检查中，主管人员要定期和员工一起共同研究具体操作程序，确保员工完全理解安全程序，并检查安全程序的适宜性。

11. 工作外安全

杜邦公司的安全与健康原则之一就是"杜邦员工无论在上班还是在下班后都要注意安全"。杜邦公司从1953年开始考查员工下班后的安全表现，并提出了一些要求，包括员工在家里因做家务受了伤，也要向公司汇报。从此，员工下班后的安全情况得到大大改善。

在今天的工业领域，杜邦已经成为"安全"的代名词。很多公司衡量安全技术指标时，无一例外地参照杜邦的标准。美国政府和许多大企业都向杜邦提出安全咨询，大到建筑物的安全防护、小到逃生技巧培训等。美国职业安全局嘉奖的"2003年度最安全公司中"，有50%接受过杜邦公司的安全咨询服务。杜邦公司的安全管理已经具备了品牌价值。

此外，埃克森美孚、雪佛龙、道达尔、斯伦贝谢、哈里伯顿和挪威国家石油公司等国外著名的石油公司，也都分别提出了本公司的HSE承诺、安全理念、安全管理措施和安全保障措施等，旨在培育一种主动的具有前瞻性的安全文化，建立共享安全的理念和工作制度，使自身成为国际石油工业界安全管理的标杆企业。

二、国际石油公司 HSE 管理的启示

国际石油公司安全管理实践表明，石油行业的安全生产是一个涵盖技术、管理和人的复杂体系，实现安全生产需要理念和行动的统一，需要原则和措施的完善。总结国际石油公司HSE管理实践，可以得到如下启示：

(1) 确立"安全第一"的 HSE 理念。

目前,各国际石油公司的 HSE 理念逐渐趋同。"安全第一,安全为了人,安全依靠人"的理念成为统一的价值观,安全管理被置于企业业务和管理的最核心部分,并指导各项业务的开展。

在安全管理的各项工作中,保护员工健康和安全是重中之重。同时,创造良好的安全环境,关键也是人。因此,安全管理强调以人为中心,着重提高人的安全行为意识,形成良好的安全习惯。

(2) 推行全面管理。

国际石油公司安全管理的发展历程表明,成功的安全管理必须从技术、制度和人三个方面进行,HSE 管理必须实行全面管理。HSE 管理不仅是领导层的责任,也是企业每一个员工的责任。安全生产不能忽略生产经营过程中的每个环节和每个时刻,要根据技术的进步及情况的变化,及时升级维护设备、更新技术标准、修订操作规范、完善管理制度。HSE 管理要涵盖生产过程中涉及的每一个单位和个人,不仅要体现在生产和施工过程中,也要体现在衣、食、住、行等工作外的各个方面。

(3) 提高 HSE 管理制度执行力。

大多数事故是由于员工违章操作造成的,人的因素在 HSE 管理中起着决定性的作用。规章制度中的条文不转化成全体员工发自内心的自觉行为,就不能确保安全。采取有效措施来提高员工、尤其是一线操作者的安全执行力是避免事故的关键。承包商和外雇人员往往是容易放松和疏忽的管理空白点,必须将他们纳入公司 HSE 管理体系,统一标准、统一要求和统一管理。

强调执行力,就是要保证制度的执行。变通是安全生产的大忌,任何侥幸心理和随意变通都可能酿成严重事故。HSE 管理规定是保证安全生产的"法",必须严格执行,不允许执行中出现偏差,更不能随意更改。

(4) 严把 HSE 风险评估关。

HSE 风险评估是发现安全隐患、预防 HSE 事故的重要环节。其中以下三点值得关注:

①除了整个工作流程的 HSE 风险评估分析外,每次作业前还应该进行安全分析,以便及时发现隐患,防患于未然;

②除了定期进行企业 HSE 状况的自评外,还应该引进外部专业机构进行 HSE 评估,帮助企业不断完善 HSE 管理体系;

③HSE 评估对象不能仅限于单位和领导,操作者更应成为评估主体。

(5) 做好应急预案,最大限度降低事故的影响。

制定和完善事故应急救援预案是防止事故发生及降低事故损失的有力保证。

对危险系数达到一定级别的场所和作业要制定相应的应急预案,并对应急预案进行定期演习，包括与合作方及当地政府和社区进行联合演习，加强危机联动。要设立应急救援和管理机构，在危险发生时有足够的反应能力。

(6) 加强事故资料搜集，建立信息反馈和共享系统。

对于一个大公司，尤其是跨国公司，建立事故信息反馈和共享系统非常有必要。一方面一个作业点反馈的事故隐患可以对其他作业点起到警示作用，另一方面一个事故及事故分析处理的资料也可以成为全公司吸取经验教训的素材，从而有效避免更多类似事故发生。同时，畅通的信息反馈系统可随时让员工反映各种隐患以及相关建议，并使各级领导及时发现问题、解决问题。

HSE管理体系是一个系统化、科学化、规范化的全新管理模式，它强调"超前预防"的主导思想，以风险管理为核心，将健康、安全与环境科学有机地融为一体。目前世界各大石油公司都在推行HSE管理体系，并将HSE管理作为公司可持续发展的管理指标之一。各大石油公司管理体系都具有明显特点，学习借鉴国际公司经验对推动我国石油石化企业HSE管理体系发展具有重要意义。

思 考 题

1. 概述HSE管理体系发展的各个阶段？
2. 中国石油天然气集团公司HSE管理体系的发展历程大致分为哪几个阶段？
3. 通过了解国际公司HSE管理体系的应用，总结国际公司HSE管理的特点及其发展趋势对现实工作中的HSE管理有何启示？

第二章 风险管理

建立和实施 HSE 管理体系，其根本目的在于降低和控制作业中健康、安全与环境风险。HSE 管理体系的核心是风险管理，它体现了源头治理、事故预防的系统风险控制思想。通过对各类风险的预先识别、评价与控制，可以有效地防止或减少职业病危害以及安全和环境事故的发生。

第一节 风险管理概述

石油行业是一个高风险的行业，涉及健康、安全与环境的危害因素较多。健康、安全与环境风险通常同时发生，因此需要同时管理。

一、风险管理的起源与发展

风险管理最早出现在西方国家的保险行业，金融界依据巴塞尔协议常把风险分为市场风险、信用风险、操作风险三类。随着经济、社会和技术的迅速发展，人类开始面临越来越多、越来越严重的各种风险。国外比较流行的安达信风险分类包括：市场风险、信用风险、流动性风险、作业风险、法律风险、会计风险、资讯风险、策略风险八类。实际上，当今社会可以说风险无处不在，从风险性质、风险发生的原因、风险造成的损害对象等不同的角度，人类面临不同的风险，如投资风险、社会风险、环境风险、政治风险、财产风险、人身伤害风险、责任风险等。

虽然风险管理思想的萌芽可以追溯到远古时代原始人类的生存活动，但是，作为系统的科学，风险管理产生于 20 世纪初的西方工业化国家。第一次世界大战之后，战败的德国发生了严重的通货膨胀，造成经济衰竭，因此提出了包括风险管理在内的企业经营管理问题。美国于 1929—1933 年卷入 20 世纪最严重的世界经济危机，更使风险管理问题成为许多经济学家研究的重点。1931 年，由美国管理协会保险部首先提出风险管理的概念，1932 年成立纽约保险经纪人协会，由纽约几家大公司定期组织讨论风险管理的理论与实践问题。该协会的成立标志着风险管理学科的兴起。风险管理作为企业的一种管理活动，真正在美国工商企业中引起足够的重视，始于 20 世纪 50 年代。当时，美国一些大公司发生了重大损失，使公司高层决策者开始认识到风险管理的重要性。1953 年 8 月 12 日，通用汽车公司在密歇根州的一个汽车变速箱厂因火灾损失了 5000 万美元，成为美国历史上损失最为严重的 15 起重大火灾之一；美国钢铁行业因为团体人身保险福利问题及退休金问题诱发长达半年的工人罢工，给国民经济带来难以估量的损失。这两件事促进了风险管理在企业界的推广，风险管理从此得到了蓬勃发展。

随着经济、社会和技术的迅速发展，科学技术的进步在给人类带来巨大利益的同时，也给社会带来了前所未有的健康、安全与环境风险。1979年3月美国三里岛核电站的爆炸事故，1984年12月3日美国联合碳化物公司在印度博帕尔的一家农药厂发生了毒气泄漏事故，1986年前苏联乌克兰切尔诺贝利核电站发生的核泄漏事故等一系列事故，大大推动了风险管理在世界范围内的发展。同时，在美国的商学院里首先出现了一门涉及如何对企业的人员、财产、责任、财务资源等进行保护的新型管理学科，这就是风险管理。目前，风险管理已经发展成企业管理中一个具有相对独立职能的管理领域，在围绕企业的经营和发展目标方面，风险管理和企业的经营管理、战略管理一样具有十分重要的意义。

为提高在WTO下中国企业与国际接轨的风险意识，推动企业规范化操作的国际接轨进程，从风险管理的角度提升企业持久竞争力，国资委在2006年颁布了《中央企业全面风险管理指引》(国资发改革〔2006〕108号)，指导企业实施全面风险管理，促使企业主动提前建立风险防范和危机控制机制，控制企业自身风险，提升抗风险能力和竞争力。

2009年，国际标准化组织发布了ISO 31000：2009《风险管理——原则与实施指南》(第一版)。同年，在此国际标准的基础上，中华人民共和国质量监督检验检疫总局/中国国家标准化委员会制定颁布了国家标准GB/T 24353—2009《风险管理 原则与实施指南》，标志着企业实施风险管理进入了法制化和规范化的新阶段。

二、风险管理的相关概念

(一) 风险

"风险"(risk)一词的由来，最为普遍的一种说法是在远古时期，以打鱼捕捞为生的渔民们每次出海前都要祈祷，祈求神灵保佑自己能够平安归来，其中主要的祈祷内容就是让神灵保佑自己能够风平浪静、满载而归。他们在长期的捕捞实践中，深深体会到"风"给他们带来的无法确定的危险，他们认识到，在出海捕捞打鱼的生活中，"风"即意味着"险"，因此有了"风险"一词的由来。

在HSE管理体系中，"风险"是指某一特定危害事件发生的可能性与后果的组合(Q/SY 1002.1—2007《健康、安全与环境管理体系 第1部分：规范》中定义)。即风险是指特定事件发生的概率和可能危害后果的函数：

$$风险 = 可能性 \times 后果的严重程度$$

(二) 危险

"危险"(danger)是指可能导致事故的状态(引自GJB 900—1990《系统安全性通用大纲》)，它是指事物所处的一种不安全状态，是可能发生潜在事故的征兆。危险的特征在于其可能性的大小与安全条件和概率有关。危险概率指危险发生（转变为）事故的可能性即频度，或单位时间发生的次数；危险的严重程度则是指每次危险发生事故导致的伤害程度或损失大小。

危险和风险是两个既相互区别又密不可分的概念。危险所表达的是某事物对人们构成的不良影响或后果，它强调的是客体，是客观存在的、随机的危害现象；而风险表达的则是人们采取了某种行动后可能面临的有害后果，它强调的是主体，而风险又是危险的后果。如我们说"在这里滑冰有危险，千万别为好玩冒这个风险"，"这里"是指一个系统，这个系统由冰、水和人以及人要进行的活动（滑冰）构成，"危险"是指这个系统中人易受到伤害的状态，"风险"是指系统中存在的冰突然破裂，人掉到水中的可能性，以及由此造成冻伤甚至淹溺死亡后果的严重性。

（三）风险评价

"风险评价"（risk assessment）是指评估风险程度以及确定风险是否可容许的全过程（Q/SY 1002.1—2007《健康、安全与环境管理体系　第1部分：规范》中的定义）。

风险评价主要包括两个阶段：一是对风险进行分析，评估其发生事故的可能性即概率值，以及事故所造成的损失即后果的严重性，并计算风险值；二是将得出的风险值与事先确定的风险分级标准和可容许值相对照，确定风险的等级是否可容许。

风险分级标准和可容许值的界定不是一成不变的，需要根据企业实际情况、法规要求、技术进步等方面综合确定，随着上述内容的变化，风险分级标准和可容许值也应作出适当的调整。

（四）风险控制

危害因素辨识、风险评价是风险管理的基础，风险控制才是风险管理的最终目的。"风险控制"（risk control）是利用工程技术、教育和管理手段消除、替代和控制危害因素，防止发生事故、造成人员伤害和财产损失的工作。风险控制就是要在现有技术、能力和管理水平上，以最小的消耗达到最优的安全水平。其具体控制目标包括降低事故发生频率、减少事故的严重程度和事故造成的经济损失程度。

（五）风险管理

随着风险管理活动的开展与发展，风险管理的内涵也不断丰富。由于存在风险性质、重要程度和复杂性等方面的多样性，风险管理的对象、目的、范畴及方式方法有所不同，人们从不同角度认识风险管理的内涵。早期风险管理的倡导者詹姆斯·奎斯提认为："风险管理是企业或组织，由控制偶然损失的风险，以保全盈利的能力"。近代风险管理学者赫利克斯·克莱蒙认为："风险管理的目标是保存其组织前进的能力，并对顾客提供产品与服务以保全公司的人力与物力,保护企业的盈利能力"。ISO/IEC 指南 73:2002《风险管理术语在标准中的使用指南》(英法文版)及等同转换的 GB/T 23694—2009《风险管理术语》中,风险管理术语定义为:指导和控制某一组织与风险相关问题的协调活动。风险管理通常包括风险评估、风险处理、风险承受和风险沟通。以系统安全为基础的现代风险管理是指生产施工作业中对可能遇到的风险进行预测、识别、分析、评估,并在此基础上有效地应对风险,以最低成本实现最大安全保障的科学管理方法和手段。也就是识别出系统存在的危险(危害)性,并进行定性和定量分析,对风险发生事故的可能性及其后果严重程度进行评价,根据评价结果,对危害因素尤其是重大危害因素制定风险控制或削减措施,以实现对风险及其影响的控制与管理。

三、风险管理过程

HSE 管理体系管理的核心是风险管理,即对危害因素(包括职业健康危害因素、安全危害因素及环境危害因素)及其影响的管理过程(Hazard and Effect Management Process,HEMP)。而风险管理过程是管理方针、程序和惯例对沟通、协商,以及识别、分析、评价、处理、监测和评审风险活动的系统应用,其本身是一个不断更新、不断改进的过程。风险管理的框架如图 2-1 所示。

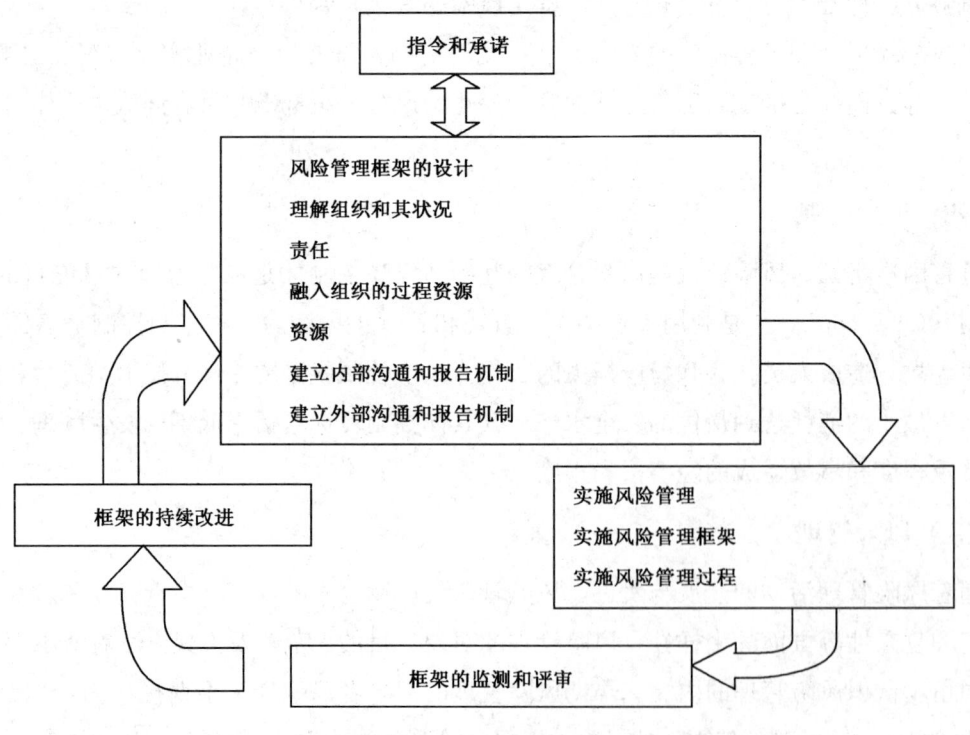

图 2-1 风险管理框架图

在风险管理过程中，识别危害因素、对危害因素进行分析、根据风险准则对危害因素发生的可能性和后果严重性进行评定是风险管理的前期阶段。然后，根据危害因素的风险程度提出削减、控制、应急和改进措施，制定作业活动的HSE风险管理计划和相关程序等风险处理手段。风险管理是一个以最低成本最大限度地降低系统风险的动态过程。风险管理是健康、安全与环境管理中最重要的一环，可分为四个阶段：辨识、评价、控制和应急（如图2-2所示）。

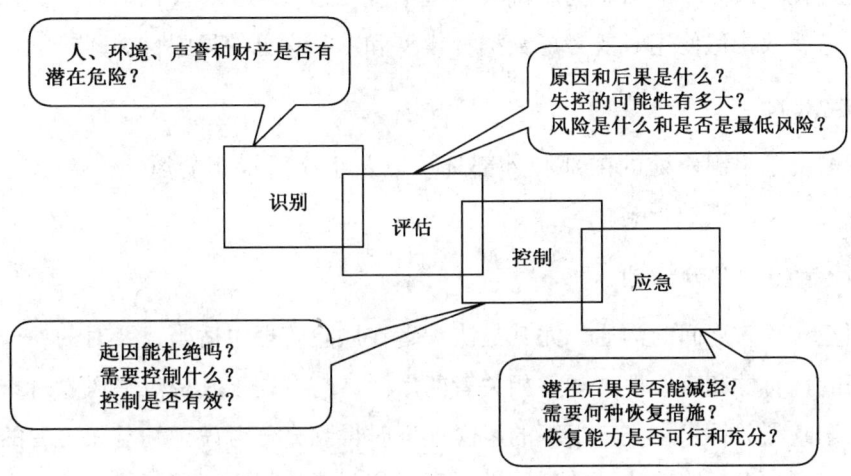

图2-2 风险管理四个阶段

四、风险管理原则

在已颁布的国家标准GB/T 24353—2009《风险管理 原则与实施指南》中，制定了组织在实施风险管理时可遵循的八大原则：

（一）控制损失，创造价值

以控制损失、创造价值为目标的风险管理，有助于组织实现目标、取得具体可见的成绩和改善各方面的业绩，包括人员健康和安全、合规经营、信用程度、社会认可、环境保护、财务绩效、产品质量、运营效率和公司治理等方面。

（二）融入组织管理过程

风险管理不是独立于组织主要活动和各项管理过程的单独的活动，而是组织管理过程不可缺少的重要组成部分。

（三）支持决策过程

组织的所有决策都应考虑风险和风险管理。风险管理旨在将风险控制在组织可接受的范围内,有助于判断风险应对是否充分、有效,有助于决定行动优先顺序并选择可行的行动方案,从而帮助决策者做出合理的决策。

(四)应用系统的、结构化的方法

系统的、结构化的方法有助于风险管理效率的提升,并产生一致、可比、可靠的结果。

(五)以信息为基础

风险管理过程要以有效的信息为基础。这些信息可通过经验、反馈、观察、预测和专家判断等多种渠道获取,但使用时要考虑数据、模型和专家意见的局限性。

(六)环境依赖

风险管理取决于组织所处的内部和外部环境以及组织所承担的风险。需要特别指出的是,风险管理受人文因素的影响。

(七)广泛参与、充分沟通

组织的利益相关者之间的沟通,尤其是决策者在风险管理中适当、及时的参与,有助于保证风险管理的针对性和有效性。利益相关者的广泛参与有助于其观点在风险管理过程中得到体现,有助于其利益诉求在决定组织的风险偏好时得到充分考虑。利益相关者的广泛参与要建立在对其权利和责任明确认可的基础上。利益相关者之间需要进行持续、双向和及时的沟通,尤其是在重大风险事件和风险管理有效性等方面需要及时沟通。

(八)持续改进

风险管理是适应环境变化的动态过程,各步骤之间形成一个信息反馈的闭环。随着内部和外部事件的发生、组织环境和知识的改变以及监督和检查的执行,有些风险可能会发生变化,一些新的风险可能会出现,另一些风险则可能会消失。因此,组织应持续不断地对各种变化保持敏感并做出恰当反应。组织通过绩效测量、检查和调整等手段,使风险管理得到持续改进。

第二节 危害因素辨识

危害因素辨识,具体讲就是利用适当的科学技术手段与方法及人的知识、技能、经验等,系统地找出生产作业中显在或潜在的与健康、安全与环境风险相关的危害因素。在实际生产过程中,危害因素辨识就是通过组织有关人员进行项目危害因素调查,根据生产工艺、设备和原材料及作业环境等因素,尽可能查找生产作业过程中产生危害的根源,找出健康、安全与环境危害因素。在进行风险识别过程中,应特别注意潜在风险的识别,它往往成为事故隐患,其危害性更大,也是危害因素辨识的重点。

一、危害因素的定义及其分类

(一) 危害因素的定义

针对危害，不同的标准、书籍中表述不一样。在 GB/T 28001—2011《职业健康安全管理体系　规范》中，表述为"危险源"，其术语解释为：可能导致人身伤害和（或）健康损害的根源、状态或行为，或其组合。

在传统安全评价中，表述为"危险、有害因素"，危险因素是指能对人造成伤亡或对物造成突发性损坏的因素；有害因素是指能影响人的身体健康，导致疾病，或对物造成慢性损坏的因素。通常，为了区别客体对人体不利作用的特点和效果，分为危险因素（强调突发型瞬间作用）和有害因素（强调在一定时间范围内的积累作用）。在通常情况下，二者不加区分统称为"危险、有害因素"。

中国石油在 Q/SY 1002.1—2007《健康、安全与环境管理体系　第 1 部分：规范》中，表述为"危害因素"，其术语解释为：一个组织的活动、产品或服务中可能导致人员伤害或疾病、财产损失、工作环境破坏、有害的环境影响或这些情况组合的要素，包括根源和状态。本书采用"危害因素"这一表述方式。

(二) 危害因素产生的原因

所有危害因素尽管表现形式不同，但从本质上讲，之所以能造成危害后果（如伤亡事故、损害人员健康和对物的损坏等），均可归结为存在能量、有害物质和能量与有害物质失去控制两方面因素的综合作用，并导致能量意外释放或有害物质泄漏、散发的结果。故存在能量、有害物质及其失控是危害因素产生的根本原因。

1. 能量、有害物质

能量、有害物质是危害因素产生的根源，也是最根本的危害因素。一般来说，系统具有的能量越大、存在的有害物质的数量越多，系统的潜在危险性、危害性也就越大。另一方面，只要进行生产活动，就需要相应的能量和物质（包括有害物质）。因此危害因素是客观存在的，是不能完全消除的。

能量就是做功的能力，它既可以造福人类，也可以造成人员伤亡和财产损失；一切产生、供给能量的能源和能量的载体在一定条件下，都可能是危害因素。例如，锅炉爆炸、危险物质爆炸时产生的冲击波和压力、高处作业（或起吊的重物等）的势能、带电导体上的电能、行驶车辆（或各类机械运动部件、工件等）的动能、噪声的声能、激光的光能、高温作业及剧烈放热反应工艺装置的热能、各类辐射能等，这些都是由于能量意外释放形成的危险因素。

有害物质在一定条件下能损伤人体的生理机能和正常代谢功能,破坏设备和物品的效能,也是最根本的有害因素。例如,生产过程中由于有毒物质、腐蚀性物质、有害粉尘、窒息性气体等有害物质的存在,当它们直接、间接与人体或物体发生接触时,能导致人身健康的损伤、死亡和物体的损坏、破坏。

2. 失控

在生产中,人们通过工艺和工艺装备使能量、物质(包括有害物质)按人们的意图在系统中流动、转换,进行有益生产。同时又必须约束、控制这些能量、有害物质,消除、减弱产生后果的条件,使之不能发生危险、危害后果。如果发生失控(没有控制、屏蔽措施或控制、屏蔽措施失效等),就会发生能量、有害物质的意外释放或泄漏,从而造成人员伤害和财产损失。所以失控也是一类危害因素,它主要体现在设备故障(含缺陷)、人员失误和管理缺陷三个方面,并且三者之间又是相互影响的。

设备故障(含缺陷)是指系统、设备、元件等在运行过程中由于性能(含安全性能)低下而不能实现预定功能(包括安全功能)的现象。在生产过程中故障的发生是不可避免的,迟早都会发生;故障的发生具有随机性、渐近性或突发性,故障的发生是一种随机事件。系统发生故障并导致事故发生的危害因素,是以设计为对象的预评价研究的主要内容。这类危害因素主要体现在发生故障、误操作时的防护、保险、信号等装置缺乏、缺陷和设备在强度、刚度稳定性、人机关系上的缺陷两方面。例如,电气设备绝缘损坏、保护装置失效造成漏电伤人;控制系统失灵使化学反应装置压力升高;泄压安全装置故障使压力进一步上升,导致压力容器破裂、有毒物质泄漏散发;爆炸性危险气体泄漏爆炸,造成巨大的伤亡和财产损失;管道阀门破裂、通风装置故障使有毒气体侵入作业人员呼吸带;超载限制或起升安全装置失效使钢丝绳断裂、重物坠落;围栏缺损、安全带及安全网质量低劣为高处坠落事故提供了条件等,都是故障引起的危险、有害因素。

人员失误泛指在人的不安全行为中产生不良后果的行为(即职工在劳动过程中,违反劳动纪律、操作程序和方法等具有危险性的做法)。人员失误在一定经济、技术条件下,是引发危险、有害因素的重要因素。人员失误可分为几大类:由于不正确的工作态度、技能或知识不足、健康或生理状态不佳和劳动条件(设施条件、工作环境、劳动强度和工作时间)影响造成的不安全行为,导致安全装置失效;使用不安全设备;手代替工具操作;冒险进入危险场所;在起吊物下作业(或停留);机器运转时加油、检查、调整、清扫;忽视使用必需的个人防护用品或用具;对易燃易爆等危险品处理错误等。例如,误合开关使检修中的线路或电气设备带电、使检修中的设备意外启动;不佩戴呼吸器等护具进入缺氧环境或有毒作业场所都是人员失误形成的危害因素。

管理缺陷是由于未能保证及时、有效地实现系统安全目标,没有依据在预测、分析的基础上进行的计划来组织、协调、检查,以实施系统安全管理。管理缺陷是影响失控发生的重要因素。

此外,温度、湿度、风雨雪、照明、视野、噪声、振动、通风换气、色彩等环境因素也会引起设备故障或人员失误,是发生失控的间接因素。

(三) 危害因素的分类

对危害因素进行分类,是为了便于进行危害因素分析,常用的分类方法有多种。

1. 按导致事故和职业危害的直接原因进行分类(GB/T 13861—2009《生产过程危险和有害因素分类与代码》)

1)人的因素

人的因素包括:生理心理性危险和有害因素、行为性危险和有害因素两个大类。生理心理性危险和有害因素有:负荷超限、健康状况异常、从事禁忌作业、心理异常、辨识功能缺陷;行为性危险和有害因素有:指挥错误、操作错误、监护失误等。

2)物的因素

物的因素包括:物理性危险和有害因素、化学性危险和有害因素、生物性危险和有害因素三个大类。物理性危险和有害因素有:设备、设施、工具、附件缺陷、防护缺陷、电伤害、噪声、振动危害、电离辐射、非电离辐射、运动物伤害、明火、高温物质、低温物质、信号缺陷、标志缺陷、有害光照和其他物理性危险和有害因素等;化学性危险和有害因素有:爆炸品、压缩性气体和液化气体、易燃液体、易燃固体、自燃物品和遇湿易燃物品、氧化剂和有机过氧化物、有毒品、放射性物品、腐蚀品、粉尘与气溶胶和其他化学性危险和有害因素等;生物性危险和有害因素有:致病微生物、传染病媒介物、致害动物、致害植物和其他生物性危险和有害因素。

3)环境因素

环境因素包括:室内作业场所环境不良、室外作业场所环境不良、地下(含水下)作业环境不良和其他作业环境不良等。

4)管理因素

管理因素包括:职业安全卫生组织机构不健全、职业安全卫生责任制未落实、职业安全卫生管理规章制度不完善、职业安全卫生投入不足、职业健康管理不完善和其他管理因素缺陷等。

2. 按事故类别及伤害方式分类

在 GB 6441—1986《企业职工伤亡事故分类标准》中,综合考虑起因物、引起事故发生的诱导性原因、致害物、伤害方式等,将事故分为20类:

(1) 物体打击，指物体在重力或其他外力的作用下产生运动，打击人体造成人身伤亡事故，不包括因机械设备、车辆、起重机械、坍塌等引发的物体打击。

(2) 车辆伤害，指企业机动车辆在行驶中引起的人体坠落和物体倒塌、下落、挤压伤亡事故，不包括起重设备提升、牵引车辆和车辆停驶时发生的事故。

(3) 机械伤害，指机械设备运动（静止）部件、工具、加工件直接与人体接触引起的夹击、碰撞、剪切、卷入、绞、碾、割、刺等伤害，不包括车辆、起重机械引起的机械伤害。

(4) 起重伤害，指各种起重作业（包括起重机安装，检修，试验）中发生的挤压、坠落（吊具、吊重）、物体打击和触电。

(5) 触电，包括雷击伤亡事故。

(6) 淹溺，包括高处坠落淹溺，不包括矿山、井下透水淹溺。

(7) 灼烫，指火焰烧伤、高温物体烫伤、化学灼伤（酸、碱、盐、有机物引起的体内外灼伤）、物理灼伤（光、放射性物质引起的体内外灼伤），不包括电灼伤和火灾引起的烧伤。

(8) 火灾。

(9) 高处坠落，指在高处作业中发生坠落造成的伤亡事故，不包括触电坠落事故。

(10) 坍塌，指物体在外力或重力作用下，超过自身的强度极限或因结构稳定性破坏而造成的事故，如挖沟时的土石塌方、脚手架坍塌、堆置物倒塌等，不适用于矿山冒顶片帮和车辆、起重机械、爆破引起的坍塌。

(11) 冒顶片帮。

(12) 透水。

(13) 放炮，指爆破作业中发生的伤亡事故。

(14) 火药爆炸，指火药、炸药及其制品在生产、加工、运输、储存中发生的爆炸事故。

(15) 瓦斯爆炸。

(16) 锅炉爆炸。

(17) 容器爆炸。

(18) 其他爆炸。

(19) 中毒和窒息。

(20) 其他伤害。

3. 按职业病类别分类

在生产过程、劳动过程、作业环境中存在的危害劳动者健康的因素，称为职业性危害因素。由职业性危害因素所引起的疾病称为职业病，由国家主管部门公布的职业病目录所列的职业病称为法定职业病。职业病危害因素分为粉尘类、放射性物质类（电离辐射）、化学物质类、物理因素、生物因素、导致职业性皮肤病的危害因素、导致职业性眼病的危害因素、导致职业性耳鼻喉口腔疾病的危害因素、职业性肿瘤的职业病危害因素、其他职业病危害因素等 10 大类，115 种。

4. 按环境影响因素分类

由于人类活动作用于周围环境所引起的人为环境问题主要包括两类：一是不合理开发利用自然资源使自然环境遭到破坏；二是城市化和工农业高速发展而引起的环境污染。这里主要关注城市化和工农业活动中所产生的有害环境影响因素，包括废气污染、废水污染、固体污染物污染、噪声污染和放射性污染等。

此外，由于石油行业野外作业的特点，还面临各种自然灾害和社会风险，如暴风雪、山洪暴发、雷电等自然灾害风险及不法分子袭击等社会风险。

二、危害因素辨识的主要内容

危害因素辨识就是找出可能引发不良后果的材料、物品、系统、工艺过程、设施或工厂对人、财产或环境具有产生伤害的潜能的特征。主要内容包括：

（1）厂址。从厂址的工程地质、地形、自然灾害、周围环境、气候条件、资源交通、抢险救灾支持条件等方面进行分析。

（2）厂区平面布局。

①总图：功能分区（生产、管理、辅助生产、生活区）布置；高温、有害物质、噪声、辐射、易燃、易爆、危险品设施布置；工艺流程布置；建筑物、构筑物布置；风向、安全距离、卫生防护距离等。

②运输线路及码头：厂区道路、厂区铁路、危险品装卸区、厂区码头。

（3）建（构）筑物。建筑物结构、防火、防爆、朝向、采光、运输、（操作、安全、运输、检修）通道、开门，生产卫生设施。

（4）生产工艺过程。物料（毒性、腐蚀性、燃爆性）温度、压力、速度、作业及控制条件、事故及失控状态。

（5）生产设备、装置。

①化工设备、装置：高温、低温、腐蚀、高压、振动、管件部位的备用设备、控制、操作、检修和故障、失误时的紧急异常情况。

②机械设备：运动零部件和工件、操作条件、检修作业、误运转和误操作。

③电气设备：断电、触电、火灾、爆炸、误运转和误操作、静电、雷电。

④危险性较大设备、高处作业设备。

⑤特殊单体设备、装置：锅炉房、乙炔站、氧气站、石油库、危险品库等。

（6）粉尘、毒物、噪声、振动、辐射、高温、低温等有害作业部位。

(7) 工时制度、女工劳动保护、体力劳动强度。

(8) 管理设施、事故应急抢救设施和辅助生产、生活卫生设施。

三、危害因素辨识方法

(一) 分析物料性质

1. 易燃易爆物质

易燃易爆物质分为：凝聚相化学爆炸物质和气相爆炸物质。

凝聚相化学爆炸物质有火炸药；常温下能自行分解或在空气中进行氧化反应导致自燃、爆炸的物质，如硝化棉、赛璐珞等；常温下能与水或水蒸气反应产生可燃气引起燃烧爆炸的物质，如金属钾、钠、碳化钙等；引起可燃物质燃烧爆炸的强氧化剂，如氯酸钠、氯酸钾、过氧化氢、过氧化钠、高锰酸钾等；受到摩擦、撞击或与氧化剂接触能引起燃烧或爆炸的物质，如硫黄、樟脑、松香、精萘等。

气相爆炸物质分为爆炸性气相混合物和爆炸性粉尘。

2. 腐蚀和腐蚀性物质

腐蚀是物质表面与周围介质发生化学反应或电化学反应而受到破坏的现象，分为电化学腐蚀和化学腐蚀。例如锅炉壁和管道受水的腐蚀、金属设备在大气中的腐蚀、地下管道在土壤中的腐蚀、有机物质加工设备的腐蚀等大部分属于电化学腐蚀。化学腐蚀性物质作用于皮肤、眼睛、肺部、食道，会引起表皮组织、粘膜的灼伤、炎症，甚至死亡；作用于建（构）筑物、设备、管道、容器等表面，会造成损害和破坏。

(二) 分析作业环境

1. 生产性毒物

毒物是指以较小剂量作用于生物体，能使其生理功能或机体正常结构发生暂时性或永久性病理改变、甚至死亡的物质。生产性毒物是指职工在生产过程中接触的，以固体、液体、气体、蒸气、烟尘等形式存在的原料、成品、半成品、中间体、反应副产物和杂质，并在操作时可经皮肤、呼吸道、消化道等进入人体，对健康产生损害，造成慢性中毒、急性中毒或死亡的物质。毒物对人体的危害程度与毒物的毒性、接触毒物的时间和剂量、人体健康状况及体质差异有关。

2. 生产性粉尘

生产性粉尘危害主要在开采、破碎、筛分、包装、配料、混合搅拌、散粉装卸及输送等过程和清扫、检修作业等作业场所产生。应根据工艺、工艺设备、物料、操作条件分析可能产生的粉尘种类和部位、产生的原因及其扩散传播的途径，确定需要进行评价的主要粉尘危害。

3. 噪声

国家相关标准将噪声作业的危害程度分为四个级别。分析噪声有害因素时，应找出、列出生产中产生较高噪声的设备，参照作业场所（或同类装置）测定的数据，确定噪声产生的原因、设备、影响范围和需要进行评价的主要噪声危害。

4. 振动

在使用振动工具或工件作业时，工具手柄或工具的 4 小时等能量频率计权振动加速度不得超过 5 米/秒^2。超过规定时，应按标准规定缩短接振时间。

5. 辐射

国家相关电磁防护、微波腐蚀、超高频辐射卫生标准等分别对电场强度、磁场强度、脉冲波或连续波、暴露时间、超高频的日剂量限值和功率密度作了相应的规定。

6. 高温、低温

1）高温危害

高温使劳动效率降低，增加操作失误率。研究资料表明，环境温度达到28℃时，人的反应速度、运算能力、感觉敏感性及感觉运动协调功能都明显下降；35℃时仅为一般情况下的70%左右；极重体力劳动作业能力，30℃时只有一般情况下的 50%～70%，35℃时则仅有 30%左右。高温环境还会引起中暑（热射病、日射病、热痉挛、热衰竭）。长期高温作业（数年）可出现高血压、心肌受损和消化功能障碍病症。

2）低温危害

低温作业人员受环境低温影响，操作功能随温度的下降而明显下降。如手皮肤温度降到15.5℃时操作功能开始受影响，降到 10～12℃时触觉明显减弱，降到 4～5℃时几乎完全失去触觉的鉴别能力和知觉。低温环境会引起冻伤、体温降低，甚至造成死亡。低温的危害程度与环境温度、活动强度、健康状况、饮食和防寒装备有关。

7. 采光、照明

作业场所采光、照明不良时，易造成表示不清、人员的跌、绊和误操作率增加的现象，因而在危害因素辨识时，应对作业环境的采光、照明是否满足国家有关建筑设计的采光、照明卫生标准要求作出分析。

（三）分析工艺流程或生产条件

工艺流程或生产条件也会产生危险或使生产过程中的危险性加剧。例如，水就其性质来说没有爆炸的危险，但如果生产工艺的温度和压力超过了水的沸点，那么水的存在就具有蒸汽爆炸的危险。因此，在危害因素辨识时，仅考虑材料性质是不够的，还必须要考虑工艺流程或生产条件，同时对有些危险材料进行进一步分析和评价。例如，某材料的闪点高于

400℃，而生产是在室温和常压下进行的，那就可排除这种材料引发重大火灾的可能性。当然，在危害因素辨识时既要考虑生产过程，也要考虑不正常生产的情况。

四、石油行业常见危害因素

石油企业的勘探开发作业，涉及不同的作业过程，如地震勘探作业、钻井及相关方作业（含定向井、录井、测井、固井等）、试油作业、油气开采、集输作业等。这些作业性质的突出特点是：生产作业环境的不固定性，外界环境影响、条件的不一致性，地区的特色、作业环境的可变性。

对于石油炼化过程的主要作业，同样涉及不同的作业过程，如炼油加工（催化、裂化、加氢、重整等）、合成化肥、乙烯裂解、腈纶化纤、塑料橡胶、化工聚酯、储藏储运以及相关方作业等。这些作业性质的突出特点是：高温、高压、易燃、易爆、有毒、有害、高腐蚀，作业的连续性、复杂性和相对集中、固定性，产品的多样性和资金、技术密集等。

（一）地震勘探作业过程的主要危害因素

（1）爆炸：由于在野外进行地震勘探作业时，将动用特殊的爆炸性物品（炸药、雷管）及专用交通工具（炸药车），当这些物品或设备受到外界危害因素引发时，可能发生爆炸，造成人员的重大伤亡及设备设施的损坏等。

（2）着火：当油品泄漏或其他易燃物在有火源的情况下，有可能发生着火的危险。

（3）压力容器爆破：受压容器和承压体，当发生超压或意外撞击情况时，可能发生物理爆破。

（4）机械伤害：动力驱动的传动件、转动部位，若防护装置失效、残缺，人体接触时有发生机械伤害的危险，或当设备发生机械爆破时可能造成对人体的伤害。

（5）船损或船体搁浅：当地震勘探队伍在水上作业时，作业船只在外部不良环境的影响下，可能发生船损或船体搁浅的危险。

（6）触电：带电的设备、装置等，若接地或接零保护装置失灵、失效时，人触及带电体漏电部位，有发生触电的危险。

（7）交通事故：作业过程中动用大批运输车辆和特种作业车辆，在作业过程中存在发生交通事故的危险。

（8）淹没：在潮间带或极浅海作业的人员或设备（车辆、作业船只）可能在强潮汐或涨潮、暴风（雨、雪、大雾等）过程中存在淹没的危险。

（9）噪声：运转机车、发动机、发电机、激发震源或气枪爆炸等，均产生噪声。经调查监测，其大部分噪声级达到60～100分贝。长时间在噪声环境下工作，对人体听力和心理安全，会产生一定的影响。

(10) 人员饮食中毒：野外作业时，食品、生活用水都定时、定期供给。不可靠来源的食物、腐化变质的食品或生活用水对人身健康可能带来危害，造成人员作业期间中毒。

(11) 人员疲劳：长期野外作业，工作环境单一、作业流动大，作业过程中各种危害因素都容易造成作业人员身心疲劳。

(12) 污染：施工作业过程中动用的燃料、产生的废气和废液不符合标准地排放，对作业环境有较大的影响；作业人员生活产生的生活污水、垃圾不符合标准地处理，对环境也会产生影响。

(13) 雷击：在野外作业时，易受大风、暴雨、大雪等气候影响，人员也有可能发生中暑、冻伤或遭到雷击的伤害。

(14) 疾病：长时间在野外作业，人员有可能发生急性疾病或传染病的危险。

(15) 山体作业：可能发生滑坡危险，对撤离不及时的人员、设备等将可能造成财产损失、人员伤亡等后果。

(16) 沙漠作业：可能发生迷路、缺水、沙漠风暴等危险。

(二) 钻井及相关方作业过程主要的危害因素

钻井作业过程中，存在相关方的辅助作业。因此，在识别危害因素时，要从多方面出发，识别出共同风险和相关风险。

1. 共同作业风险

(1) 井喷及井喷失控可能造成地层碳氢化合物的严重泄漏。

(2) 火灾爆炸：地层碳氢化合物的泄漏，特别是轻质油、硫化氢等可燃（剧毒）气体，还有野外作业时使用的汽油及柴油、润滑油、机油等的泄漏，这些可燃物体遇火源将可能造成火灾爆炸的危险事故。

(3) 营房火灾。

(4) 电气火灾。

(5) 现场易燃纤维或其他物品着火。

(6) 高空作业人员坠落。

(7) 高空物品坠落（含大钩、游动滑车、天车、井架及井架附件、二层作业平台附件等）。

(8) 起吊重物坠落。

(9) 人员施工操作（如操作臂钳或液压大钳）、搬运重物等过程中造成的物体打击。

(10) 机械伤害。

(11) 触电伤害。

(12) 食物中毒。

(13) 化学物品中毒。

(14) 噪声伤害。

(15) 交通事故。

(16) 恶劣天气或自然灾害造成的危险，如洪涝灾害、地震、雷击。

(17) 不法分子骚扰，在野外施工作业，一般情况都远离单位或驻地，容易受到不法分子侵袭。

(18) 硫化氢中毒。

(19) 环境污染。

(20) 海上钻井（含勘探、开发等）作业时，可能带来：

①更为严重的环境污染；

②海啸、海潮、海浪、龙卷风、暴雨等可能导致严重的财产损失和人员伤亡（逃生及紧急救援方案实施）；

③船体腐蚀破裂；

④平台倾斜或倒塌；

⑤撞船；

⑥迷航；

⑦逃生困难。

由此可见，在海上作业时，各种应急预案、应急措施或应急设施必须到位并且检测可靠。作业人员的素质要求也较高，按照规定，作业人员必须持有海上急救、海上求生、船舶消防、救生艇筏操作、海上游泳等证书。

2. 相关作业风险

(1) 测井作业时，可能会带来：辐射伤害、射孔弹误发伤人、测井仪器落井（可能造成打捞困难、井喷、弃井等风险）等危险。

(2) 录井作业时，可能会带来：录井使用的天然气标样瓶泄漏可能造成火灾爆炸危险、综合录井监测及预报功能失败、常规地质录井质量事故、操作录井设备可能造成的触电危险、录井使用的三氯甲烷等有毒物料可能造成中毒危险、录井使用的强酸性物质可能造成人员皮肤腐蚀或烧伤危险、荧光录井使用的紫光灯可能造成紫外线辐射危险、录井使用的岩砂烤箱可能造成火灾或人员灼伤危险等。

(3) 定向井作业时，可能带来：定向失败、测斜失败、测斜绞车伤人、定向工具落井、操作定向设备可能造成触电等危险。

(4) 固井作业时，可能带来：高压管汇泄漏造成人员伤亡、高压管汇及接头未固定造成轮甩伤人、固井失败（如灌香肠指钻杆内水泥浆未替尽并凝固、插旗杆指钻杆被凝固在套管内或井筒内、水泥严重串槽、未封隔住高压油气水层）等危险。

(三) 试油作业过程主要的危害因素

(1) 爆炸：在油气井作业时，遇到高温、高压、特殊的施工工艺的情况，可能出现意外的管线爆裂、腐蚀穿孔、接头泄漏、井口采油树刺漏、压爆。若出现油气泄漏，遇火源即可发生油气燃烧爆炸。

(2) 物理爆破：受压容器和承压管道，当超压、超温或发生意外情况时，在其薄弱处或极大压力下，就可能发生物理爆破。若施工出现工艺条件失控，发生超压、超温的"爆聚"，此时若安全阀、防爆门控制失灵，超出设计压力，也可能发生爆破。

(3) 中毒：现场接触的石油和天然气、柴油及其他化学物品等物质，在施工场地内，与其直接接触或与其反应物接触会对人体有害，有时会发生不同程度的中毒。特别对含有有毒气体（如 H_2S 气体）的作业井施工或施工作业中有可能产生有毒气体时，更可能由于操作失误导致中毒危险。

(4) 井喷：由于井口失控或操作失误可能造成井喷事故。

(5) 高空坠落：距离工作平面 2 米以上的高处作业的平台、扶梯、罐面等处，若有损坏、松动、打滑或不符合规范要求时，当操作者不慎、失平衡时有可能发生高空坠落的危险。

(6) 触电：带电的设备或装置等，若接零、接地保护装置失灵、失效，或者由于设备漏电、人为误操作等原因，人触及了带电部位，有发生触电的危险。

(7) 噪声：作业现场各种机泵产生连续性噪声。装置的噪声监测资料表明，其相应装置的噪声最高可达到 90 分贝。特别是对大型油层进行改造施工时，最高噪声可达到 105 分贝。在高噪声环境中工作，会影响人身健康。

(8) 灼伤：在施工作业现场的罐、管道、机车等处，由于设备腐蚀、超压、操作不当等原因，发生施工液体刺漏，人体直接接触后可能造成人员的灼伤事故。

(9) 机械伤害：动力驱动的传动件、转动部位，若防护罩失效或残缺，人体有发生机械伤害的危险。

(10) 高空落物伤害：由于设备倒塌或高空物体突发坠落，有可能造成人员的伤害。

(四) 油气开采、集输作业的主要危害因素

(1) 火灾爆炸：储罐、原油处理设备、稳定装置、污水处理设施、管道等处，若出现了意外的焊缝开裂、腐蚀穿孔、接头处泄漏以及跑冒滴漏现象，遇火源可能发生火灾爆炸事故。

(2) 容器爆炸：受压容器和承压管道，在超压、超温或意外情况下，在其薄弱处或极大压力下，就可能发生物理爆炸。

(3) 灼烫：加热设备运行时，若操作不当，可能发生人员的灼烫事故。

（4）机械伤害：动力驱动的传动件、转动部位，若防护罩失效或残缺，人体接触时有发生机械伤害的危险。

（5）起重伤害：在重物起吊过程中，若操作人员注意力不集中或其他人员违章，可能发生起重伤害事故。

（6）高空坠落：距工作面 2 米以上高空作业的平台、扶梯、走道护栏等处，若有损坏、松动、打滑或不符规范要求等，当操作者不慎、失平衡时有可能发生高空坠落的危险。

（7）触电：带电的设备、装置等，若接地或接零保护装置失灵、失效时，人体触电或接触带电体漏电部位，有发生人员触电的危险。

（8）操作失误造成的事故：如倒错流程，流量、压力、温度失控等造成的事故。

（9）中毒：原油、天然气等有毒物质一旦发生泄漏对人体有害，人体接触后会发生不同程度的中毒。

（10）噪声：当工作环境中噪声值超过国家允许标准时，在此环境中工作的人员可能引起噪声性耳聋。

（11）环境污染：联合处理站油品泄漏、污水和废弃物外排、机泵产生噪声、加热炉燃烧时产生烟气，都将造成周围的环境污染。

（五）石油炼化过程的主要危害因素

（1）火灾：炼化装置存在的易燃易爆介质在异常情况下发生泄漏，遇火源会发生火灾，在运行的装置里动火、安全措施不全或没有落实，可能发生火灾。

（2）爆炸：石油炼制过程的原辅料、中间产品以及产品，具有易燃易爆性质的比较多，这些物料极容易泄漏挥发，当挥发的蒸气和空气形成爆炸混合物时，遇到火源即会发生爆炸。在工艺生产装置、油品储罐、污水处理设施、管道等处，若出现了意外的焊缝开裂、腐蚀穿孔、接头处泄漏、密闭空间可燃气体超标、未清理的管道打开以及跑冒滴漏现象，遇火源可能发生火灾爆炸事故。另外，还存在油品装卸车由静电引发爆炸、固体物料粉尘爆炸、过度反应引起爆炸等危险。

（3）中毒和窒息：石油炼制生产过程中，存在氨气、氯气、二氧化硫等刺激气体；存在氰化物、硫化氢、一氧化碳、二氧化碳、氮气等窒息性毒物；存在醇类、酯类、氯烃、芳香烃等有机溶剂；存在苯胺、硝基胺等苯的氨基、硝基化合物；在发生泄漏的情况下，若防护不当，容易造成中毒和窒息事故，对环境保护、职业病防护造成影响。

（4）压力容器爆炸：受压容器和承压体，在超压、超温或意外撞击情况下，在其薄弱处或极大压力下，可能发生物理爆炸。

（5）锅炉爆炸：锅炉操作不当造成超温、超压，锅炉结垢腐蚀严重、安全附件失效、操作人员违章等，可能发生锅炉爆炸事故。

(6) 静电伤害：液体石油产品在流动、过滤、混合、喷雾、喷射、冲洗、加注、晃动等情况下，由于静电荷的产生速度高于静电荷的泄漏速度，从而积聚静电荷。静电荷电量虽然不大，但因其电压很高容易发生火花放电。若静电火花放电能量等于或超过易燃易爆物质的最小静电点能量，并且在放电间隙中油品蒸气和空气混合物处于爆炸极限范围时，将引起静电伤害。

(7) 触电：带电的设备、装置等，若接地或接零保护装置失灵、失效时，人触及带电体漏电部位，有发生触电的危险。

(8) 雷电：夏季雷电对储运系统危害较大，容易致使原油、成品油、轻烃等储罐设备设施遭到雷击的伤害，继而发生较大事故。

(9) 高低温危害：石油炼化生产属于连续性生产作业，夏季酷暑季节，在高温作业的车间工作，如果再加上通风差，则极易发生中暑；在高寒地区，特别是冬季户外施工时，足部可能因低温发生冻伤。另外接触高温、深度制冷的介质和设备设施易人员造成冻烫伤。

(10) 职业病危害：石油炼化是高危产业，涉及的行业和职业范围广，生产条件苛刻，生产自动化高、连续性强。原料及产品多为易燃易爆、有毒有害有腐蚀性的物质，再加上生产技术复杂，设备种类繁多，稍有不慎，就容易发生职业病危害事故。

(11) 粉尘危害：在石油石化生产中，会产生聚丙烯、聚乙烯、ABS树脂等有机粉尘，工人长时间接触这些粉尘，对身体健康会造成一定影响。

(12) 灼伤：生产中使用的腐蚀性物质，如硫酸、盐酸、硝酸、氢氧化钠、硫化钠等，人体皮肤接触后会引起人体皮肤的损毁，对人体造成灼伤。高温设施设备、加热设备运行时，若操作不当或防护缺失，可能发生人员的烫伤事故。进行酸、碱作业，防护不当会引起化学灼伤。装置放射源管理失控，可能引起物理性灼伤。

(13) 机械伤害：石油炼化机械设备外露传动部分（如齿轮、轴、履带等）、静止部件、工具、加工件直接与人体接触，若防护装置失效、残缺或作业人员违章作业，人体接触时会引起夹击、碰撞、剪切、卷入、绞、碾、割、刺等形式的伤害，或当设备发生机械爆破时可能造成对人体的伤害。

(14) 噪声：运转机泵、发动机、发电机、吹扫爆破等，均产生噪声，经调查监测，其大部分噪声级达到60~100分贝，长时间在噪声环境下工作，对人体听力和心理安全，会产生一定的影响。

(15) 高空坠落：距离工作平面2米以上的高处作业的平台、扶梯、罐面等处，若有损坏、松动、打滑或不符合规范要求时，当操作者不慎、失平衡时有可能发生高空坠落的危险。

(16) 起重伤害：起重作业中发生挤压、坠落及在重物起吊过程中，操作人员注意力不集中或其他人员违章，可能发生起重伤害事故。

(17) 淹溺：在凉水塔上、中和池、污水池边，由于防护设施不足或缺陷或作业人员违章，可能发生淹溺危害。

(18) 坍塌：炼化装置建设施工、检维修中，塔吊、脚手架搭设不合理、材质不符合要求等原因，容易造成坍塌事故。进行挖掘作业时，不执行管理规定，违章施工造成土石塌方。

(19) 交通事故：厂内道路交通、检维修作业过程中动用大型车辆和特种作业车辆，在作业过程中存在发生交通事故的危险。

(20) 电离辐射：使用含放射源仪表时存在电离辐射危害可能。

(21) 环境污染：炼化生产过程中动用的燃料、产生的废气和废液不符合标准地排放，对作业环境有较大的影响；检维修作业产生的危险废弃物，生产过程产生的工业污水，如果处理不当，对环境会产生影响。

(22) 操作失误：如倒错流程，流量、压力、温度失控等造成的影响。

(23) 列车脱轨：储运系统的铁路运输中，线路损坏、列车超速、列车或钢轮异状或轨道上存在阻碍物，有发生脱轨的危险。脱轨会造成列车掉道甚至颠覆。

(24) 人员饮食中毒：不可靠来源的食物、腐化变质的食品或生活用水对人身健康可能带来危害，造成人员工作期间中毒。

(25) 人员疲劳：长时间DCS监盘作业，工作环境狭小，空间受限，作业过程中各种危害因素等诸多不利因素都容易造成作业人员身心疲劳。

(26) 承包商危害：生产、检维修、储运过程涉及的相关方所发生事件或事故对本单位造成的危害。

第三节　风险评价与分析方法

风险评价的目的是为了评价危险发生的可能性及其后果的严重程度，以寻求最低事故率、最少的损失和最优的安全投资效益。风险评价方法就是对系统的危险性、危害性影响进行分析、评价的工具。HSE风险评价可根据风险类型和风险性质不同，选用不同的评价方法。

一、风险矩阵法

风险矩阵法属于风险定性分析方法，是在风险分析的初级阶段以及对某些难以量化的风险事件进行分析时采用的方法。风险矩阵法是人们依靠经验对风险事件发生的概率及可能带来的损失作出主观判断，然后综合这两方面的结果来决定如何处置风险。图2-3是目前常用的风险矩阵图。

用风险矩阵法进行风险评价时，首先要确定事故发生的可能性，在A、B、C、D、E五个等级中选定一个，然后再确定事故后果的严重程度，在0、1、2、3、4、5六个级别中确定一个级别，这两个因素交叉点落的区域代表不同的风险类型。风险类型分为不可忍受的风险区域、需要引入风险削减措施的区域和可进行正常操作但仍需继续改进的区域。

后果严重程度分级	后果严重程度				事故发生可能性（增加）				
	人员P	财物A	环境E	声誉R	A 在行业内发生过	B 在油田内发生过	C 在油田每年发生几次	D 在本队发生过	E 本队每年发生几次
0	无伤害	无	无	无					
1	轻伤	极小	极小	极小	正常操作但仍需继续改进				
2	小型伤害	小	小	小					
3	严重伤害	大	大	一定范围			引入风险削减措施		
4	重伤	重大	重大	国内					
5	巨大	巨大	巨大	国际			不可忍受		

图2-3 风险矩阵图

二、风险评价指数法

风险评价指数法是定性评价方法，是根据经验对生产工艺、设备、环境、人员配置和管理等方面的安全状况进行定性的判断。一般将危险性分成几个定性等级，并规定达到哪个等级（以上或以下）即认为系统是安全的。常用严重性等级表示危险的严重程度，如表2-1所示。

表2-1 危险事件的严重性等级

严重性等级	等级说明	事故后果说明
Ⅰ	灾难的	人员死亡或系统报废
Ⅱ	严重的	人员严重受伤、严重职业病或系统严重损坏
Ⅲ	轻度的	人员轻度受伤、轻度职业病或系统轻度损坏
Ⅳ	轻微的	人员伤害程度和系统损坏程度都轻于Ⅲ级

事故发生的可能性可根据危险事件出现的频繁程度，定性地分为五级，如表2-2所示。

表2-2 危险事件的可能性等级

可能性等级	等级说明	单个项目具体发生情况	总体发生情况
A	频繁	频繁发生	连续发生
B	很可能	在寿命期内会出现若干次	频繁发生
C	有时	在寿命期内有时会发生	发生若干次
D	极少	在寿命期内不易发生，但有可能发生	不易发生，但有理由可预期发生
E	不可能	极不易发生，以至于可以认为不会发生	不易发生

将上述危险事件严重性和可能性等级制成矩阵并分别给以定性加权指数,形成风险评价指数矩阵(表 2-3)。按照矩阵中的风险评价指数确定如下危险接受准则:指数为 1~5 表示不可接受的危险;指数为 6~9 表示不希望有的危险,需决策是否可以承受;指数为 10~17 表示有控制地接受,需经有关方评审后方可接受;指数为 18~20 表示不需评审即可接受。

表 2-3 风险评价指数矩阵

可能性等级 \ 严重性等级	Ⅰ级（灾难的）	Ⅱ级（严重的）	Ⅲ级（轻度的）	Ⅳ级（轻微的）
A（频繁）	1	3	7	13
B（很可能）	2	5	9	16
C（有时）	4	6	11	18
D（极少）	8	10	14	19
E（不可能）	12	15	17	20

三、作业条件危险性评价法

作业条件危险性评价法（LEC 法）是用与系统风险有关的三种因素指标值来评价操作人员伤亡风险的大小。这三种因素是：L（事故发生的可能性）、E（人员暴露于危险环境中的频繁程度）和 C（一旦发生事故可能造成的后果）。作业条件危险性的大小以三个因素的分数值的乘积 D 来评价,即

$$D=LEC$$

(1) 事故发生的可能性（L）：此方法将事故发生的可能性分为 7 个等级,具体如表 2-4 所示。

表 2-4 事故发生的可能性（L）

分数值	事故发生的可能性	分数值	事故发生的可能性
10	完全可以预料	0.5	很不可能,可以设想
6	相当可能	0.2	极不可能
3	可能,但不经常	0.1	实际不可能
1	可能性小,完全意外		

(2) 人员暴露于危险环境的频繁程度（E）：人员暴露于危险环境中的时间越多,受到伤害的可能性越大,相应的危险性也越大。此方法将人员暴露于危险环境的频繁程度分为 6 个等级,具体如表 2-5 所示。

表 2-5 人员暴露于危险环境的频繁程度（E）

分数值	人员暴露于危险环境的频繁程度	分数值	人员暴露于危险环境的频繁程度
10	连续暴露	2	每月一次暴露
6	每天工作时间内暴露	1	每年几次暴露
3	每周一次，或偶然暴露	0.5	非常罕见暴露

（3）发生事故可能造成的后果（C）：发生事故造成的人员伤害和财产损失的范围变化很大，此方法将发生事故可能造成的后果分为 6 种情况，具体如表 2-6 所示。

表 2-6 发生事故可能造成的后果（C）

分数值	发生事故可能造成的后果	分数值	发生事故可能造成的后果
100	大灾难，很多人死亡，或造成重大财产损失	7	严重，重伤，或较小的财产损失
40	灾难，数人死亡，或造成很大财产损失	4	重大，致残，或很小的财产损失
15	非常严重，一人死亡，或造成一定财产损失	1	引人注目，不利于基本的安全卫生要素

（4）危险性等级划分标准如表 2-7 所示。

表 2-7 危险性等级划分标准（D）

分 数 值	风险级别	危险程度
>320	5	极其危险，不能继续作业（立即停止作业）
160～320	4	高度危险，需立即整改（制定管理方案及应急预案）
70～159	3	显著危险，需要整改（编制管理方案）
20～69	2	一般危险，需要注意
<20	1	稍有危险，可以接受

注：根据 LEC 法划分的危险等级都是凭经验判断，难免带有局限性，应用时要根据实际情况进行修正。

四、危险与可操作性分析方法

危险与可操作性分析方法（Hazard and Operability Analysis，HAZOP）是一种对工艺过程中的危险因素实行严格的审查和控制的技术。它以系统工程为基础，通过引导词和标准格式寻找工艺偏差，审查新设计或已有工厂的生产工艺和工程总图，以辨识因装置、设备的个别部分的误操作或机械故障引起的危险因素，并根据其可能造成的影响大小确定防止危险发展为事故的对策。危险与可操作性分析流程见图 2-4。

（一）准备工作

1. 组建 HAZOP 分析小组

HAZOP 分析小组人员包括：主持人、记录员、工艺工程师、仪表工程师、设备工程师、电气及设备操作人员等。

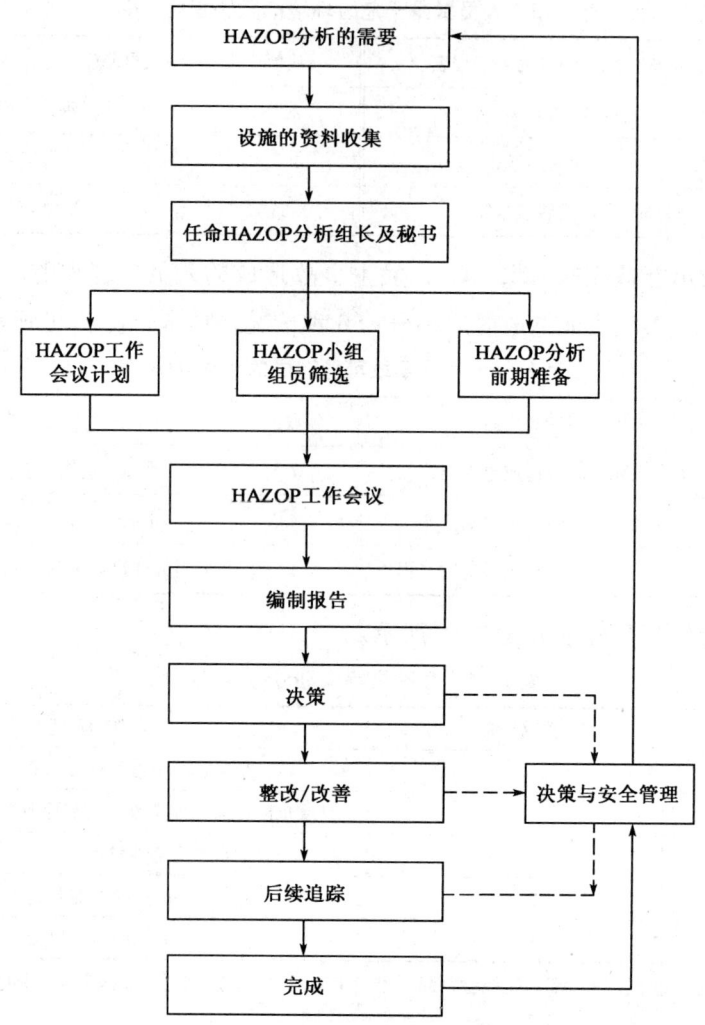

图 2-4　HAZOP 分析流程图

2. 资料准备

资料准备分以下两个方面：

（1）新、改、扩建项目主要包括物料危害数据资料、设备设计资料、工艺设计资料等。

（2）对于在役装置，除以上资料外，还需要装置历次分析评价资料；相关的技改、技措等变更记录和检维修记录；装置历次事故记录及调查报告；装置的现行操作规程和规章制度；其他资料。

3. HAZOP 分析方法培训

在 HAZOP 分析工作开始前，分析小组主持人应对小组人员进行 HAZOP 分析相关知识培训，培训内容包括：HAZOP 分析原理和方法、HAZOP 分析工作计划、分析工作相关纪律和要求等。

(二) HAZOP 分析程序

1. 确定分析范围

HAZOP 分析工作开始前，新、改、扩建项目委托方或在役装置委托方应与 HAZOP 分析小组主持人明确所要分析的项目或装置的物理界区范围以及边界工艺条件。

2. 划分节点

节点的划分一般按工艺流程进行，主要考虑单元的目的与功能、单元的物料、合理的隔离/切断点、划分方法的一致性等因素。连续工艺一般可将主要设备作为单独节点，也可以根据工艺介质性质的情况划分节点，工艺介质主要性质保持一致的，可作为一个节点。HAZOP 分析节点范围一般由小组主持人在会前进行初步划分，具体分析时与分析小组成员讨论确定。

3. 描述节点的设计意图

选择划分好的一个节点，将节点的序号及范围填入记录表。由熟悉该节点的设计人员或装置工艺技术人员对该节点的设计意图进行描述，包括对工艺和设备设计参数、物料危险性、控制过程、理想工况等进行详细说明，确保小组中的每一个成员都知道设计意图，并将这些内容填入记录表"设计意图"一栏。

4. 确定偏差

在 HAZOP 分析中可先以一个具体参数为基准，将所有的引导词与之相组合，逐一确定偏差进行分析；也可用一个具体引导词为基准，将所有的参数与之相组合，逐一确定偏差进行分析。参数优先选择法见图 2-5。

HAZOP 分析常见偏差示例见表 2-8。

表 2-8 常见偏差示例

参数＼引导词	偏大	偏小	无	反向	部分	伴随	异常
流量	流量过大	流量过小	无流量	逆流	间歇性	杂质	错误物料
温度	温度过高	温度过低					
热量							
压力	压力过高	压力过低	无	真空			
真空度	真空度高	真空度低		正压			
液位	液位过高	液位过低	无				
腐蚀量	腐蚀量过大				不均匀腐蚀		
反应	过快、剧烈	过慢、活性低	终止	逆反应	不完全反应	副反应	催化剂中毒
时间	过长	过短	缺步骤	顺序颠倒			
开、停工			缺步骤	顺序颠倒			设备无法正常开停
泄放排放	排放过大	排放过小	无法排放	倒吸		排放介质异常	故障
维修			未维修		维修不完全		维修中出现异常

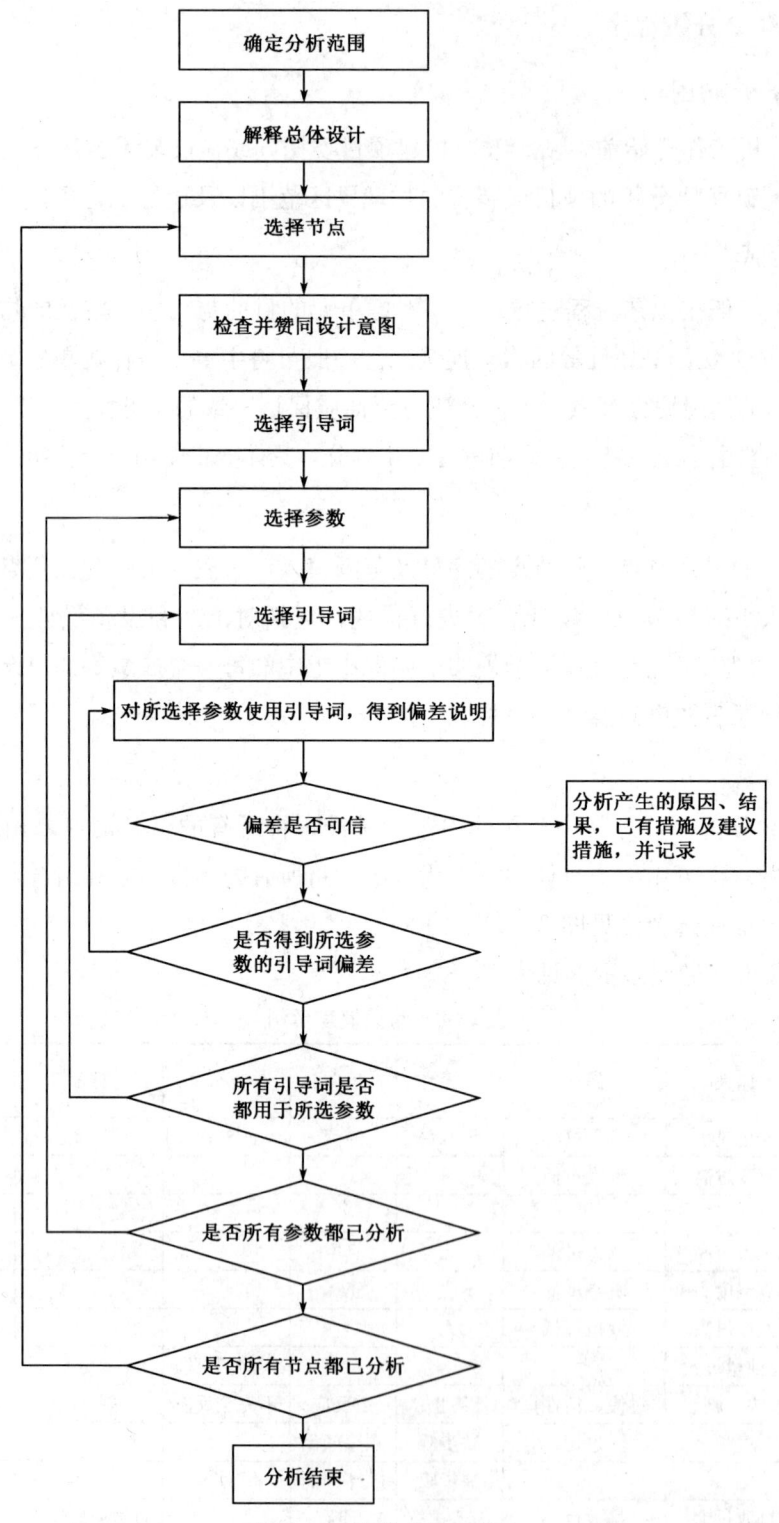

图 2-5 参数优先选择法

5. 分析偏差导致的后果

分析小组分析讨论选定的偏差可能引起的后果，包括对人员、财产和环境的影响。讨论后果时不考虑任何已有的安全保护（如安全阀、联锁、报警、紧急停车按钮、放空等），以及相关的管理措施（如作业票制度、巡检等）情况下的最坏后果。讨论后果不应局限在本节点之内，应同时考虑该偏差对整个系统的影响。

6. 分析偏差产生的原因

对选定的偏差从工艺、设备、仪表、控制和操作等方面分析讨论其发生的所有原因，原则上应在本节点范围内列举原因。

7. 列出现有的安全保护

在考虑现有的安全保护时，应从偏差原因的预防（如仪表和设备维护、静电接地等）、偏差的检测（如参数监测、报警、化验分析等）和后果的减轻（如联锁、安全阀、消防设施、应急预案等）三个方面进行。记录的安全保护必须是现有并实际投用或执行的。

8. 评估风险等级

评估后果的严重程度和发生的可能性，根据企业的风险矩阵，确定风险等级。

9. 提出建议措施

分析小组根据确定的风险等级以及现有安全保护，决定是否提出建议措施，建议措施应得到整个小组成员的共同认可。

10. 分析记录

分析记录是 HAZOP 分析的一个重要组成部分，也是后期编制分析报告的直接依据。小组记录员应将所有重要意见全部记录下来，并应当将记录内容及时与分析小组成员沟通，以避免遗漏和理解偏离。分析工作记录表见表 2-9。

表 2-9 危险与可操作性分析工作记录表

节点序号		节点描述			设计意图					
图号			会议日期							
序号			参加人员							
序号	参数/引导词	偏差	原因	后果	已有保护措施	风险分析			建议措施	责任单位/人	备注
						严重性	可能性	风险等级			

11. 循环上述分析过程

循环上述分析过程，直至该装置的所有节点的全部工艺参数的全部偏差都得到分析。

12. 编制分析报告

HAZOP 分析工作结束后，对分析记录结果进行整理、汇总，形成 HAZOP 分析报告初稿。

（三）沟通和交流

在 HAZOP 分析结束后，分析小组应将 HAZOP 分析报告初稿提交委托方进行沟通和交流，向委托方说明整个 HAZOP 分析过程和所提出建议措施的依据，征询委托方方面的意见，并对 HAZOP 分析报告初稿进行进一步修改、完善。

（四）评审

HAZOP 分析报告初稿修改完善后，项目委托方应组织 HAZOP 分析报告评审会，评审的主要内容包括：分析小组人员组成是否合理、分析所用技术资料的完整性和准确性、分析方法的运用是否正确，以及建议措施的明确性与合理性、分析报告的准确性和可理解程度。

（五）建议措施的跟踪

委托方应对 HAZOP 分析报告中提出的建议措施进行进一步的评估，根据风险管理的"合理实际并尽可能低"的原则和可接受风险要求，作出书面回复，对每条具体建议措施的选择可采用完全接受、修改后接受或拒绝接受的形式。

五、事件树分析法

事件树分析（Event Tree Analysis，ETA）法是一种逻辑的演绎法，它在给定一个初因事件的情况下，分析此初因事件可能导致的各种事件序列的结果，从而定性与定量地评价系统的特性，并帮助分析人员获得正确的决策。事件树分析法常用于安全系统的事故分析和系统的可靠性分析，由于事件序列是以图形表示，并且呈扇状，故称事件树。

事件树也是一种决策树，但是它的结果仅仅依赖于系统的内在客观规律，而在决策树中结果取决于决策者的主观控制和影响。

事件树可以描述系统中可能发生的事件，特别是在安全分析中，在寻找系统可能导致的严重事故时，事件树分析法是一种有效方法。事件树和决策树都强调获得事件序列的最后结果。事件树的初因事件可能来自系统内的失效或者外部事件，在初因事件发生后相继引发的事件仅仅由系统的设计功能所决定，它们投入的次序是一定的。

(一) 分析步骤与注意事项

1. 分析步骤

(1) 确定或寻找可能导致系统严重后果的初因事件，并进行分类，对于那些可能导致相同事件树的初因事件可划分为一类；

(2) 构造事件树，先构造功能事件树，然后构造系统事件树；

(3) 进行事件树的简化；

(4) 进行事件序列的定量化。

2. 注意事项

在进行事件树分析时，应首先了解系统构成和功能，特别要注意以下几点：

(1) 在寻找和确定可能导致系统严重事故的初因事件和系统事件时，要有效地利用平时的安全检查表、巡视结果、未遂事件和故障信息，以及相关领域、类似系统和相似系统的数据资料。

(2) 选择初因事件时，重点应放在对系统安全影响大、发生频率高的事件上。

(3) 对开始阶段选择的初因事件应进行分类整理，对可能导致相同事件树的初因事件要划分为一类，然后分析各类初因事件对系统影响的严重性，应优先做出严重性最大的初因事件的事件树。

(4) 在根据事件树分析结果制定对策时，要优先考虑事故发生概率高、事故影响大的项目。

(5) 当系统的事故发生概率是由组成系统的作业过程中各阶段安全措施的程序错误或失败概率的逻辑积表示时，其对应的措施是使发生事故的各阶段中任何一项安全措施成功即可，并且对策的时机越早越好。

(6) 系统中事故发生概率是由构成系统的作业过程中各事故发生的逻辑和表示时，须采取的对策是使可能发生事故的所有阶段中的安全措施都成功。

(7) 事故防止对策的种类，包括体制方面的对策、物的对策和人的对策。

(二) 事件树的定性分析

事件树定性分析在绘制事件树的过程中就已进行，绘制事件树必须根据事件的客观条件和事件的特征作出符合科学性的逻辑推理，用与事件有关的技术知识确认事件可能状态，所以在绘制事件树的过程中就已对每一发展过程和事件发展的途径作了可能性的分析。

事件树画好之后的工作，就是找出发生事故的途径、类型以及预防事故的对策。

1. 找出事故连锁

事件树的各分支代表初始事件一旦发生其可能的发展途径。其中，最终导致事故的途径即为事故连锁。一般地，导致系统事故的途径有很多，即有许多事故连锁。事故连锁中包含的初因事件和安全功能故障的后续事件之间具有"逻辑与"的关系，显然，事故连锁越多，系统越危险；事故连锁中事件树越少，系统越危险。

2. 找出预防事故的途径

事件树中最终达到安全的途径指导我们如何采取措施预防事故。在达到安全的途径中，发挥安全功能的事件构成事件树的成功连锁。如果能保证这些安全功能发挥作用，则可以防止事故。一般地，事件树中包含的成功连锁可能有多个，即可以通过若干途径来防止事故发生。显然，成功连锁越多，系统越安全，成功连锁中事件树越少，系统越安全。

由于事件树反映了事件之间的时间顺序，所以应该尽可能地从最先发挥功能的安全功能着手。

（三）事件树的定量分析

事件树定量分析是指根据每一事件的发生概率，计算各种途径的事故发生概率，比较各个途径概率值的大小，作出事故发生可能性序列，确定最易发生事故的途径。一般，当各事件之间相互统计独立时，其定量分析比较简单；当事件之间相互统计不独立时（如共同原因故障，顺序运行等），则定量分析变得非常复杂。

（1）各发展途径的概率。各发展途径的概率等于自初因事件开始的各事件发生概率的乘积。

（2）事故发生概率。事件树定量分析中，事故发生概率等于导致事故的各发展途径的概率和。定量分析要有事件概率数据作为计算的依据，而事件过程的状态是多种多样的，一般都因缺少概率数据而不能实现定量分析。

（3）事故预防。事件树分析把事故的发生发展过程表述得清楚而有条理，为设计事故预防方案，制定事故预防措施提供了有力的依据。

从事件树上可以看出，最后的事故是一系列危害和危险的发展结果，如果中断这种发展过程就可以避免事故发生。因此，在事故发展过程的各阶段，应采取各种可能措施，控制事件的可能性状态，减少危害状态的出现概率，增大安全状态的出现概率，把事件发展过程引向安全的发展途径。

采取在事件不同发展阶段阻截事件向危险状态转化的措施，最好在事件发展前期过程实现，从而产生阻截多种事故发生的效果。但有时因为技术经济等原因无法控制，这时就要在事件发展后期过程采取控制措施。显然，要在各事件发展途径上都采取措施才行。

绘制事件树时，按照事件发展过程自左向右画，树枝代表事件发展途径，把结果好的分支画在上面，把结果不好的分枝画在下面。

例如，油罐底部漏油事件的事件树，如图 2-6 所示。该事件树详细描述了所能产生的火灾和环境污染等一切可能的后果。

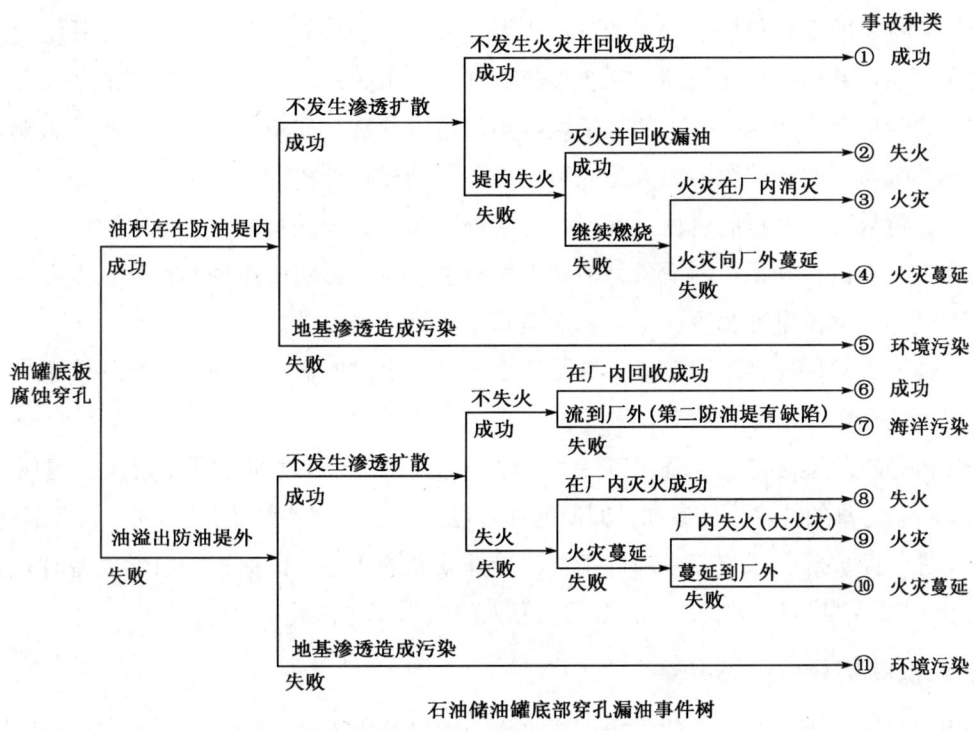

图 2-6　油罐底部漏油事件的事件树

六、故障树法

故障树分析（也称事故树分析法）（Fault Tree Analysis，FTA）法是安全系统工程中常用的一种分析方法。1961 年，美国贝尔电话研究所的维森（H. A. Watson）首创了 FTA 并应用于研究民兵式导弹发射控制系统的安全性评价中，用它来预测导弹发射的随机故障概率。随后，美国波音飞机公司的哈斯尔（Hassle）等人对这个方法又作了重大改进，并采用电子计算机进行辅助分析和计算。1974 年，美国原子能委员会应用 FTA 对商用核电站进行了风险评价，发表了拉斯姆逊报告（Rasmussen Report），引起世界各国的关注。目前，事故树分析法已从宇航、核工业进入一般电子、电力、化工、机械、交通等领域，它可以进行故障诊断，分析系统的薄弱环节，指导系统的安全运行和维修，实现系统的优化设计。

故障树分析法是一种演绎推理法，这种方法把系统可能发生的某种事故与导致事故发生的各种原因之间的逻辑关系用一种称为事故树的树形图表示，通过对事故树的定性与定量分析，找出事故发生的主要原因，为确定安全对策提供可靠依据，以达到预测与预防事故发生的目的。

（一）故障树分析法的特点

（1）故障树分析法是一种图形演绎方法，是事故事件在一定条件下的逻辑推理方法。它可以围绕某特定的事故作层层深入的分析，因而在清晰的事故树图形下，表达系统内各事件间的内在联系，并指出单元故障与系统事故之间的逻辑关系，便于找出系统的薄弱环节。

（2）故障树分析法具有很大的灵活性，不仅可以分析某些单元故障对系统的影响，还可以对导致系统事故的特殊原因如人为因素、环境影响进行分析。

（3）进行故障树分析的过程，是一个对系统更深入认识的过程，它要求分析人员把握系统内各要素间的内在联系，弄清各种潜在因素对事故发生影响的途径和程度，因而许多问题在分析的过程中就被发现和解决了，从而提高了系统的安全性。

（4）利用事故树模型可以定量计算复杂系统发生事故的概率，为改善和评价系统安全性提供了定量依据。

故障树分析的不足之处：需要花费大量的人力、物力和时间；难度较大，建树过程复杂，需要经验丰富的技术人员参加，即使这样，也难免发生遗漏和错误；FTA 只考虑（0，1）状态的事件，而大部分系统存在局部正常、局部故障的状态，因而建立数学模型时，会产生较大误差；FTA 虽然可以考虑人的因素，但人的失误很难量化。

（二）故障树分析法的步骤

采用故障树分析法对既定的生产系统或作业中可能出现的事故条件及可能导致的灾害后果，按工艺流程、先后次序和因果关系绘成程序方框图，表示导致灾害、伤害事故的各种因素间的逻辑关系。故障树由输入符号或关系符号组成，用以分析系统的安全问题或系统的运行功能问题，为判明灾害、伤害的发生途径及事故因素之间的关系，提供了一种较为形象、简洁的表达形式。

故障树分析法的基本步骤如下：

（1）选择合理的顶上事件；

（2）资料收集准备：调查与事故有关的所有直接原因和各种因素（人的失误、设备故障和不良环境因素）；

（3）建造事故树：从顶上事件出发，一层一层寻找最直接的引发事故发生的所有原因，直到找出最基本的原因为止，按其逻辑关系，画出故障树；

（4）简化并进行定性分析：用布尔代数理论求出最小割集、最小径集，确定各基本事件（要素）的结构重要度并对事故树进行简化；

（5）定量分析：找出各基本事件的发生概率，即可求出顶上事件的发生概率；

（6）结论：按照顶上事件的发生概率确定系统的风险大小，当风险超过预期目标时，利用最小割集研究降低事故发生概率的各种可能方案，利用最小径集来确定消除事故的最佳方案,利用结构重要度来确定采取对策措施的重点和优先顺序。

(三) 故障树分析的符号及意义

1. 事件符号

(1) 矩形符号:代表顶上事件或中间事件,如图2-7 (a) 所示。它表示通过逻辑门作用的、由一个或多个原因而导致的故障事件。

(2) 圆形符号:代表基本事件,如图2-7 (b) 所示。它表示不要求或无法进一步展开的基本引发故障事件。

(3) 房形符号:代表开关事件,如图2-7 (c) 所示。它表示在正常工作条件下必然发生或必然不发生的事件,当房形中所给定的条件满足时,房形所在门的其他输入保留,否则除去。根据故障要求,可以是正常事件,也可以是故障事件。

(4) 菱形符号:代表省略事件,如图2-7 (d) 所示。它表示事故树分析中的未探明事件,即原则上应进一步探明原因但暂时不必或暂时不能探明其原因的事件。它又代表省略事件,一般表示那些可能发生,但概率值微小的事件;或者对此系统到此为止不需要再进一步分析的故障事件。这些故障事件在定性分析中或定量计算中一般都可以忽略不计。

(5) 椭圆形符号:代表条件事件,如图2-7 (e) 所示。它表示施加于任何逻辑门的条件或限制。

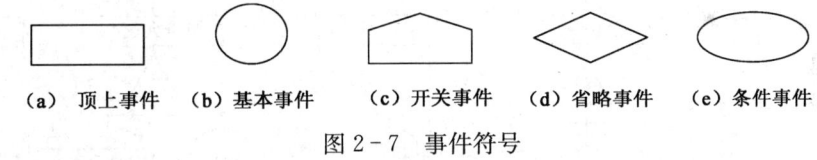

(a) 顶上事件　(b) 基本事件　(c) 开关事件　(d) 省略事件　(e) 条件事件

图2-7　事件符号

2. 逻辑符号

(1) 与门如图2-8 (a) 所示,表示仅当所有输入事件发生时,输出事件才发生。

(2) 或门如图2-8 (b) 所示,表示至少一个输入事件发生时,输出事件就发生。

(3) 非门如图2-8 (c) 所示,表示输出事件是输入事件的对立事件。

(4) 表决门如图2-8 (d) 所示,表示仅当 n 个输入事件中有 k 个或 k 个以上的事件发生时,输出事件才发生。

(5) 顺序与门如图2-8 (e) 所示,表示仅当输入事件按规定的顺序发生时,输出事件才发生。

(6) 禁门如图2-8 (f) 所示,表示仅当条件发生时输入事件的发生方导致输出事件的发生。

故障树分析法使用布尔逻辑门(如"与"、"或")形成系统的故障树逻辑模型,来描述设备故障和人为失误是如何组合导致顶上事件的。通过分析一个较大的工艺过程可得到故障

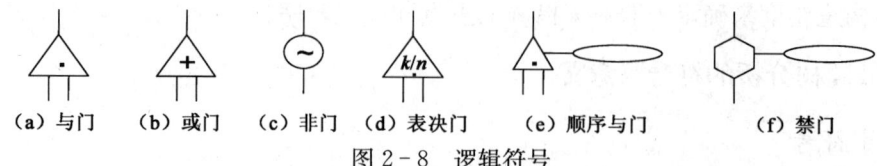

图 2-8 逻辑符号

树模型，实际的模型数目取决于危险分析人员选定的顶上事件数，一个顶上事件对应着一个故障树模型。故障树分析人员对每个故障树逻辑模型求解，产生故障序列，其称为最小割集，由此可导出顶上事件。这些最小割集序列可以通过每个割集中的故障数目和类型，定性地排序。一般而言，含有较少故障数目的割集比含有较多故障数目的割集更可能导致顶上事件。最小割集序列揭示了系统设计、操作缺陷，对此，分析人员应提出可以提高过程安全性的途径。

图 2-9 是为天然气储罐区火灾爆炸事故分析编制的故障树。天然气储罐区发生火灾爆炸是危险性极大的灾难性事故，将火灾爆炸作为顶上事件进行分析建造故障树。

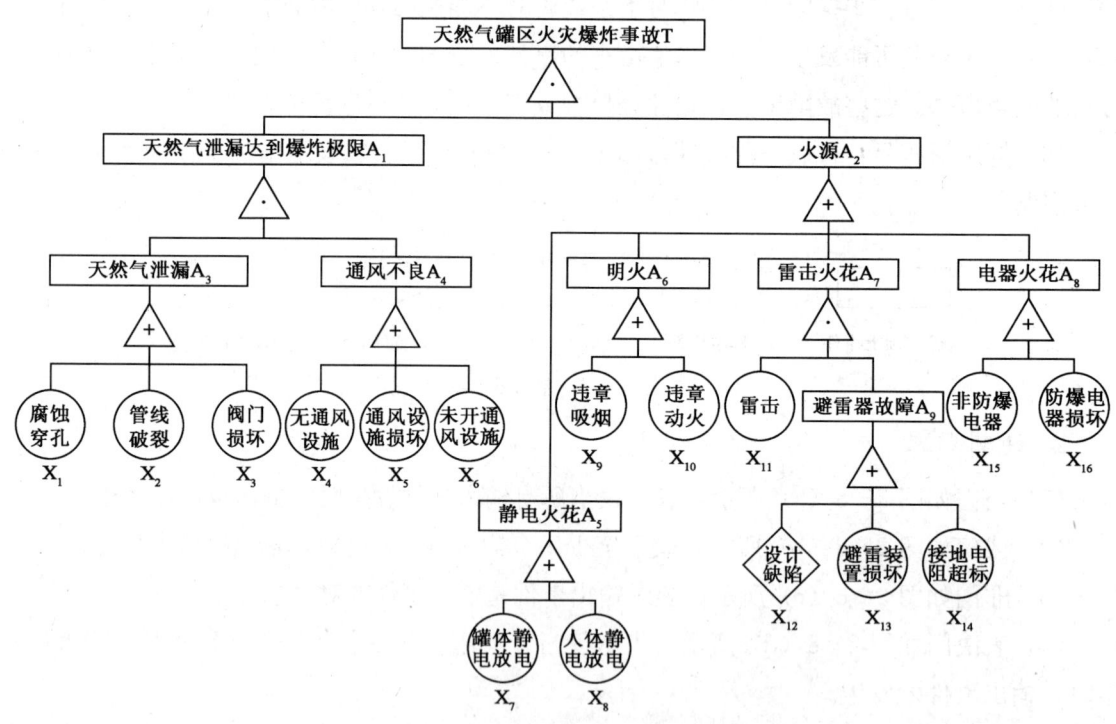

图 2-9 天然气罐区火灾爆炸故障树

按照逻辑关系，用逻辑符号连接上下层事件。"天然气泄漏达到爆炸极限" A_1 与存在"火源" A_2 两个中间事件必须同时存在，顶上事件才会发生，因此，两个中间事件与顶上事件之间用与门连接。"天然气泄漏" A_3 与"通风不良" A_4 是导致"天然气泄漏达到爆炸极限"的缺一不可的必要条件，因此也用与门连接。任意一种火源都是火源存在的条件，任意一种泄漏也都是泄漏存在的条件，因此，这几种关系都采用或门连接。在"避雷器故障"

A_9 中"设计缺陷"X_{12} 作为不必进一步分析的要素，采用了省略事件的符号。

故障树的定性和定量分析涉及布尔代数运算和概率计算，不在此介绍，有兴趣的读者请阅读相关安全评价专著。

七、环境因素多因子评价法

环境因素的评价是采用某一规定的程序方法和评价准则对全部环境因素进行评价，最终确定重要环境因素的过程。目前，常用的评价方法有：是非判断法、专家评议法、多因子评分法、排放量/频率对比法、等标污染负荷法、权重法等。这些方法中前三种属于定性或半定量方法，评价过程并不要求取得每一项环境因素的定量数据；后三种则需要定量的污染物参数，如果没有环境因素的定量数据则评价难以进行，方法的应用将受到一定的限制。因此，评价前，必须根据评价方法的应用条件、适用对象进行选择，或根据不同的环境因素类型采用不同的方法进行组合应用，才能得到满意的评价结果。

（一）环境因素多因子评价法的定义

环境因素多因子评价法也就是我们俗称的打分法，该方法对能源、资源、固体废弃物、废水、噪声等五个方面异常、紧急状况制定评分标准。制定评分标准应尽量使每一项环境影响量化（如环境因素评分表），采用评价表各因子重要性参数（a，b，c，d，e 值）来计算重要性总分值，从而确定重要环境因素。环境因素多因子评价表见表 2-10。

表 2-10　环境因素多因子评价表

评价因素 等级划分	发生频率 a	排放与法规 标准值之比 b	影响范围 c	恢复能力持续性 d	公众关注程序 e
5	连续发生	偶尔超标或≥90%	全球或区域性破坏	不可恢复	社会极度关注
4	每天至每周一次	81%～90%	局部地区破坏	半年以上可恢复	区域性极度关注
3	每周至每月一次	51%～89%	厂区以外小范围	一年至半年可恢复	地区性极度关注
2	每月至每年一次	31%～50%	厂区以内	一周内可恢复	地区性一般关注
1	几乎不发生 （或一年至多一次）	30%以下或没规定	影响很小 （操作者可处理）	一天内可恢复	不甚关注

（二）环境因素多因子评价法的运用

（1）单纯利用某一种评价方法尚不能确定其是否为重要环境因素和其优先顺序；

（2）多因子评价方法中因素的选择应结合企业的类型、规模以及产品的特点来定；

（3）多因子评价的计算方法及评定重要环境因素的标准，由企业根据环境状况自定，没有统一的标准。

(三) 环境因素多因子评价法中影响环境的因素

(1) 污染物排放浓度或总量与污染物排放标准值之比；

(2) 污染物排放发生的频次；

(3) 污染物排放造成环境影响的范围；

(4) 造成环境影响的可恢复性或持续性；

(5) 相关方关注的程度；

(6) 其他应考虑影响环境的因素，如企业的社会形象、商业风险与机遇等。

(四) 重要环境因素评价公式与评价标准

评价公式 1：$$X=aM$$

X 为重要性总值，其中 M 在 b，c，d，e 中取最大值；$M=5$ 或 $X\geqslant 15$ 时，为重要环境因素。

评价公式 2：$$X=a+M$$

其中 $M=b+c+d+e$；当 $X\geqslant 15$ 时，为重要环境因素。

评价公式 3：$$X=aM$$

其中 $M=b+c+d+e$；当 $X\geqslant 30$ 时，为重要环境因素。

以上所介绍的评价方法仅给出了多因子评价方法的思路，如何选用影响环境的因素、如何选值、如何选定评价的标准值，尚需依据企业环境现状及环境管理状况来定。

第四节 风 险 控 制

风险控制是风险管理的根本目的，是实施风险管理决策的行为。风险控制是采用工程技术、教育和管理等手段消除或削减风险，通过制定和执行具体的方案（措施）实现对风险的控制，防止事故发生造成人员伤害、环境破坏和财产损失。

一、风险控制原则

任何工业系统中都存在各种各样的风险，不可能通过预防措施彻底消除系统的全部风险，通常风险控制水平应遵循 ALARP（As Low As Reasonable Practicable），即"合理实际并尽可能低"的原则。通过综合经济分析制定和选择风险削减控制措施，使风险削减程度与风险削减过程的时间、难度和代价之间达到一种平衡。与此同时，风险水平应控制在"可容许"的范围内，这是风险控制的最低要求。

风险控制措施的制定一般需要考虑以下因素：

(1) 满足法律、法规、社会责任等方面的要求；

(2) 减少和预防事故发生的可能性；

(3) 限制事故的范围和发生的频率;

(4) 降低事故长期和短期的影响;

(5) 不正常情况升级为事故的因素;

(6) 风险控制措施的实施成本与收益;

(7) 实施风险削减措施的保障体系及代价等;

(8) 考虑利益相关者的诉求和价值观,对风险的认知和承受度以及对某一些风险控制措施的偏好等。

二、风险控制措施

风险控制的方法就是降低风险值。选择风险控制方法有两种途径:一是减少和预防事故发生的可能性(频率),二是降低事故所造成的损失及后果影响程度。只要其中任何一个值降低,风险都会得到相应地降低。

随着工业领域安全科学技术的进步,职业安全与健康工程、安全系统工程、安全科学管理、安全法制建设等学科和技术快速发展,在风险控制方面总结和提出了一系列对策措施,包括工程技术、安全教育和安全管理等对策措施。

(一) 工程技术对策措施

工程技术对策措施是实现生产过程本质安全的基础,通过对工程项目或技术措施实施本质安全化设计,或改善劳动条件提高生产的安全性。对于防止火灾,可以采用防火工程、消防技术等技术对策;对于尘毒危害,可以采用强制排风、个体防护的技术对策;对于防范电气事故,可以采用限制能量、绝缘、释放等技术对策。在具体的工程技术对策措施中,可采用以下工程技术对策:

(1) 消除。通过合理的设计和科学的管理,尽可能从根本上消除有害因素,如采取无害的工艺技术、实现自动化作业、遥控技术等。

(2) 预防。当消除有害因素有困难时,可采取预防性技术措施,如使用安全阀、安全屏护、漏电保护装置、安全电压、防爆膜等。

(3) 减弱。在无法消除和难以预防的情况下,可采取减少有害因素的措施,如局部通风排毒装置,生产中以低毒性物质代替高毒性物质,降温、减振、消音装置等。

(4) 隔离。在无法消除、预防、减弱的情况下,应将人员与有害因素隔开,将不能共存的物质分开。如安全罩、防护屏、隔离操作室、事故发生时的自救装置(如防护服、防毒面具等)。

(5) 连锁。当操作者失误或设备运行达到危险状态时,应通过连锁装置终止危险的发生。

（6）警告。在易发生故障和危险性较大的地方，配置醒目的安全色、安全标志，必要时设置声、光或声光组合报警装置。

（二）安全教育对策措施

风险管理的实践表明，管理人员和操作人员的行为不当是引起事故的重要原因。因此，要降低风险、控制事故，必须对全体人员开展安全教育，提高大家的风险意识，这是避免风险的有效途径之一。安全教育的目的是让员工提高安全意识，掌握必要的安全知识、提升安全技能，使员工认识到个人的任何疏漏或不当行为都会给组织带来很大损失，要使员工认识并了解目前所面临的风险，掌握处置风险的方法或技术。

安全教育的内容一般包括：

（1）国家有关安全生产的法律法规、政策，增强员工保护人员生命、健康，保护生产力的责任感。

（2）安全生产技术知识，包括一般生产技术知识、一般安全生产技术知识和专业安全生产技术知识。一般生产技术知识教育内容主要有：企业的基本概况、生产工艺流程、作业方法、设备性能及产品的质量和规格等；一般安全生产技术知识教育内容主要有：各种原料和产品的危险、危害特性，生产过程中可能出现的危害因素，形成事故的规律，安全防护的基本要求和有毒有害危害因素的防护方法，异常情况下的紧急处理方案，发生事故时的紧急救护、自救、互救措施等；专业安全生产技术知识教育内容主要有：针对特殊工种所进行的专门教育，包括锅炉、压力容器、电气、焊接、危险化学品管理、防尘防毒等安全技术知识。

安全教育对策措施是应用启发式教学法、发现法、讲授法、谈话法、读书指导法、演示法、参观法、访问法、实践实习法、宣传娱乐法等，对政府官员、企业法人、企业员工、安全管理人员、社会公众等进行安全意识、观念、行为、知识、技能等方面的教育。教育内容涉及专业安全科学技术知识、安全文化知识、安全观念知识、安全决策能力、安全管理知识、安全设施的操作技能、事故分析与判断的能力等。

（三）安全管理对策措施

安全管理对策措施是削减与控制风险的重要方法之一，是指用标准化、制度化、规范化的方式从事各项活动及采用严格的监督、检查等管理手段，规范人的行为，保证"有章可循、有章必行"。管理措施是防控风险、预防事故行之有效的重要手段。

管理就是创造一种环境和条件，使置身于其中的人们能进行协调的工作，从而完成预定的使命和目标。安全管理是通过制定和监督实施有关安全法令、规程、标准和规章制度等，规范人们在生产活动中的行为，使得安全管理有法可依、有章可循，用法治手段保护员工在工作中的安全和健康。安全管理的手段包括：法制手段（监督）、行政手段（责任制等）、科学手段（推进科学管理）、文化手段（安全文化建设）、经济手段（伤亡赔偿、工伤保险、事故罚款等)。安全管理的手段在现场则体现为一系列制度,如对严重危及生产安全的工艺、设备实行淘汰制度,安全生产责任制度,事故责任追究制度,三同时制度,安全评价制度,环境影响评价制度,许可制度,持证上岗制度,安全检查制度,员工健康监护档案制度,劳保用品使用制度,重大危险源登记制度,特种设备安全监察制度,工伤保险制度,监视测量器具检验制度等。

三、石油企业常见风险控制措施

(一) 防硫化氢中毒措施

在石油钻井、修井、采油、注水、集输、原油处理、储运、石油炼化等工艺过程中,都有可能遇到硫化氢气体。硫化氢是仅次于氰化物的剧毒物,是极易致人死亡的有毒气体。为防止石油勘探开发过程中发生硫化氢中毒事故,制定的防范措施主要包括:

(1) 采用合理的钻井设计,使在钻开含硫化氢地层时,设计的钻井液密度有较大的安全附加压力当量值,阻止硫化氢进入井筒,并将钻井液的pH值始终控制在9.5以上;配备适合于含硫化氢地层使用的井控装置,选择长期使用不会失效的合适的管材、工具和设备。

(2) 每个工作人员都应经过专门的培训,了解硫化氢的特性及其危害,掌握防硫化氢中毒的知识技能和安全操作规定和方法。

(3) 在可能存在硫化氢气体的工作场所,应配备硫化氢气体探测报警系统,以便一旦出现硫化氢气体,现场员工可以及时采取相应的应急措施。

(4) 在钻井、试油过程中,集输站、天然气净化厂等可能存在硫化氢的工作场所,应配备正压式空气呼吸器,并有专人管理。

(5) 经常组织硫化氢防护演习,使员工熟悉防硫化氢应急预案及应急处置的程序。

(二) 钻井井控防井喷措施

在石油钻井施工过程中,可能会遇到井喷。为防止石油勘探开发过程中发生井喷,制定的防范措施主要包括:

(1) 凡油气井钻井都必须按钻井井控设计要求选择钻井液。钻井液密度以各裸眼井段中的最高地层孔隙压力当量钻井液密度值为基准,另加一个安全附加值:

①油井、水井为0.05~0.10克/厘米^{3}或增加井底压差1.5~3.5兆帕;

②气井为0.07~0.15克/厘米^{3}或增加井底压差3.0~5.0兆帕。

井深小于等于500m的井及气油比大于等于300的油井,执行气井附加值。

(2) 防喷器压力等级的选用,应与相应井段中的最高地层压力相匹配,对地层压力大于105兆帕的井,安装105兆帕的井口装置。

(3) 压井管汇的压力等级和组合形式应与全井防喷器最高压力等级相匹配。

(4) 放喷管线至少应有两条,其通径不小于78毫米;管线出口应接至距井口75米以上的安全地带,距各种设施不小于50米;放喷管线全部使用法兰连接,不允许在现场焊接。

(5) 防喷器在井上安装好后,试验压力在不超过套管抗内压强度80%的前提下,环形防喷器封闭钻杆试验压力为额定工作压力的70%;闸板防喷器、方钻杆旋塞阀和压井管汇、防喷管线试验压力为额定工作压力;节流管汇按零部件额定工作压力分别试压;放喷管线试验压力不低于10兆帕。

(6) 进入油气层前50～100米,按照下步钻井的设计最高钻井液密度值,对裸眼地层进行承压能力检验。作业班每月不少于一次不同工况的防喷演习。

(7) 建立"坐岗"制度,定专人、定点观察溢流显示和循环池液面变化,定时将观察情况记录于"坐岗记录表"中,发现溢流、井漏及油气显示等异常情况,应立即报告司钻。

(8) 钻开油气层后,每次起下钻(活动时间间隔超过5天)对闸板防喷器及手动锁紧装置开关活动一次。定期对井控装置进行试压。

(9) 下列情况需进行短程起下钻,检查油气侵和溢流(浅层稠油井不进行短程起下钻):
①钻开油气层后第一次起钻前;
②溢流压井后起钻前;
③钻开油气层井漏堵漏后起钻前;
④钻进中曾发生严重油气侵但未溢流起钻前;
⑤需长时间停止循环进行其他作业(电测、下套管、下油管、中途测试等)起钻前。

(10) 起、下钻中防止溢流、井喷的技术措施:
①起钻杆时每3～5柱向环空灌满泥浆;
②起钻完应及时下钻,检修设备时应保持井内有一定数量的钻具,并观察出口管钻井液返出情况,严禁在空井情况下进行设备检修;
③发现气侵应及时排除,气侵钻井液未经排气不得重新注入井内;
④若需对气侵钻井液加重,应停止钻进,然后对气侵钻井液排气和加重。

(11) 发现溢流及时关井,怀疑溢流关井检查;坚持溢流1米^{3}报警,2米^{3}关井;关井后应及时求得关井立管压力、关井套压和溢流量。

(12) 任何情况下关井,其最大允许关井套压不得超过井口装置额定工作压力、套管抗内压强度的80%和薄弱地层破裂压力所允许关井套压三者中的最小值。在允许关井套压内严禁放喷。

(三) 工业动火作业的防火防爆措施

在油田勘探、开发、储运、炼化等企业的现场施工作业活动中,经常需要进行动火作业,为防止动火作业时发生火灾、爆炸事故,制定的防范措施主要包括:

(1) 所有动火作业,必须由施工单位按规定填写《动火作业许可证》,并经相应级别领导、安全部门审批后,方可在规定时间、地点进行动火作业。

(2) 凡可以拆卸搬运的物体动火,应尽量采用先行拆卸、异地预制、无火安装的动火方式,以降低动火的危险性。

(3) 对可燃气体的容器、管道进行焊接作业时,可先注入惰性气体、蒸汽或清水,把残留在里面的可燃气体置换出来。

(4) 在生产、储存、输送物料的设备、容器及管道上动火,应首先切断物料来源并加好盲板,经彻底吹扫、清洗、置换后再打开人孔通风换气。

(5) 在容器等受限空间动火,必须对空间内部的可燃气体含量,各种易燃易爆物质的闪点、燃点、爆炸极限等定时进行技术测定,分析数据要填入作业许可证中。

(6) 作业部位存在有毒有害介质时,必须进行浓度检测分析。

(7) 进行动火作业时,用火点30米以内严禁存放各类可燃气体,15米以内严禁存放各类可燃液体,也不得进行装卸作业。动火区域内不允许同时进行可燃溶剂清洗作业和喷漆作业。

(8) 在动火作业过程中,当作业内容或客观环境条件发生变化时,应立即停止作业,作业许可证同时废止。

(9) 高处动火作业必须采取遮挡措施,对下方的地沟、阀池、排污井和低层设备、管道、阀门、仪表采取隔离或封闭措施。

(10) 动火作业结束后,必须及时彻底清理现场,消除遗留下来的火种,检查焊工工衣,看是否存在"阴燃"现象。

(11) 所有动火作业必须有专人进行现场监护,负责全过程监督作业前的措施准备、作业过程中安全措施的落实以及作业后现场检查清理等工作。

(四) 临时用电防触电措施

临时用电作业属于特种施工作业管理范畴,为防止临时用电作业时发生触电事故,制定的防范措施主要包括:

(1) 施工作业前必须按有关规定办理施工作业许可证,经有关部门批准后方可进行施工作业。

(2) 施工队伍作业前必须进行安全教育和安全交底工作,使所有作业人员都明白施工作业的主要风险,重点防范措施,做到有备无患。

(3) 施工中所使用的所有电气设备必须满足该生产场所防火防爆等级要求。

(4) 临时线路必须选用绝缘良好、满足电负荷和强度要求的导线;室内导线架设距地面不应低于2.5米,室外临时线路应空中架设,但不应架在支架、管线、树木上,且不得使用麻皮线，架设高度不低于 4.5 米，跨越道路应不低于 5 米；临时线路可采用埋地敷设方式，但必须使用橡胶套电缆线，且埋深不应小于 0.5 米。

（5）全部临时线路必须有一个能带负荷拉闸的总开关控制，每一分路应装保护设施，户外开关、熔断器应有防雨设施。

（6）使用行灯要有良好的绝缘手柄和金属护罩，行灯的电压在一般场所不超过 36 伏，特别危险的场所，如锅炉、金属容器内、潮湿的地沟等，电压不应超过 12 伏。

（7）大型、固定式电气设备的金属外壳和支架必须有接地接零线。且接地电阻值不应大于 4 欧；电钻、电焊机等小型移动式电动机具，也应接好接零接地线。

（8）在运行的生产装置、罐区和具有火灾爆炸危险场所内，一般不允许接临时电源，确属生产需要时，在办理临时用电作业许可的同时，按规定办理动火作业许可证。

（9）在联合站等易燃易爆场所上空禁止架设临时电线，电源开关要使用防爆型，电线绝缘良好，远离传动设备、热源、酸碱等。

（10）临时用电线路应在设备负荷线的首端设置漏电保护器，在临时用电现场应禁止使用闸刀开关，必须使用时应具有防雨功能的配电箱，且配电箱不能落地，应适当架高并固定，悬挂"有电危险"警示标识。

（五）高处作业防坠落措施

高处作业是国家建筑行业明确规定的风险较大的特种作业之一，为防止高处作业时发生高处坠落事故，必须要制定相应的防范措施。

在我国，凡是在基准面 2 米（含 2 米）以上的施工作业，即为高处作业。由低到高依次划分为四级，分别是：

一级高处作业——作业高度 2~5 米；

二级高处作业——作业高度 5~15 米；

三级高处作业——作业高度 15~30 米；

特级高处作业——作业高度在 30 米以上。

防高处坠落的防范措施主要有：

（1）按照安全生产管理规定，高处作业应预先进行审批。

（2）登高作业人员必须接受专业安全技术培训，并经考试合格，取得相应的操作许可证。

（3）高处作业人员在作业时必须佩带安全带，戴好安全帽，且着衣规范。

（4）作业高度超过 3 米时应架设安全网，并根据位置的升高随时调整；当作业高度超过 15 米时，应在作业位置垂直下方 4 米处架设安全网，安全网层数不得小于 3 层；特级高处作业与地面联系应设有专人负责的通讯装置。

(5) 作业现场应设有围栏或其他明显的安全界标。

(6) 邻近地区有排放有毒有害气体的设施，或是有排放粉尘超出允许浓度的烟囱等设施的场合，严禁进行高处作业。

(7) 电力线路或设施附近进行高处作业，应满足最低安全距离要求。

(8) 雷电、暴雨、大雾、下雪或是刮六级以上大风时，严禁进行露天高处作业。

（六）挖掘作业防坍塌措施

挖掘作业属于特种施工作业管理范畴，为防止挖掘作业时发生坍塌事故，制定的防范措施主要包括：

(1) 挖掘工作开始前，现场相关人员应拥有最新的地下设施布置图，必要时可采用探测设备进行探测。

(2) 对地下情况复杂、危险性较大的挖掘项目，相关单位联合进行现场地下设施交底。

(3) 地面挖掘深度超过 0.5 米、在墙壁开槽打眼的挖掘工作，应办理挖掘作业许可证。

(4) 对于挖掘深度 6 米以内的作业，应由有资质的专业人员根据土质的类别设计应设置的斜坡和台阶、支撑和挡板等保护系统。

(5) 挖出物或其他物料的堆放至少距坑、沟槽边沿 1 米，堆积高度不得超过 1.5 米，坡度不大于 45°，不得堵塞下水道、窨井以及作业现场的逃生通道和消防通道。

(6) 挖掘前应确定附近结构物是否需要临时支撑。

(7) 如果挖掘作业危及邻近的房屋、墙壁、道路或其他结构物，应当使用支撑系统或其他保护措施。

(8) 不得在邻近建筑物基础的水平面下或挡土墙的底脚下进行挖掘。

(9) 挖掘深度超过 1.2 米时，应在合适的距离内提供梯子、台阶或坡道等，用于安全进出。

(10) 雷雨天气应停止挖掘作业，如果有积水或正在积水，不得进行挖掘作业，雨后复工时，应检查受雨水影响的挖掘现场，监督排水设备的正确使用，检查土壁稳定和支撑牢固情况。

（七）受限空间作业防中毒、窒息措施

(1) 进入受限空间实行作业许可，应办理进入受限空间许可证。

(2) 进入受限空间作业前，应开展工作安全分析，辨识危害因素，评估潜在风险，采取措施，控制风险。

(3) 进入受限空间作业应编制安全工作方案（HSE 作业计划书）和救援计划。

(4) 在进入受限空间前，凡与进入受限空间作业相关的人员都应接受培训。

(5) 进入受限空间前应隔离相关能源和物料的外部来源，与其相连的附属管道应断开或盲板隔离，相关设备应在机械上和电气上被隔离并挂牌。

（6）进入受限空间前，应进行清理、清洗。

（7）凡是有可能存在缺氧、富氧、有毒有害气体、易燃易爆气体、粉尘等情况时，事前应进行气体检测，注明检测时间和结果。如作业中断，再进入之前应重新进行气体检测。

（8）进入受限空间期间，气体环境可能发生变化时，应进行气体监测。气体监测宜优先选择连续监测方式，若采用间断性监测，间隔应不超过 2 小时。

（9）取样和检测应由专业人员进行。检测仪器应在校验有效期内，每次使用前后应检查。

（10）在授权进入受限空间之前，氧浓度应保持在 19.5%～23.5%。

（11）不论是否有焊接、敲击等，受限空间内易燃易爆气体或液体挥发物的浓度都应满足以下条件：

当爆炸下限≥4%时，浓度<0.5%（体积分数）；

当爆炸下限<4%时，浓度<0.2%（体积分数）；

同时还应考虑作业的设备是否带有易燃易爆气体（如氢）或挥发气体。

（12）受限空间内有毒、有害物质浓度不得超过国家（或所在地）规定的"车间空气中有毒物质的最高允许浓度"的指标。如有一项不合格，不得进入或立即停止作业。

（13）进入受限空间作业应指定专人监护，不得在无监护人的情况下作业。

（八）移动式起重机作业防起重伤害措施

（1）设备技术人员、起重机司机对新购置、大修、改造后移动到另一个现场及连续使用时间在 1 个月以上的起重机进行使用前的外观检查。

（2）起重机司机每天工作前应对控制装置、吊钩、钢丝绳（包括端部的固定连接、平衡滑轮等）和安全装置进行检查，发现异常时，应在操作前排除。若使用中发现安全装置（如上限位装置、过载装置等）损坏或失效，应立即停止使用。

（3）起重机应进行定期检查，每年不得少于一次。检查内容由企业根据起重机的种类、使用年限等情况综合确定。

（4）未经制造厂家的书面批准，使用者或单位不得修改或添加安全设施，其最大起重量不允许超过额定起重量。

（5）每一台移动式起重机都应根据使用说明书的要求，制订详细的预防性维护计划并定期实施。

（6）应按照制造厂家的要求使用专用或指定的润滑油，定期对运动部件、钢丝绳和链条进行润滑。应检查强制润滑系统能否进行正确润滑。

（7）应经常对液压传输控制系统进行维护，防止发生操作事故或液压油泄漏事故。

(8) 起重机处于工作状态时，禁止进行维护、修理及人工润滑。

(9) 作业前，吊装作业单位应根据作业性质选择起重机的类型。

(10) 吊装作业实行作业许可，吊装作业前应编制吊装作业计划（HSE 作业计划书），并办理吊装作业许可证。

(11) 凡属关键性吊装作业的，应制定关键性吊装作业计划。

（九）管线打开作业防泄漏措施

(1) 管线打开过程中发现现场工作条件与安全工作方案不一致的时候（如导淋阀堵塞或管线清理不合格），应停止作业，进行再评估，重新制定安全工作方案，并办理相关作业许可证。

(2) 管线打开工作交接的双方要共同确认有关安全、健康和环境方面的影响，以及隔离位置、管线（设备）状况、管线（设备）中残留的物料及危害等工作内容和安全工作方案。

(3) 管线打开作业时应选择和使用合适的个人防护装备，个人防护装备在使用前，应由使用人员进行现场检查或测试，合格后方可使用。

(4) 对含有剧毒物料等可能立刻对生命和健康产生危害的管线（设备）进行打开作业时，应遵守以下要求：

①所有进入受管线打开影响区域内的人员，包括预备人员应同样穿戴所要求的个人防护装备；

②对于受管线打开影响区域外（位于路障或警戒线之外，但能够看见工作区域）的人员，可不穿戴个人防护装备，但必须确保能及时获取个人防护装备。

(5) 管线打开作业单位的现场负责人申请办理作业许可证，并提供管线打开作业内容说明、相关附图、工作前安全分析表、安全工作方案（如 HSE 作业计划书）、个人防护装备和相关安全培训或会议记录等相关资料和设施。

（十）环境因素控制措施

石油企业作业过程中的环境污染源分布广、种类多，存在无组织排放与有组织排放、正常排放与事故排放、连续排放与间歇排放、可控排放与不可控排放并存的状况，从而易导致环境污染事故的发生。为防止相关作业活动、作业过程中发生环境污染事故，制定的环境因素控制措施主要包括：

(1) 在设计过程中，要根据建设项目的性质、规模、排放污染物及环境现状等资料，写出环境保护部分内容；根据工程项目地区的自然条件、社会条件和环境背景资料，结合今后排放的污染物选择有利于废气扩散、废水排放的地区建设项目工程。

(2) 在生产准备阶段，选择施工现场位置及专用公路时要最大限度保存原有树木、灌木、农作物和草原；施工现场四周及道路两旁应根据地形开挖合适的雨水排水沟，严禁与作业区内的污水沟相连通,提供合适的储存池或储备罐等。

(3) 在施工阶段,要将施工材料、油料、各种化学用品按要求集中存放管理,减少散失或漏失;产生的废油、废液、废料应存放在合适的容器中或存放场所,以便回收再利用或做无害化处理;在向水体、大气环境排放污染物时,要做到达标排放;施工项目结束时要尽量恢复原貌,做好复耕准备。

(4) 企业生产过程要优先选择清洁的原材料和生产工艺,正常运转企业的"三废"处理设施,保证环保处理设施运行正常并达到应有的处理效果。

(5) 制定环境监测计划和方案,由专门的监测机构实施有效的监控,定期统计、分析、报告企业的环境监测结果,为管理部门提供决策依据。

(十一) 职业健康保护措施

除通过安全技术手段有针对性地配备员工个体的劳动保护用品、器具(如防护服、安全帽、安全带、眼和听力防护具等)外,还应根据工作环境存在的职业危害采取不同的保护措施。

(1) 为保持空气清洁或使温湿度合乎劳动保护要求而安设的通风换气装置。

(2) 为采用合理的自然通风和改善自然采光而开设天窗和侧窗;增设窗子的启闭和清洁擦拭装置。

(3) 增强或合理安装车间、通道及厂院的人工照明。

(4) 产生有害气体、粉尘或烟雾的生产过程采用机械化、密闭化或空气净化设施。

(5) 为消除粉尘及各种有害物质而设置的吸尘设备及防尘设施。

(6) 防止辐射热危害的装置及隔热防暑设施。

(7) 对有害健康工作的厂房或地点实行隔离的设施。

(8) 为改善劳动条件而铺设各种垫板(如防潮的站足垫板等),在工作地点为孕妇所设的座位。

(9) 在工作厂房或辅助房屋内,增设或者改善防寒取暖设施。

(10) 为实行劳动保护而设置对原料或加工材料的消毒设备。

(11) 为改善和保证供应职工在工作中的饮料而采取的设施(如配置清凉饮料或解毒饮料的设备;饮水清洁、消毒、保温的装置等)。

(12) 为减轻或消除工作中的噪声及振动的设施。

(13) 在有高温或粉尘、脏污和有害化学物品或毒物的工作中,为工人设置的淋浴设备和盥洗设备。

除此以外,为改善职工的工作和生活环境,设置更衣室或存衣箱;工作服的洗涤、干燥或消毒设备;车间或工作场所的休息室、用膳室及食物加热设备;寒冷季节露天作业的取暖室及女工卫生室及其设备等。

第五节 工艺安全管理

工艺安全管理（Process Safety Management，PSM）的目的是确保工艺设施，如化工厂、炼油厂、天然气加工厂和海上钻井平台得到安全的设计和运行。工艺安全管理专注于预防重大工艺事故，如火灾、爆炸和有毒化学品泄漏。

20世纪60年代以来，生产企业的工艺系统变得越来越复杂、操作条件愈加恶劣，在欧洲和美国发生了一系列重大工艺安全事故，工业界逐渐认识到，需要应用系统的方法和技术来预防工艺安全事故。1984年，发生在印度博帕尔的灾难性事故夺去了成千上万人的生命。1989年，美国休斯敦发生一起重大的反应器爆炸事故，导致23人死亡。这些事故的发生加速了工艺安全方面的相关立法。1992年2月24日，美国职业安全健康局（Occupational Safety and Health Administration，OSHA）颁布了危险化学品工艺安全管理系统的相关要求（29CFR1910.119：Process Safety Management of Highly Hazardous Chemicals，PSM），并于1992年5月26日正式生效。

美国职业安全健康局颁布的工艺安全管理系统由14个要素构成，分别是：工艺安全信息、工艺危害分析、变更管理、投产前安全检查、操作程序、培训、机械完整性、动火作业许可、承包商、应急预案与应急反应、事故调查、商业机密、符合性审计、员工参与等。

美国杜邦公司结合自身工艺安全管理需要，设置了由工艺安全信息、工艺危害分析、操作程序、技术变更管理、质量保证、机械完整性、启动前安全检查、设备变更管理、培训、承包商管理、应急计划及响应、人员变更管理、事故调查和审核14个要素构成的工艺安全管理系统，杜邦公司PSM模型见图2-10。

图2-10 杜邦公司PSM模型

从图2-10中可以看到，杜邦公司PSM 14个要素分布在技术、设备和人员管理三个模块。

一、技术管理模块

技术管理模块包含工艺安全信息、工艺危害分析、操作程序和技术变更管理4个要素。

工艺安全信息分为与化学品有关的信息、与工艺技术相关的信息和与工艺设备相关的信息。(1) 与化学品有关的信息：主要是根据GB/T 16483—2008《化学品安全技术说明书内容和项目顺序》的要求，列出化学品及企业标识、危险性概述、成分/组成信息、消防措施、泄漏应急处理、操作处置与储存等16部分内容；(2) 与工艺技术相关的信息通常包含在技术手册、操作手册、培训材料或其他类似的文件中，包括：工艺流程及相关化学反应的说明文件、工艺流程图（PFD）、工艺物料、主要参数（温度、压力、液位、流量和组分等）的安全操作范围、非正常工况的后果评估资料等；(3) 与工艺设备相关的信息包括：设备建造材质、管道仪表流程图（P&ID）、电气设备危险等级区域划分图、泄压系统的设计及设计基础、通风系统的设计、设计所依据的标准与规范、物料平衡表与能量平衡表、安全系统（如联锁、监测和抑制系统）等。

工艺危害分析（Process Hazard Analysis，PHA）是工艺生命周期内各个时期和阶段辨识、评估和控制工艺危害的有效工具，主要用于辨识、评估和控制研究和技术开发、新改扩建项目、在役、停用、封存、拆除、报废装置过程中的危害因素，预防火灾、爆炸、泄漏等生产工艺危害事故的发生。同时，低危害操作（LHO）、工艺设备变更、事故调查，以及储存物质的性质和数量符合高危害工艺（HHP）定义的实验装置、仓库、槽区和其他储存设备，也可以应用这种工具。工艺危害分析是一项技术性很强的安全专业技术工作。这项工作的进行需要具有丰富经验的工艺、设计、操作、维修方面的专业人员。PHA的核心技术主要包括5种方法：故障假设和检查表法（WI/SC）、故障模式和影响分析（FMEA）、危险和可操作性研究（HAZOP）、事件树、故障树。

操作程序是指书面的操作指南，操作人员依据它们执行工艺系统相关的操作。正确使用操作程序有助于实现预期的操作意图，减少非正常工况，使工艺系统在设计要求的状态下稳定运行。在编写操作程序时，需要综合考虑准确、易读和使用方便等要求。操作程序编写时要求：(1) 标题、编号、版本号、生效日期等清晰，用途明确；(2) 明确各岗位职责；(3) 明确设备、阀门或仪表等操作对象的位号；(4) 明确操作参数；(5) 确认关键操作程序或操作步骤；(6) 编制应对紧急情况的应急操作程序。生产企业要为工艺设备建立必要的维护、维修制度，同时对操作程序也需要进行必要的维护和管理，以确保操作程序的准确性并满足当前生产操作的需要。

任何变更都有可能使工艺系统偏离最初的设计意图，即使是看似最小的改变，如果不妥善管理，都有可能导致灾难性的后果。工艺安全管理系统中的变更管理（Management of Change，MOC）包括：技术变更管理、设备变更管理和人员变更管理。

对于工艺设备变更,变更管理的流程见图 2-11(摘自 Q/SY 1237—2009《工艺和设备变更管理规范》)。当工艺系统发生变更时,涉及工艺技术、工艺参数等超出现有设计范围的改变(如压力等级改变、压力报警值改变等)就属于工艺技术变更。变更管理的流程为:(1)变更分类,确定其属于工艺设备变更还是微小变更,风险是否可以接受;(2)提出变更申请,进行审批;(3)实施变更;(4)跟踪、验证;(5)文件归档。

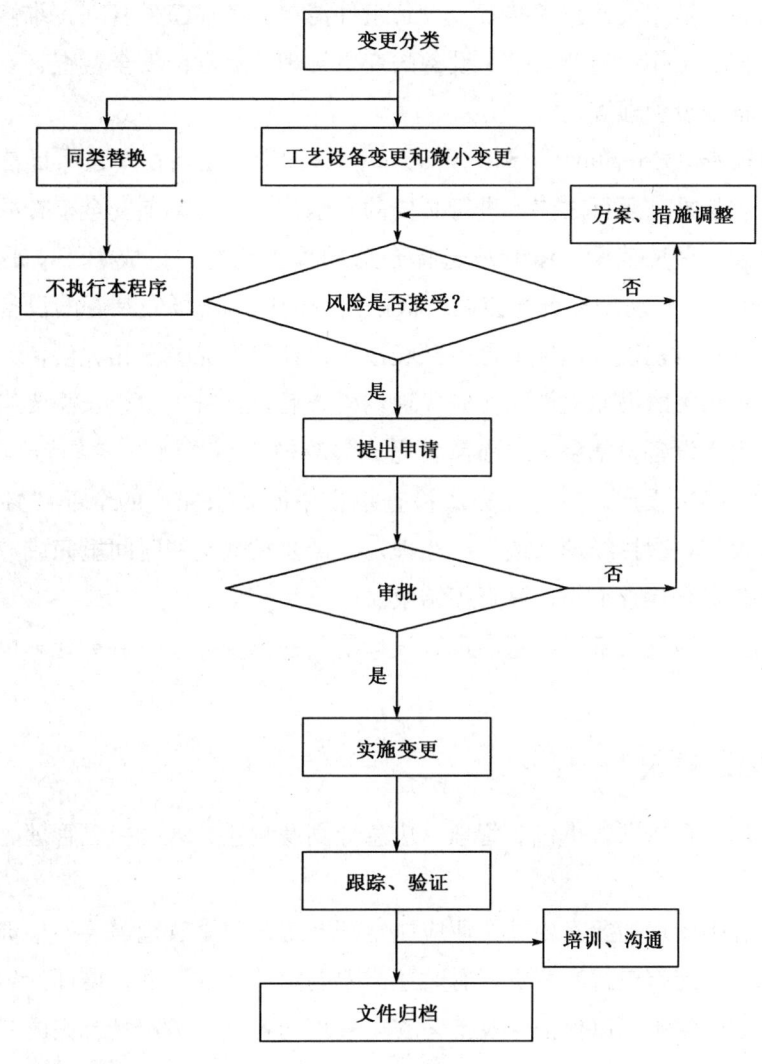

图 2-11 变更管理流程

二、设备管理模块

设备管理模块包含质量保证、机械完整性、启动前安全检查和设备变更管理 4 个要素。

质量保证涵盖了设备设施规划选型、采购制造、监制测试、包装运输、验收仓储、安装启用等各阶段的过程管理,是实现机械完整性的重要保障,它有助于确保工艺设备总是符合设计所要求的规格。在设备制造、安装的过程中，质量保证就是要确认制造商有适当的质量保证系统；检查工程安装承包商安排合格的安装人员，按照正确的程序来完成安装；控制工艺设备的备品备件的采购、验收、仓库保管和使用。

机械完整性包括了从设备设施安装启用、测试调整、使用保养、维护大修、改造更新、报废各阶段的过程管理，关键工艺设备的机械完整性对于预防工艺安全事故至关重要。机械完整性管理的内容包括：设备技术档案、设备组件清单、备品备件管理、维修保养程序、人员培训及资格考核、工作计划及安排、设备的变更管理、启动前安全检查、设备异常原因及可靠度分析、设备报废管理等。

启动前安全检查（Pre-Startup Safety Review，PSSR）是指在新建项目首次投产前，或工艺系统变更并重新投入运行之前，进行必要的安全检查。启动前安全检查的步骤：（1）准备工作。包括明确PSSR范围、编制或选择合适的检查清单、组成PSSR小组、确定开展PSSR的日程安排。（2）现场检查与会议。根据检查清单对现场安装好的设备、管道、仪表及其他辅助设施进行目视检查，确认是否已经按照设计要求完成了相关设备和仪表的安装及功能测试，并检查相关的书面文件。在完成现场检查后，检查小组组长需要组织所有成员开会，讨论确定在生产设备设施启动之前需要完成整改的"必改项"和"待改项"，编制启动前安全检查报告。（3）投产。只有在完成检查报告中所要求完成的全部"必改项"整改之后，装置才可以投产，项目经理（或工厂经理）还需要在规定的时间里完成"待改项"的整改，之后，启动前安全检查工作才算真正结束。

设备变更主要是涉及设备设施超出现有设计范围的改变。设备变更管理也是按照变更管理的流程进行的。

三、人员管理模块

人员管理模块包含培训、承包商管理、应急计划及响应、人员变更管理、事故调查和审核6个要素。

工艺安全管理中的培训要素要求企业应制定涉及工艺安全管理需要的培训计划。为确保处理危险物料的人员能够履行其职责，有时还需要制定特殊的计划。培训计划一经批准，就应组织对培训计划的实施，以保证涉及工艺安全管理的各类人员都具有完成其工作所需要的知识和能力。

承包商管理对承担工艺系统维修、大修、改造或特殊作业的承包商的管理提出了明确的要求。承包商作业过程中存在较高的事故率的原因有：承包商员工接受的安全培训和教育较少，缺乏必要的工作技能或工作经验；承包商员工完成一个项目后，又转移到下一个项目，工作环境陌生，对工艺装置的特殊危害缺乏足够的了解或认知；承包商往往从事危害较大的工作等。为了减少与承包商作业关联的事故，企业需要向承包商提供必要的支持并进行严格的监督。承包商管理的流程见图 2-12，内容包括：资格预审、合同准备、合同签订、培训、现场监督和评估六个方面。

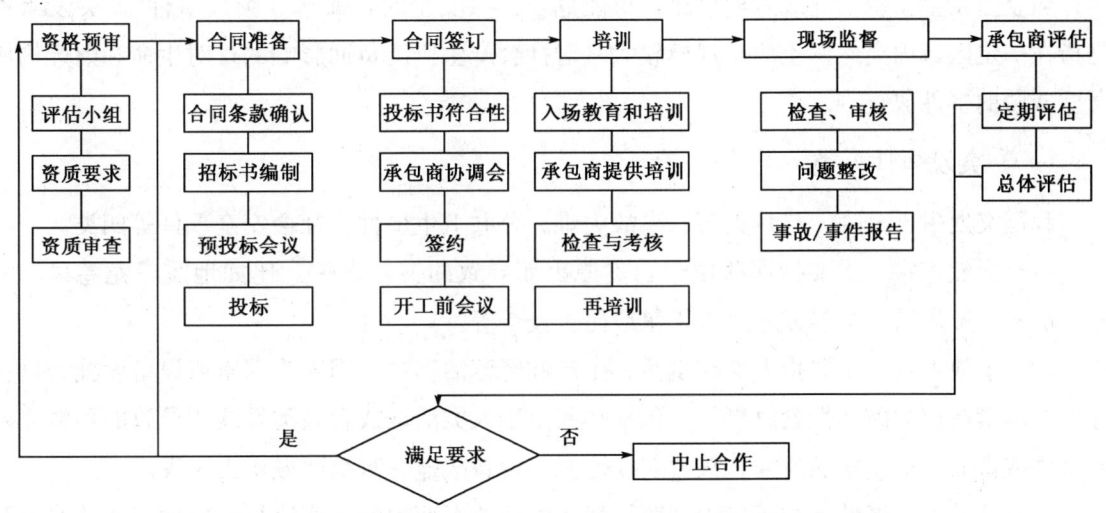

图 2-12　承包商管理的流程示意图

人员变更包括承包商人员的变动、来自于组织结构的变更、设备操作人员的改变、由于设施转让引起的组织结构变更等。人员变更管理就是通过有效的计划和管理将上述变更可能带来的风险或影响减少到最小。发生人员变更时，有时需要考虑对 HSE 管理体系进行修订。

在人员管理模块要素中除培训、承包商管理、人员变更管理外，还包含应急计划及响应、事故调查和审核 3 个要素，这些要素分别在本书第二章第六节、第三章有相关内容，这里不再赘述。

第六节　应急管理

企业通过风险管理，完成事故预防与风险控制工作。然而，由于石油、石化行业固有的危险性，以及体系管理中存在的缺陷或其他原因，都可能导致预防及控制措施失效，从而导致事故的发生或出现紧急情况，在 HSE 管理中称为"事件或紧急情况"。为了控制紧急局面不致扩大，把事故对人员、财产、环境污染的损失降到最低，组织事先必须做好充分准备。

应急管理是在应对突发事件的过程中，为了降低突发事件的危害，达到优化决策的目的，对突发事件的原因、过程及后果进行分析，有效集成各方面的相关资源，对突发事件进行有效预警、控制和处理的过程。显然，应急管理是"防治结合"思想的体现，其主要目标是：对突发事件、事故灾害做出预警；启动应急预案，控制灾害事故的发生和扩大；进行有效救援，把损失降低到最低程度；迅速恢复到正常状态。

一、石油、石化企业的应急管理

当企业发生紧急情况或意外事故,可能危及公共安全时,属于"突发事件"。突发事件是指在一定区域内突然发生的,规模较大且对社会产生广泛负面影响的,对生命和财产构成严重威胁的事件或灾难。

(一) 突发事件分类

我国突发事件分为:自然灾害、事故灾难、公共卫生事件、社会安全事件等四类。

(1) 自然灾害:主要指那些由于自然原因而导致的突发事件,比如地震、龙卷风、海啸、洪水、暴风雪、酷热或寒冷、干旱或昆虫侵袭等。

(2) 事故灾难:主要指人类在生活、生产和经营活动中,因人为因素或设备设施和材料等物的因素造成的破坏性紧急事件,包括那些由于人类活动或者人类发展所导致的预料之外的事件或事故,如化学品泄漏、核放射线泄漏、设备故障、车祸、城市火灾等。

(3) 公共卫生事件:主要指由病菌、病毒引起的大面积的疾病流行等事件,如"非典"、霍乱、甲型流感、多人食物中毒等。

(4) 社会安全事件:主要指由人们主观行为产生、危及社会安全的突发事件,如暴乱、非法游行、民族宗教等群体性事件引起的社会动荡以及涉外突发事件、恐怖活动、战争等。

(二) 石油、石化企业可能出现的突发事件

(1) 泥石流、洪灾、沙尘暴、地震、地陷等自然灾害;

(2) 火灾、爆炸、中毒以及其他有可能造成人员、财产重大损失的事故、事件;

(3) 井喷、危险化学品泄漏、放射性物质丢失;

(4) 大型吊装物及吊装设备倾倒,建筑物、构筑物坍塌等施工作业事件;

(5) 食物中毒、疾病爆发;

(6) 公共场所、大型集会中发生的突发事件。

(三) 应急管理的四个阶段

应急管理是一个过程,包括预防、准备、响应和恢复四个阶段,具体内容见表2-11。

(四) 中国石油应急管理要求

(1) 应急准备有预案。为了加强应急管理,做到有备无患,事先必须制定有可能发生的各种后果的应对措施。

(2) 应急响应有程序。应急响应程序就是从发现或接到事件信息后,应该按照什么步骤、次序作出相应的动作。

(3) 应急救援有队伍。应急情况出现时,针对不同类型的事故、事件,应该由有针对性

的队伍施救，才会正确及时地控制事态和科学救援。

表 2-11 应急管理四个阶段内容与应对措施

阶　　段	内容与应对措施
阶段一：预防 预防是为预防、控制和消除突发事件对人类生命、财产、环境等的长期危害所采取的行动，目的是减少突发事件的发生（无论突发事件是否发生，企业和社会都处于风险之中）	法律、法规、标准 灾害保险 安全信息系统 安全规划 风险分析、评价 土地勘测 监测与控制 应急教育 安全研究 税收和强制等激励措施
阶段二：准备 突发事件发生之前采取的行动，目的是提高事故应急行动能力并提高响应效果	应急方针政策 应急预案（计划） 应急通告与警报 应急医疗系统 应急救援中心 应急公共咨询材料 应急培训、训练与演习 应急资源 互助救援协议 实施应急救援预案
阶段三：响应 突发事件即将发生或发生期间采取的行动，目的是尽可能降低生命、财产和环境损失，并有利于灾害恢复	启动应急通告报警系统 启动应急救援中心 提供应急医疗援助 报告有关政府机构 对公众进行应急事务说明 疏散与避难 搜寻与营救
阶段四：恢复 使生产、生活恢复到正常状态或进一步改善所采取的行动	清理废墟 损害评估 消毒、去污 保险赔偿 贷款或拨款 失业复岗 应急预案复审 灾后重建

（4）应急联动有机制。突发事件的应急会涉及相关方的响应和配合，必须建立联动和沟通机制，充分利用资源整合的优势，满足应急工作的需要。

（5）事后恢复有措施。当一个事态控制后，应该立即开展恢复、重建及事件调查工作。

（五）高效应急管理的决定因素

（1）精心规划。一般说来，事前没有对突发事件做好预案，在突发事件发生的第一时间没有有效的控制与化解措施，是突发事件恶化的主要原因。因此，要确保应急反应、管理和支持团队拥有足够的知识、良好的培训、精良的装备，时刻准备应对紧急事件所带来的挑战。

（2）快速反应。突发事件属于非常态事件，企业在这种非常态的情境下，不能按常规管理，必须事先拟定突发事件的处理程序与应对计划，从常态管理迅速进入应急管理。因此，应急反应对于挽救生命、将损失最小化、保护公共健康和安全以及将环境影响降至最低，具有重大的意义。

（3）有效地协调和交换信息。参与突发事件处理的成员，要有共同的处理原则和相应的处理流程和方法，避免因一项突发事件处置不当，而引发其他突发事件的连锁反应。在企业内部各职能部门、上级主管部门、地方政府之间有效地协调和交换信息，有利于集中调度、资源共享、协同配合，使反应速度最快、效率最高。

（4）高效的应急管理工作。制定有针对性的、具有可操作性的应急预案，完善标准操作流程、记录、检查表格，强化日常的培训和演练，建立一支高效的应急指挥中心和信息处理中心。

（六）应急通告程序和报警系统

（1）确定报警系统及程序；

（2）确定现场24小时的通告、报警方式，如电话、警报器等；

（3）确定24小时与政府主管部门的通信、联络方式，以便指挥和疏散居民；

（4）明确相互认可的通告、报警形式和内容（避免误解）；

（5）明确应急反应人员向外求援的方式；

（6）明确向公众报警的标准、方式、信号等。

企业最高管理者（企业法人）按行政管理权限报上级主管部门批准发布或授权发布企业进入（或解除）应急状态。当需要调动社会资源或涉及地方政府管理权限时，要报当地政府批准。石油、石化企业的作业现场，由项目经理报企业主管领导批准发布或授权发布作业现场进入（或解除）应急状态，当需要调动社会资源或涉及地方政府管理权限时，要报当地政府批准。

二、应急组织建设

我国应急管理体制是按照统一领导、综合协调、分类管理、分级负责、属地管理为主的原则建立的。在领导机构、办事机构、工作机构和专家组的应急组织体系框架指导下，已初步形成了以中央政府坚强领导、有关部门和地方各级政府各负其责、社会组织和人民群众广泛参与的应急管理体制。从机构设置看，在国家层面上，国务院是应急管理的最高行政领导机构，国务院办公厅是应急管理的办事机构，国务院有关部门是应急工作机构，依法负责本部门各类别的应急管理工作。

中国石油的应急组织体系由应急领导小组、应急领导小组办公室、应急工作主要部门、应急工作支持部门、各专业公司、应急信息组、应急专家组、现场应急指挥部组成。中国石油应急组织体系图见图2-13。

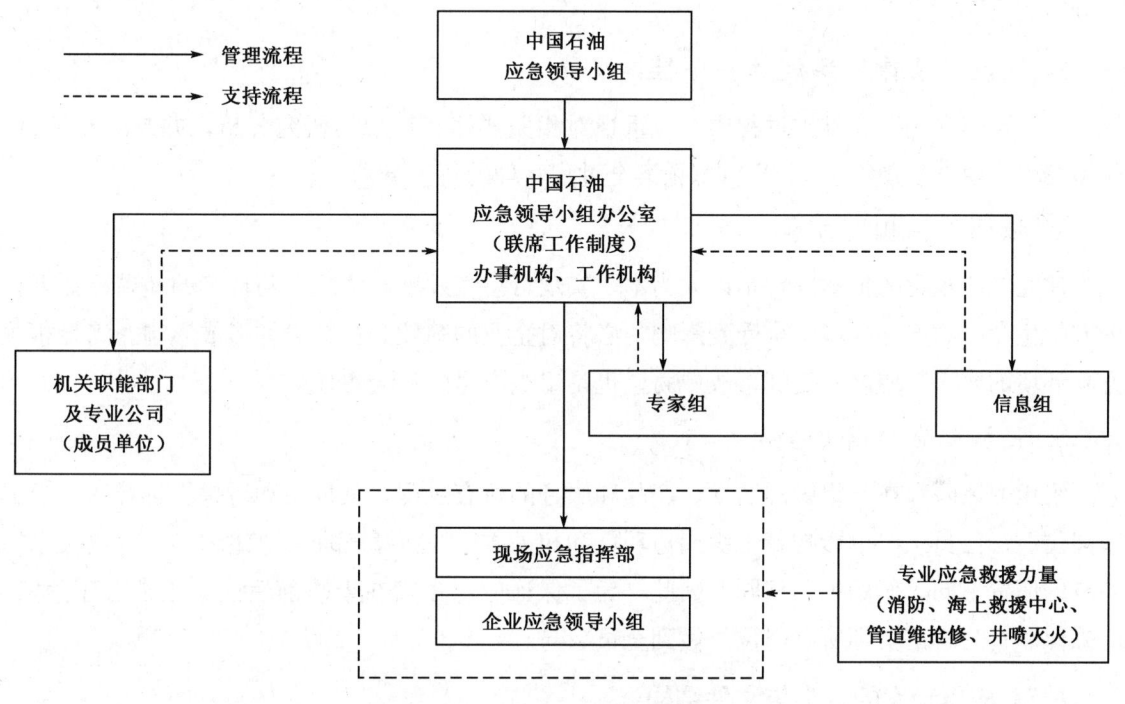

图2-13 中国石油应急组织体系图

企业的应急组织体系也大致如图2-13所示。在应急组织建设中还需要明确各组织结构的人员组成和职责。

三、应急预案制定与培训演练

（一）应急预案制定的基本原则和要求

1. 强调系统优化

应急预案涉及组织与政府机构、相关方的协调统一、密切配合，需要整体优化。组织在建立、实施和完善应急预案的各个阶段，都应树立整体化的思想，对应急预案的制定与管理进行全方位的处理和协调，发挥组织各机构和各组成部分的相互作用，而不是割裂开来。要根据组织的发展、环境的变化不断调整、维护应急预案，实现对应急预案的动态管理。

2. 强调预防为主

应对紧急情况时，首先，要尽可能地采取"防"的方法，其次是"治"，必须根据可能发生的紧急情况和事故，采取正确的、适宜的和有效的响应措施，减少负面影响。应急预案不只是末端管理，应将管理重点从应急事故的末端向前端转移，从发生风险后"事故应急"向"事故因素"转移，将管理的重心从事故处理向生产及管理全过程的预防控制转移，实现本质安全。因此，应急预案要考虑事故的苗头隐患、事故的发展过程、事故的控制和应急等多方面因素。

3. 强调对法律、法规的符合性

应急预案在制定、维护过程中，应重视对相关法律、法规的研究分析，并与之相符合，应始终将法律、法规作为HSE应急预案全过程管理的行为准则。

4. 强调关注相关方和环境

建立应急预案的根本宗旨是以人为本，实现可持续发展，实现人与环境的和谐。如果相关方的生命、财产和环境安全受到影响，必将对企业的绩效和社会声誉形成影响。满足相关方和环境的要求，使之不受到事故威胁，也是组织应尽的社会责任。

5. 强调职责分解、全员参与

组织的风险存在于组织的活动、产品和服务的所有过程，其危害和后果影响着每一个工作岗位、每位员工，也影响着组织周边环境和相关方。在应急管理中，组织和外部救援机构各自的职责不同、作用也不相同。因此，为了保证应急预案在事故前后能够正常有序落实，应确保职责分解落实到所有岗位，做到全员参与。

(二) 应急预案的分类与文件结构

应急预案是应急救援系统的核心组成部分，针对不同的紧急情况制定的应急预案是指导应急人员的日常培训和演习，保证各种应急资源处于良好的备战状态，指导应急行动按计划有序进行的规范性文件。

1. 应急预案的分类

应急预案根据不同的分类标准可以分为不同的种类。根据预案责任主体的性质不同，应急预案可以分为企业预案和政府预案。企业预案由企业根据自身情况制定，企业负责；政府预案由政府组织制定，相应级别的政府负责。应急预案又可以分为总预案和专项预案。企业预案还应根据组织级别分级制定。如在石油企业，集团公司、各油气田企业（油田公司、勘探局）、企业二级单位、二级单位下属单位（作业区、作业大队、分公司）、班组（小队）应分别制定相应级别的应急预案。

2. 应急预案的文件结构

应急预案要形成完整的文件体系。通常，企业应急预案由总体应急预案、专项应急预案、现场处置方案、附件及指导说明书和记录等部分构成。

（1）总体应急预案。总体应急预案是从总体上阐述处理事故的应急方针、政策，应急组织结构及相关应急职责，应急行动、措施和保障等基本要求和程序，是应对各类突发事件的综合性文件。

（2）专项应急预案。专项应急预案是针对具体的事件类别（如石油天然气井喷、危险化学品泄漏等事件）、危险源和应急保障而制定的计划或方案，是总体应急预案的组成部分。专项应急预案应按照总体应急预案的程序和要求组织制定，具有明确的救援程序和具体的应急救援措施。

（3）现场处置方案。现场处置方案是针对具体的装置、场所或设施、岗位所制定的应急处置措施。现场处置方案应根据风险评估及危险性控制措施逐一编制，做到事故相关人员应知应会、熟练掌握。

（4）附件及指导说明书。对于基层或作业现场的应急处置方案，往往涉及一些技术细节，可以通过附件或说明书加以补充，例如道路交通图、厂区平面布置图、工艺流程图、危险点源分布图、安全消防设施分布图、危险化学品分布图、有关应急设备使用说明等。

（5）应急行动记录。应急行动记录指采取应急行动时的相关记录，如通信记录、指挥与行动记录、现场监测数据记录、应急演习与培训记录等。这些记录是应急文件体系必要的组成部分，是改善应急行动与预案的基础资料，具有法律证据的属性，是追究和认定法律责任的证据。

从应急行动记录到总体应急预案，层层递进，组成了一个完整的预案文件体系。

（三）中国石油应急预案体系

1. 中国石油应急预案体系架构

中国石油天然气集团公司突发事件应急预案分为总体预案和专项预案，其应急预案体系架构如图 2-14 所示。总体预案是应对各类突发事件的纲领性文件，总体预案对专项预案的组成、编制提出要求及指导，并阐明各专项预案之间的关联和衔接关系。专项预案是总体预案的支持性文件，主要针对某一类或某一特定的突发事件，对应急预警、响应一级救援行动等工作职责和程序做出具体规定。

中国石油企业级应急预案按照上下衔接的思路编写。生产经营专业比较单一，经风险识别、评价后，认定突发事件应急职责、工作程序及救援行动等比较简单的企业，可将总体预案与专项预案合并，编写为突发事件综合应急预案。

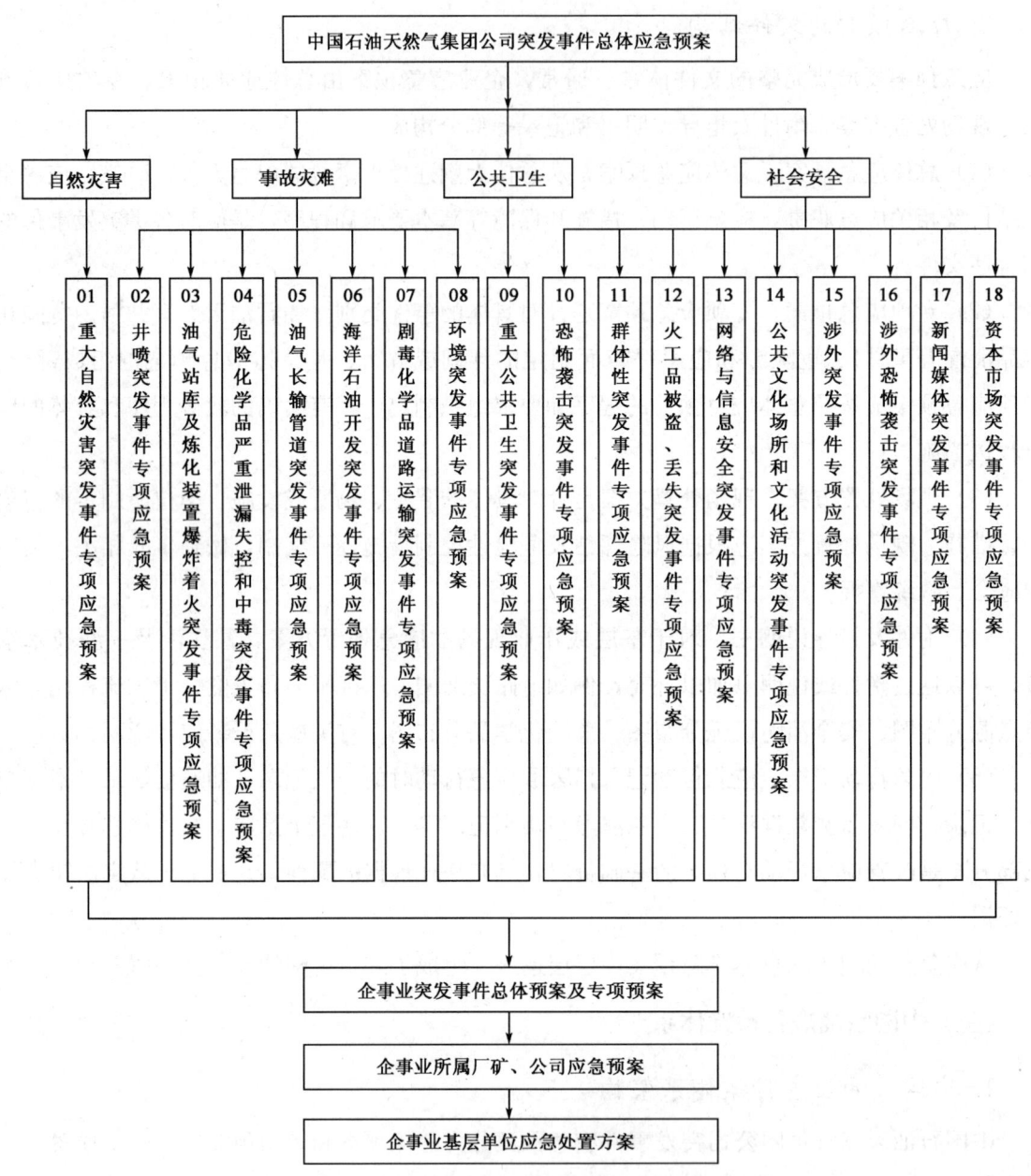

图 2-14 中国石油应急预案体系结构图

基层单位级应急预案由各类突发事件的现场处置预案组成。现场处置预案是针对基层单位的重大危险源、关键生产装置、要害部位及场所，以及大型公共聚集活动等，根据发生的突发事件或次生事故，编制处置、响应、救援等具体工作应急预案。对于危险性较大的重点岗位，应当制定岗位应急处置程序。岗位应急处置程序作为安全规程的重要组成部分，是指导作业现场、岗位操作人员进行应急处置的规定动作，内容应简明、易记、可操作。

2. 中国石油应急预案分级管理

按照组织级别和分类管理的原则,中国石油把应急预案按照总部、企业、企业所属二级单位及基层现场四级进行管理(见表2-12)。中国石油总部级应急预案由总体应急预案和专项应急预案组成,企业、企业所属二级单位可以参照总部模式制订自己的应急预案,也可以根据单位实际,将总体应急预案与专项应急预案合并,编写综合应急预案。对基层现场的作业计划书、作业许可程序以及岗位的应急操作规程,为了简化管理和便于使用,从针对性、操作性以及岗位员工的掌握、记忆、理解和执行方面考虑,不按应急预案的要求模式编写,但应纳入应急管理,是非常重要的应急预案管理基础。

表 2-12 中国石油应急预案管理分级

级 别	组 织	预案基本模式	预案简化本模式
一	总部	总体＋专项	
二	企业	总体＋专项	综合预案
三	企业所属二级单位	总体＋专项	综合预案
四	基层队、站	现场处置预案	作业计划书 作业许可程序
	作业班组、岗位	处置程序	岗位应急操作规程

(四) 应急预案的编制

1. 应急预案编制工作流程

应急预案的编制一般可以分为五个步骤,即成立应急预案编制队伍、开展危险与应急能力分析、预案编制、预案评审与发布和预案的实施(见图2-15)。

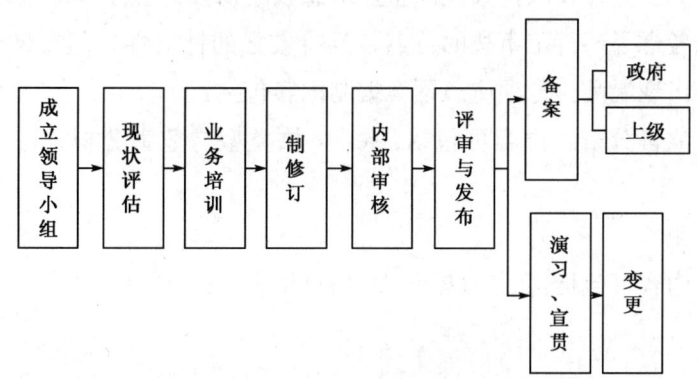

图 2-15 应急预案编制工作流程

2. 应急预案内容

为指导和规范中国石油及所属企事业单位的应急预案编制,根据 AQ/T 9002—2006《生产经营单位安全生产事故应急预案编制导则》、《中国石油天然气集团公司应急预案编制通则》(中油安〔2009〕318号)等有关标准和管理制度,中国石油制定并发布了突发灾难事故应急预案编制指南。对总体预案、专项预案、现场处置方案的编制结构框架和内容进行了规定。

(1) 中国石油各企业以及下属单位总体应急预案编制内容包括:

①总则。内容可包括:a. 编制目的;b. 编制依据;c. 适用范围;d. 工作原则;e. 预案体系。

②组织机构与职责。内容可包括:a. 应急组织体系;b. 机构与职责。

③风险分析与应急能力评估。内容可包括:a. 企业概况;b. 风险分析和应急能力评估;c. 事件分类与分级。

④预防和预警。内容可包括:a. 预防与应急准备;b. 监测与预警;c. 信息报告与处置。

⑤应急响应。内容可包括:a. 响应流程;b. 应急响应分级;c. 应急响应启动;d. 应急响应程序;e. 恢复与重建;f. 应急联动。

⑥应急保障。内容可包括:a. 应急保障计划;b. 应急资源;c. 应急通信;d. 应急技术;e. 其他保障。

⑦预案管理。内容可包括:a. 预案培训;b. 预案演练;c. 预案修订;d. 预案备案。

⑧附则。内容可包括:a. 名词与定义;b. 预案的签署和解释;c. 预案的实施。

⑨附件。

(2) 专项应急预案编制内容。

专项应急预案是根据可能发生的事故类型及现场情况,明确事故预警、各项应急措施启动、应急救援人员的引导、事故扩大及同企业应急预案衔接的程序。专项预案是在综合应急预案的基础上充分考虑了某特定事故的特点,具有较强的针对性,但要做好种种协调工作,避免在应急过程中出现混乱。专项应急预案编制内容包括:

①风险分析与危害分析。内容可包括:a. 事故类型与危害分析;b. 适用范围与事件分级。

②组织机构及职责。

③应急响应。内容可包括:a. 预警;b. 信息报告;c. 应急响应。

④应急保障。

⑤附则。

⑥附件。

(3) 现场应急处置方案编制内容包括:

①事故特征。内容可包括:a. 危险性分析;b. 事件及事态描述。

②组织机构及职责。内容可包括:a. 应急处置流程图;b. 应急处置工作职责。

③应急处置。内容可包括：a. 应急处置程序；b. 应急处置要点。
④注意事项。

（五）应急预案的评审与发布

应急预案编制完成后，按照业务管理流程和应急工作职责等，由预案编制牵头部门组织内部审核。内部审核可以邀请有关方面专家参加，内部审核的过程资料、审核结论应形成书面记录，并归档保存。

在内部审核的基础上，按照预案级别和管理权限，由预案编制工作领导小组办公室组织进行管理评审。管理评审的重点是对内部审核不符合的整改情况进行跟踪，对预案的支持文件以及有关预案之间的衔接关系等内容进行审核。管理评审应邀请预案涉及的地方政府部门、上级主管部门和有关方面的应急专家参加。管理评审的结论应形成书面纪要，由参加评审的人员签字确认，并归档保存。

应急预案通过管理评审后，总体预案或综合预案由主要负责人签发，专项预案由主要负责人或业务分管负责人签发，并以正式文件的形式发布实施。现场处置预案应该做到一事一案，由基层或现场组织有关人员和专家编制，编制完成后由单位主要负责人或授权的现场负责人批准实施。

各级预案应按照规定报当地政府主管部门备案，同时报上级应急管理部门备案。中国石油总部级预案报国务院国有资产监督管理部门、安全生产监督管理部门和有关主管部门备案。企业级预案应分别抄送所在地的省、自治区、直辖市或设区的市人民政府安全生产监督管理部门和有关主管部门备案，同时报中国石油应急管理主管部门进行备案。

（六）应急预案的实施

应急预案经批准后生效。应急预案实施不只是关注紧急情况时的执行，应将预案融入单位的整体活动，包括预案的传达、培训和演练、应急物资的准备等。

（七）应急培训与演习

1. 应急培训的原则和范围

为提高应急救援人员的技术水平与应急救援队伍的整体能力，经常性地开展应急救援培训与演习应成为应急管理的一项重要工作。

应急救援培训与演习的指导思想应以加强基础、突出重点、边练边战、逐步提高为原则。

应急培训与演习的基本任务是锻炼和提高队伍在突发事故情况下的快速抢险堵源、正确指导和帮助群众防护或撤离、有效消除危害后果、开展现场急救和伤员转送等应急救援技能和应急反应综合素质，有效降低事故危害，减少事故损失。

应急培训的范围应包括：

(1) 政府主管部门的培训；

(2) 社区居民的培训；

(3) 企业全员的培训；

(4) 专业应急救援队伍的培训。

2. 应急培训的基本内容

应急培训是指对参与应急行动的所有相关人员进行培训，要求应急人员了解和掌握如何识别危险、如何采取必要的应急措施、如何启动紧急情况警报系统、如何安全疏散人群等基本操作。培训内容主要包括以下几方面：

(1) 潜在突发事件失控的原因以及预防措施培训；

(2) 突发事件预警、预测、分级响应要求培训；

(3) 应急机构和职责培训；

(4) 各种预案的培训。

3. 应急演练

应急演练可采用多种分类方法，即按组织形式划分、内容划分、目的与作用划分。按组织形式划分，可分为桌面演练和实践演练；按内容划分，可分为单项演练和综合演练；按目的和作用划分，可分为检验性演练、示范性演练和研究性演练。不同类型的演练可以相互组合，例如单项桌面演练、综合桌面演练、单项实战演练、综合实践演练、示范性单项演练、示范性综合演练。

应急演练过程可划分为应急演练准备、应急演练实施和应急演练评估与总结三个阶段（见图2-16）。

另外，对应急队伍和企业员工进行必要的现场急救训练是十分重要的，如心肺复苏、止血包扎、伤病员的搬运、骨折固定以及高空坠落、触电、溺水人员的现场抢救等。在确定训练科目时，专职救援队应以社会性救援需要为目标确定训练科目；兼职救援队应以本单位救援需要，兼顾社会救援的需要确定训练科目。

救援队伍的训练可采取自训与互训相结合，岗位训练与脱产训练相结合，分散训练与集中训练相结合的方法。在训练前应制订训练计划，训练中应组织考核，演习完毕后应总结经验，编写演习评估报告，对发现的题和不足应予以改进并跟踪。

四、应急资源与保障

在应急预防与响应的全过程中，人、财、物等方面的应急资源与保障起着决定性作用。俗话说"巧媳妇难为无米之炊"，没有充分的应急资源和保障的响应，救援一般都会以失败

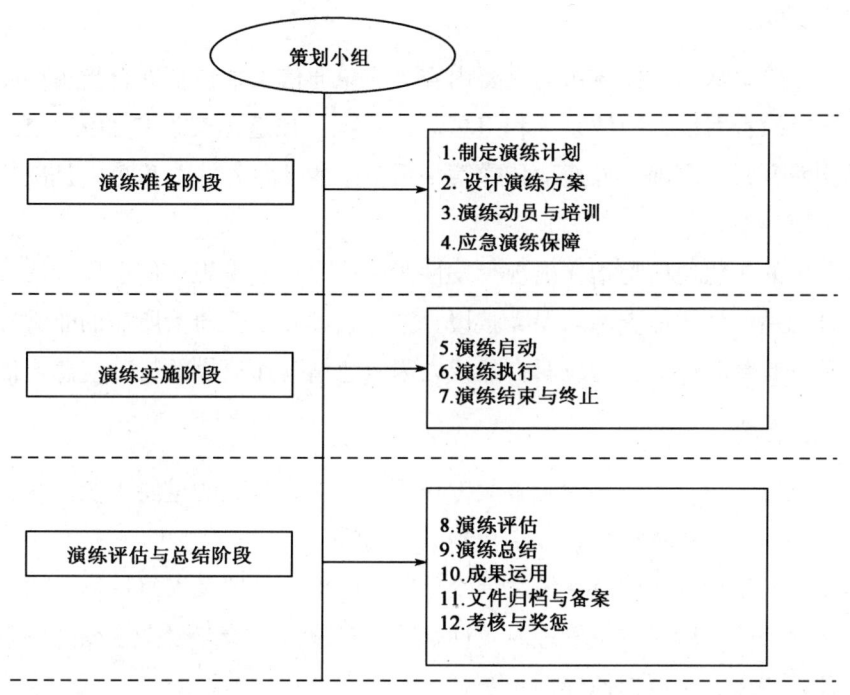

图 2-16 应急演练过程

告终。

通常应急资源与保障主要包括：物资装备保障、应急队伍保障、通信保障、应急技术保障、资金保障、应急医疗保障、人员医疗保障和应急依托等。

（一）应急物资装备

应急物资是指为应对严重自然灾害、事故灾难、公共卫生和社会安全等突发事件，应急处理过程中所必需的保障性物资。一般划分为三个大类：一是保障人民生活的物资，主要指粮食、食油、水和电等；二是工作物资，主要指处理危机过程中专业人员所使用的专业性物资；三是特殊物资，主要指针对少数特殊事故处置所需的特定物资。

目前，规范性的应急物资分类标准是1996年国家民政部制定的《应急物资分类及产品目录》，包括13大类、57小类。

（二）应急队伍

应急队伍是应急保障体系中的重要组成部分，是防范和应对突发事件的重要力量。可分为以下三类：一是专业或专职队伍，主要指消防、公安、急救、医疗等专业队伍和单位；二是临时或兼职队伍，主要指参与突发事件处置的众多非专业人员；三是专家及技术支持，这些专家主要是指在事故灾难、自然灾害、公共卫生和社会治安等相关领域的专业研究人士。

(三) 应急通信

应急通信是应急保障支撑体系的重要内容。应急通信系统包括综合指挥调度系统、多路传真系统、数字录音系统、短波系统和卫星通信系统。在遭到突发自然灾害或重大事故时，应急通信承担着及时、准确、畅通地传递第一手信息的"急先锋"角色，是决策者正确指挥抢险救灾的中枢神经。

现代意义上的应急通信是指在出现突发性紧急情况，或常规通信手段无法及时有效发挥作用时，综合利用各种通信资源，保障救援、紧急救助和必要通信所需的非常规通信手段和方法，是一种具有暂时性的、为应对自然或人为紧急情况而提供的特殊应急通信机制。

(四) 应急技术

应急技术在应急响应和救援中起着关键作用，是应急管理的重要手段。应急技术包括应急信息技术、事故模拟仿真技术、数字化预案技术等。

应急信息技术是构建在信息系统之上的预警、响应、处置及恢复一体化的技术集成，借助现代信息技术手段，针对应急管理时效性强、信息量大、情况复杂多变的特点，建立网络化的信息管理、传递、决策指挥辅助系统。

事故模拟仿真技术是通过模拟事故状态，使运行操作人员锻炼在事故过程中处理问题的能力。仿真技术的功能包括：工程分析、系统设计、性能预测、运行优化和控制策略。事故模拟仿真技术是建立地表三维环境、工艺管网三维模型、各类设备设施的三维模型，然后集成到一个虚拟的生产环境中，结合监控和预警系统，定位现场每个相关人员的精确位置，查询人员附近相关设备、设施信息，从而为抢险指挥部提供技术支持。

数字化预案技术是通过三维立体的形式展现危险源周边地形、地貌、道路、水系，通过精细立体建模表现设备构造和相互连接关系，通过时间、事件驱动，表现灾情发生、发展、救援过程，通过"画中画"、屏幕分割、镜头切换等方式表现，描述同一时刻不同地点的事态变化和不同部门的救援过程。

五、应急响应

应急响应程序一般按照报警、接警、事态分析、确定响应级别、预警、应急行动、救援行动、事态控制、应急结束、应急恢复等过程进行（见图2-17）。

(一) 做好报警、接警工作

紧急情况出现后，最初响应极为重要，否则会引起事故扩大。报警人员应准确汇报突发事件发生的时间、地点、性质、事故状态、气象（风向）及人员伤亡情况，以便接警人员准确记录和掌握现场情况，做出准确响应。

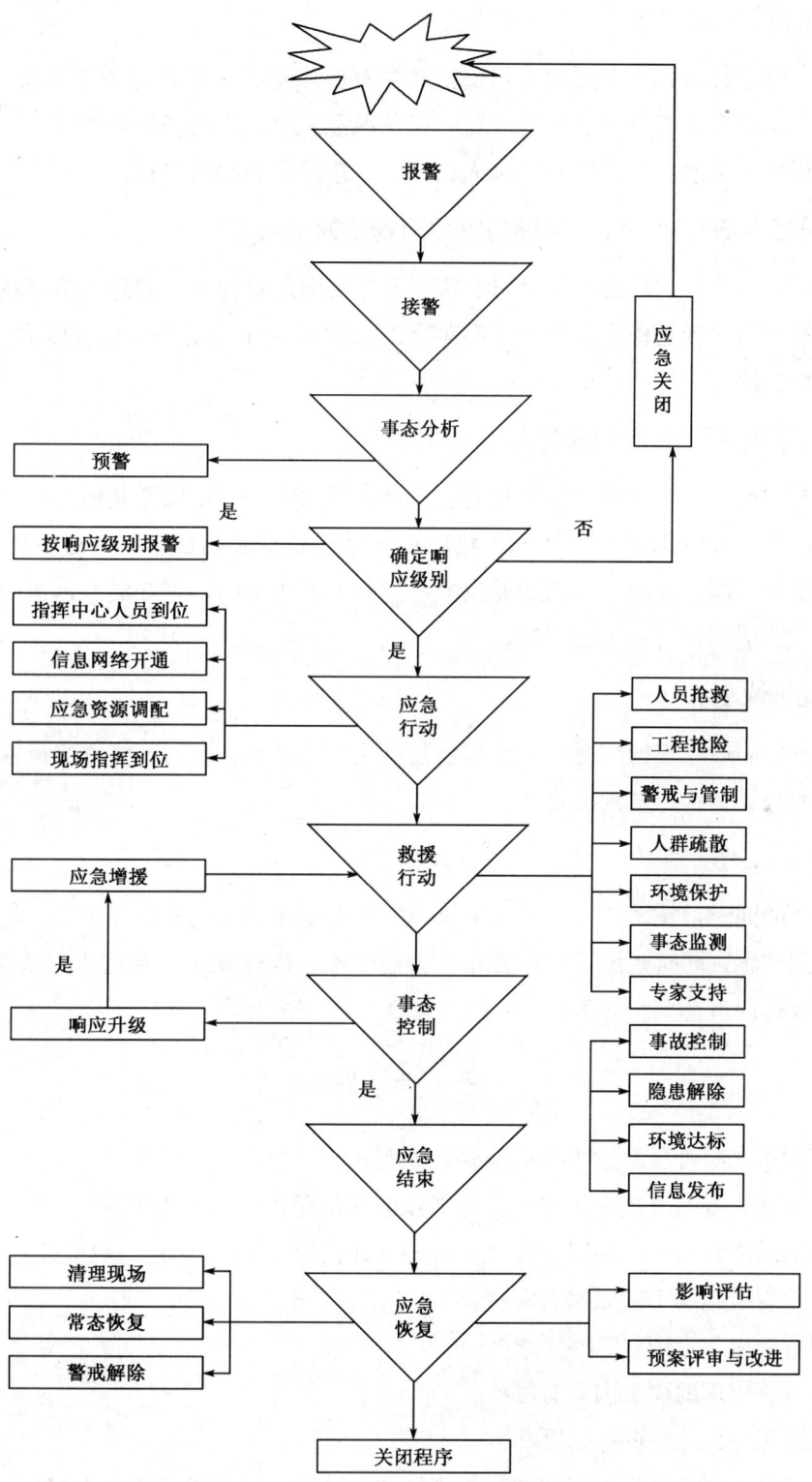

图 2-17 应急响应标准程序

（二）现场警戒和安全

在处置突发事件时，一定要把人员安全放在首要位置，注意确保作业人员、应急人员、相关方人员以及群众的安全。要沉着应对，避免混乱。对危险现场加强警戒，对无关人员要快速疏散至指定安全地点，并防止外来人员进入，造成不必要的伤亡。

（三）做好现场有毒有害、易燃易爆危险物质的检测工作

由于石油、石化事故往往涉及有毒有害、易燃易爆危险物质，应急人员贸然进入危险区将会导致严重后果。现场检测是抢险方案制定的依据，应在规定的半径范围内对空气、水、土壤持续进行检测。

（四）迅速判断险情，控制险情

危险物质泄漏、火灾爆炸、洪水灾害、疫情蔓延、食物中毒以及其他工业事故的发生和发展都有其固有规律，迅速判明情况、找出根源是控制事故的根本。如处置集气站泄漏事故，关键是切断电源、火源，判断泄漏位置和切断上下游闸门，打开放空，通知关井。这些措施实施后，泄漏很快就能得到控制。

（五）现场恢复

险情得到控制后，根据情况及时实施恢复措施，如设备、管道更换维修措施，污染区域洗消措施，使现场尽快恢复到正常状态。

（六）善后工作

应急响应的同时，技术部门应配合事故调查人员做好现场调查取证工作，防止因事故应急使证据受到破坏。同时要做好信息发布、善后工作，确保稳定。及时做好应急总结工作，对应急预案进行评审。

思 考 题

1. 如何理解风险管理的过程和风险管理原则？
2. 危害因素的分类方法有哪些？你所工作的岗位存在哪些主要风险？
3. 常用的风险分析与风险评价方法有哪些？如何运用LEC法进行风险评价？
4. 风险控制措施制定的原则有哪些？
5. 中国石油应急管理有哪些要求？
6. 高效应急管理的决定因素有哪些？
7. 应急资源与保障主要包括哪些方面？
8. 中国石油应急预案是如何构成的？现场应急处置方案应包括哪些内容？

第三章 中国石油 HSE 管理体系标准

HSE 管理体系规范标准（Q/SY 1002.1）为石油石化各类企业建立 HSE 管理体系提供了标准框架，它规定了建立、实施和保持 HSE 管理体系的必需要素，指导企业如何建立、实施、保持和改进健康、安全与环境管理体系。HSE 管理体系标准的作用是帮助公司及其相关方建立 HSE 管理体系，实现健康、安全和环境管理目标。

第一节 HSE 管理体系标准的产生与变化

一、HSE 管理体系标准的产生

鉴于帕玻尔·阿尔法平台事故的惨痛教训，1991 年，壳牌公司 HSE 委员会颁布健康、安全与环境（HSE）方针指南。1994 年 7 月，壳牌公司为勘探开发论坛（E&P Forum）制定了"开发和使用健康、安全与环境管理体系导则"；同年 9 月，壳牌公司 HSE 委员会制定并颁布了"健康、安全与环境管理体系"。

1994 年，油气勘探开发的健康、安全与环境国际会议在印度尼西亚雅加达召开，原中国石油天然气总公司作为会议的发起人和资助者派代表团参加了会议。我国能源部有关负责人还作为安全分委员会的成员参加了论文的评定。由于会议由石油工程师学会发起，并得到国际石油工业保护协会和美国石油地质工作者协会的支持，影响面很大，全球各大石油公司和服务商都积极参与，因而 HSE 活动在全球范围内迅速展开。从第一届到第三届健康、安全与环境国际会议的专著论文中，可以感受到 HSE 正作为一个完整的管理体系出现在石油工业上游。

油气勘探开发的健康、安全与环境国际会议的召开，促进了 HSE 管理标准化的进程。1996 年 1 月，ISO/TC 67 的 SC6 分委会发布了 ISO/CD 14690《石油和天然气工业健康、安全与环境管理体系》标准草案。虽然这一标准尚未经国际标准化组织（ISO）正式批准公布，但已得到世界上主要石油公司的认可，他们均依据该标准草案的要素要求建立自己的 HSE 管理体系。在以后的国际石油勘探开发活动中，各国石油企业逐步将建立 HSE 管理体系作为业主选择承包商和合作伙伴的基本要求之一。

国际标准化组织及其他国际性组织发布的标准与通行惯例丰富了 HSE 管理体系标准的内容，同时对 HSE 管理体系标准化工作提出了新的要求。随着全球经济一体化的进程，健康、安全与环境标准一体化倾向十分明显，国际标准作为国际贸易的技术依据，其地位和作用日益突出。各国企业在建立 HSE 管理体系时均力图符合国际标准化组织及其他国际性组织的标准与通行惯例，以期在竞争中获得巨大的市场份额和经济利益。

二、相关国际标准的发布

（一）ISO 14000 环境管理系列标准

国际标准化组织于 1993 年 6 月成立了 ISO/TC 207 环境管理技术委员会，正式开展 ISO 14000 环境管理系列标准的制定工作，以规范企业和社会团体等组织的活动、产品和服务的环境行为，支持全球的环境保护工作。

ISO 14000 系列标准是国际标准化组织 ISO/TC 207 负责起草的一份国际标准。它包括了环境管理体系、环境审核、环境标志、生命周期分析等国际环境管理领域内的许多焦点问题，旨在指导各类组织（企业、公司）取得和表现正确的环境行为。

ISO/TC 207 制定 ISO 14000 的指导思想之一是："不增加并努力消除贸易壁垒，无论对环境好还是环境差的地区"。客观上，ISO 14000 系列标准统一了环境管理体系的基本要求，使那些以此制定贸易壁垒的国家有所收敛。标准要求各国公开其有关体系、产品标准和认证方法，为其贸易伙伴提供条件，有助于消除贸易壁垒。另一方面，ISO 14000 系列标准的实施是另一种壁垒，它对那些信息不通、行动缓慢的国家和组织将造成实际上的贸易障碍。发达国家也以环境为借口向发展中国家提出了要求，因而，发展中国家要摆脱其受控制的地位就必须迅速着手开展 ISO 14000 系列标准实施工作。从这一意义上说，ISO 14000 系列标准的认证是通向未来国际贸易市场的通行证。事实上，环境问题在国际贸易中的地位日益明显，环境已与安全、卫生等方面的因素联结起来，形成了严重的技术贸易壁垒。

（二）职业健康安全管理体系标准

实现安全生产、保护劳动者的安全与健康，是社会文明的重要标志，也是现代化大生产的需要。为了促进社会进步，保持社会稳定，工业发达国家制定了严格的职业健康安全法规，规范企业行为。这样既可以满足政府职业健康安全法规的要求，也可以有效预防事故和职业危害，减少事故和职业赔偿，树立企业形象，企业经济还可以稳定、持续、健康发展。

职业健康安全管理体系是 20 世纪 80 年代后期在国际上兴起的现代安全生产管理模式，它与 ISO 9000 和 ISO 14000 等体系一样被称为是后工业化时代的管理方法。早在 20 世纪 80 年代末至 90 年代初，一些跨国公司和大型的现代化联合企业为强化自己的社会关注力和控制损失的需要，开始建立自律性的职业健康安全与环境保护的管理制度，并逐步形成了比较完善的体系。随着国际社会对职业健康安全问题的日益关注，国际标准化组织于 1996 年 9 月组织召开了国际研讨会，讨论是否制定职业安全健康管理体系国际标准，结果未达成一致意见。随后，国际标准化组织在 1997 年 1 月召开的技术工作委员会上决定，目前暂不颁布该类标准，但许多国家和国际组织继续进行相关的研究和实践，并使之成为继 ISO 9000、

ISO 14000之后又一个国际关注的标准。

1996年，英国标准协会（BSI），颁布了BS 8800《职业安全健康管理体系指南》，美国工业健康协会制定了关于《职业安全健康管理体系》的指导性文件，随后，澳大利亚、新西兰、日本、挪威船级社（DNV）等国家和认证机构也都相继颁布了自己的职业安全健康管理体系标准。1999年，英国标准协会、挪威船级社等13个国家标准化组织和认证机构共同推出了职业健康安全评价系列（OHSAS）标准——OHSAS 18001：1999《职业健康安全管理体系 规范》和OHSAS 18002：1999《职业健康安全管理体系 OHSAS 18001实施指南》。2005年，OHSAS工作小组开始着手进行OHSAS 18001：1999的修订，经过两次征求意见和修改，OHSAS 18001：2007于2007年7月1日发布。

为了尽快提高我国安全生产水平，保障广大劳动人民的根本利益，也为了促进国际贸易的发展，国家质量监督检验检疫总局于2001年7月组织了起草小组。他们借鉴了ISO 9000和ISO 14000国际标准的成功经验和先进的管理思想与理论，充分考虑了当时在国际上得到广泛认可的OHSAS 18001：1999的技术内容，起草了国家标准GB/T 28001—2001《职业健康安全管理体系 规范》，并于2001年11月12日发布，2002年1月1日正式实施。基于GB/T 28001—2001《职业健康安全管理体系 规范》的职业健康安全管理体系的认证工作在我国全面开展。依据OHSAS 18001：2007，我国进行了等同采标，2011年12月5日，国家质量监督检验检疫总局和国家标准化管理委员会发布了GB/T 28001—2011《职业健康安全管理体系 要求》，于2012年2月1日实施。

鉴于国际社会对职业安全健康管理体系的普遍关注，国际劳工组织（ILO）从1998年开始制订国际化的职业安全健康管理体系文件，2000年2月发表了推动职业安全健康管理体系的工作报告书，促使其形成一个国际行动。2001年6月，国际劳工组织理事会审议、批准了ILO-OSH 2001《职业安全健康管理体系导则》，使职业安全健康管理体系的实施成为安全生产领域最主要的工作内容之一。世界上很多国家依据该导则的原则制定了本国的职业健康安全管理体系国家标准。2001年12月，我国原国家经济贸易委员会、国家安全生产监督管理局在原有工作基础上，参照《职业安全健康管理体系导则》，并结合我国实际情况制定并发布了《职业安全健康管理体系指导意见》和《职业安全健康管理体系审核规范》。

（三）健康、安全与环境管理体系一体化

近年来，在越来越多的国际贸易活动中，客户在采购时，已经要求生产企业同时具备ISO 9000、ISO 14000以及OHSMS等相关标准的认证。为此，企业为了生存发展的需要，必须考虑健康、安全与环境管理体系一体化工作，使企业所建立的HSE管理体系尽量符合国际标准与惯例的要求。

三、我国 HSE 标准的产生与变化

随着石油工业跨国合作机会的增多,特别是原中国石油天然气总公司作为会议的发起者和资助者派代表参加了 1994 年在印度尼西亚雅加达召开的油气勘探开发的健康、安全与环境国际会议后,逐步认识到开展 HSE 管理的重要性。

1996 年 9 月开始,原中国石油天然气总公司组织人员对 ISO/CD 14690 标准草案进行了翻译和转化,于 1997 年 6 月 27 日正式颁布了中华人民共和国石油天然气行业标准 SY/T 6276—1997《石油天然气工业健康、安全与环境管理体系》,开始全系统推行 HSE 管理体系。

2004 年 7 月,中国石油天然气集团公司结合自身实际,制定颁布了 Q/CNPC 104.1—2004《健康、安全与环境管理体系 第 1 部分:规范》、Q/CNPC 104.2—2004《健康、安全与环境管理体系 第 2 部分:实施指南》、Q/CNPC 104.3—2004《健康、安全与环境管理体系 第 3 部分:实施指南》系列 HSE 管理体系标准。2007 年,为了深入推进 HSE 管理体系工作,实现健康、安全与环境管理与国际接轨和跨越式发展,按照"统一、规范、简明、可操作"的原则,对 HSE 管理体系标准进行了进一步修订和完善。2007 年 8 月,批准发布了 Q/SY 1002.1—2007《健康、安全与环境管理体系 第 1 部分:规范》。该标准规定了中国石油 HSE 管理体系的模式,在 Q/CNPC 104.1—2004 的基础上,吸纳了国际上有关职业健康安全管理体系、环境管理体系现有的技术内容。2008 年,中国石油又相继起草发布了 Q/SY 1002.2—2008《健康、安全与环境管理体系 第 2 部分:实施指南》和 Q/SY 1002.3—2008《健康、安全与环境管理体系 第 3 部分:审核指南》,为中国石油各级组织建立、实施、保持和改进 HSE 管理体系提供了指南。

中国石油化工集团公司于 2001 年 2 月 8 日正式发布了 Q/SHS 0001.1—2001《中国石油化工集团公司安全、环境与健康(HSE)管理体系》。另外,还分别颁布了油田、炼化、施工、销售企业的 4 个 HSE 管理规范,以及油田企业基层队、炼化企业生产车间(装置)等 5 个 HSE 实施程序编制指南。

中国海洋石油总公司从 20 世纪 90 年代初开始探索、推动建立 HSE 管理体系,相继出台了 HSE 管理体系文件编制基本要求、安全管理体系技术规范、企业系统安全评价方法等企业标准。2003 年,又编制了 HSE 管理的持续改进计划,促进各单位的 HSE 管理体系执行。

第二节 HSE 管理体系 第 1 部分:规范简介

中国石油 HSE 管理体系标准 Q/SY 1002.1—2007《健康、安全与环境管理体系 第 1 部分:规范》规定了 7 个一级要素,25 个二级要素。各要素既相对独立又相互联系紧密,

既包括了系统管理所需要的一些共性要素，又包括了一些具有中国石油特色的个性要素，满足了中国石油各组织健康、安全与环境管理的需要，保持了继承性也体现了很好的兼容性。为了更好地理解 HSE 管理体系标准的 7 个一级要素，按照持续改进的戴明模式，用图 3-1 表示 HSE 管理体系模式。

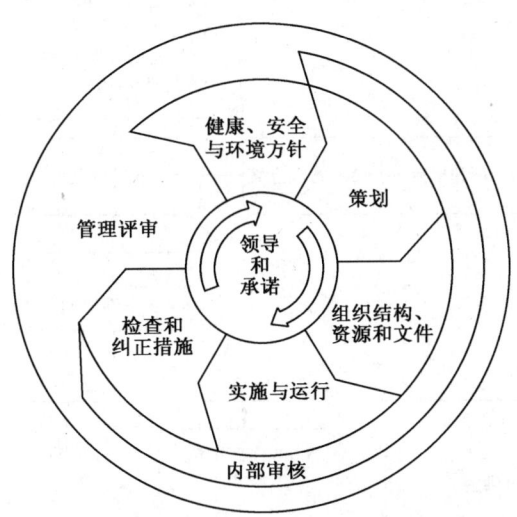

图 3-1 健康、安全与环境管理体系模式

7 个一级要素中，"领导和承诺"是 HSE 管理体系建立与实施的前提条件和核心；"健康、安全与环境方针"是 HSE 管理体系建立和实施的总体原则；"策划"是 HSE 管理体系建立和实施的输入；"组织结构、资源和文件"是 HSE 管理体系建立和实施的基础；"实施与运行"是 HSE 管理体系实施的关键；"检查和纠正措施"是 HSE 管理体系有效运行的保障；"管理评审"是推进 HSE 管理体系持续改进的动力。

各一级要素都有深刻的内涵，大部分有多个二级要素，且各要素之间是密切相关的，任何一个要素的改变必须考虑对其他要素的影响，以保证体系的一致性。Q/SY 1002.1—2007 各要素之间的关系如图 3-2 所示。

Q/SY 1002.1—2007 各要素及相关部分分为三大模块：基础和条件部分、风险管理主线部分、三级监控部分。

一、基础和条件部分

领导和承诺：是 HSE 管理体系有效实施的力量源泉，自上而下的承诺和企业 HSE 文化的培育是体系成功实施的基础。承诺应考虑：法律、法规和其他要求；经营环境；组织的规模、复杂程度，以及风险管理和控制水平。

健康、安全与环境方针：是 HSE 管理原则的公开声明，体现了组织对 HSE 的共同意愿、行动原则和追求，组织应基于最高管理者在 HSE 方面的承诺，以及组织的规模、特

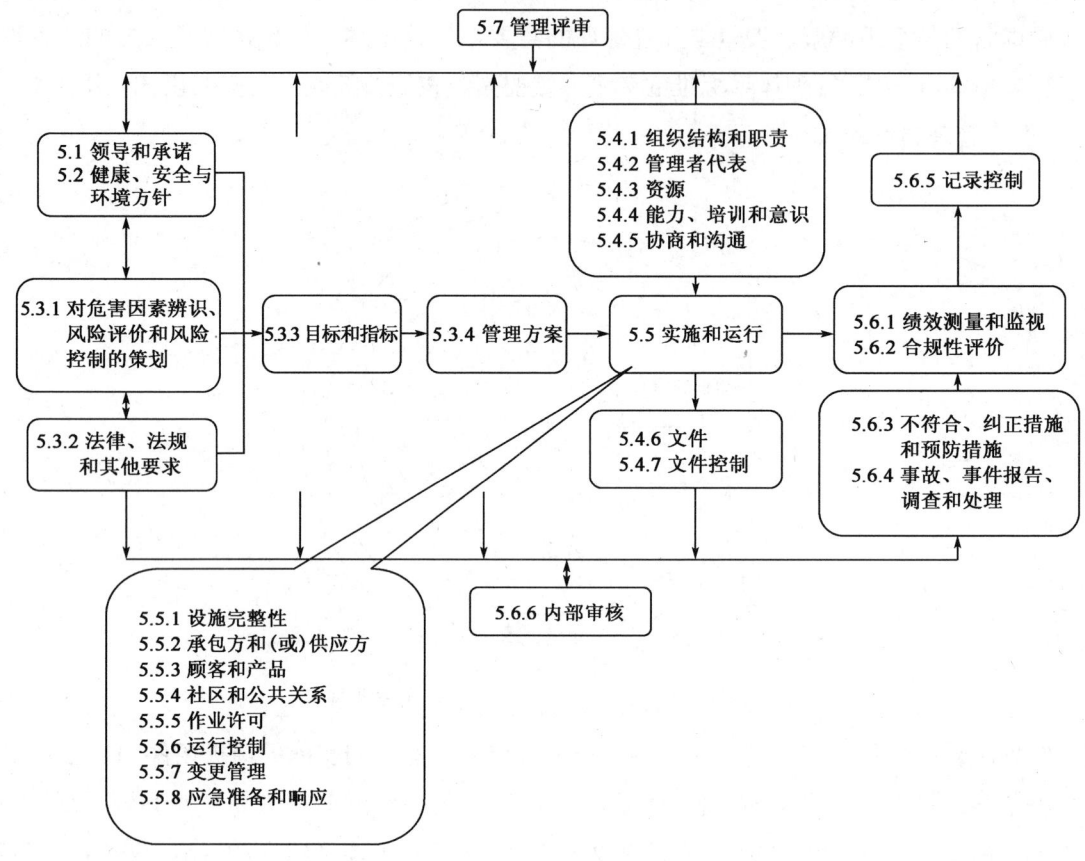

图 3-2 Q/SY 1002.1—2007 各要素之间的关系

点、复杂程度和实际 HSE 风险管理和控制水平，HSE 方面的法律、法规和其他要求及其发生的变化等信息制定健康、安全与环境方针和战略目标，并形成文件。

法律、法规和其他要求：遵守法律、法规和其他要求是组织 HSE 管理体系的基本要求，贯穿于 HSE 管理体系的整个过程，也是 HSE 管理体系改进的基础。

组织结构、资源和文件：是体系实施和不断改进的支持条件，通过实现组织结构、资源和文件管理方面的优化配置，实施健康、安全与环境责任管理，以获得良好的健康、安全与环境绩效。该要素包含 7 个二级要素：组织结构和职责、管理者代表、资源、能力、培训和意识、协商和沟通、文件、文件控制。

基础和条件部分是一个组织 HSE 管理体系有效运行的基础，通常具有相对的稳定性，是做好 HSE 工作必不可少的重要条件。

二、风险管理主线部分

对危害因素辨识、风险评价和风险控制的策划：HSE 管理体系的核心是风险管理，对风险的正确而科学地识别、评价和有效控制是将风险和影响降低到可接受程度,防止事故发生的关键,也是HSE管理体系运行的最直接目的。

目标和指标:根据战略(总)目标框架,制定实施具体的HSE目标和指标,以体现承诺和HSE方针。目标和指标的建立应符合健康、安全与环境方针及战略(总)目标,应考虑法律、法规和其他要求及健康、安全与环境危害因素和风险等。通过对重要危害因素筛选、排序、分级控制策划,以及对特定的活动、产品或服务进行策划,制定并实施健康、安全与环境目标和指标。

管理方案:管理方案是实现方针和目标的具体行动计划,是实现组织方针和目标的重要保证。

实施和运行:是体系的控制要素,其目的在于通过建立并运行好管理体系(主要是过程控制的要求),对HSE关键活动、过程和设施的风险进行确定和评价,制定风险控制措施,包括变更管理和应急管理。该要素包含8个二级要素:设施完整性、承包方和(或)供应方、顾客和产品、社区和公共关系、作业许可、运行控制、变更管理、应急准备和响应。

三、三级监控部分

绩效测量和监视:对HSE责任和活动实施监控,包括监督、检查、测试、测量、检测及监测等内容。绩效测量和监视要能反映HSE管理体系各要素的实施和运行情况,以考察组织的符合性;绩效测量和监视的结果为实施纠正措施和预防措施提供分析依据。

内部审核:内部审核是HSE管理体系本身所具有的一种全面而正式的自我评价机制,是组织按照审核方案和程序评估HSE管理体系有效性的过程。评价HSE管理体系与相关准则的符合性,是HSE管理体系运行三级监控机制的重要环节。

管理评审:管理评审是企业的最高管理者对HSE管理体系的适用性及其执行情况进行系统、全面地评审,是HSE管理体系最高形式的改进机制。管理评审是HSE管理体系的PDCA循环的最后一个环节,是HSE管理体系实现持续改进的最重要保证。

Q/SY 1002.1—2007建立了三级监控机制,三级监控主要强调的是体系以及组织自我控制、自我监督、自我完善。组织在HSE管理体系的运行控制过程中,需要对自身状况进行监控,以确定是否满足了法律、法规和其他应遵守的要求(合规性评价);评价目标和指标的实现情况,发现不符合并有效纠正(不符合、纠正措施和预防措施);及时报告事故、事件并处理(事故、事件报告、调查和处理);并以适宜的方式保存必要的记录(记录控制),为体系的实施和改进提供依据。

第三节　HSE 管理体系　第 2 部分：实施指南简介

为指导企业规范、有效地建立和运行 HSE 管理体系，2008 年中国石油天然气集团公司起草发布了 Q/SY 1002.2—2008《健康、安全与环境管理体系 第 2 部分：实施指南》。该实施指南与 Q/SY 1002.1—2007《健康、安全与环境管理体系 第 1 部分：规范》配套使用，指导企业如何建立、实施、保持和改进健康、安全与环境管理体系，具体给出了各要素的意图、输入、过程和输出。

一、领导和承诺

有感领导和可视的承诺是 HSE 管理体系有效实施的力量源泉。而最高管理者及其领导层正确、强有力的行使领导责任和权利是健康、安全与环境管理体系建立、运行、持续改进的最关键因素。该要素不再细分为二级要素。

各级组织的高层管理者应对健康、安全与环境管理工作负责，在健康、安全与环境管理方面提出明确的承诺，并将其作为企业文化的一部分，这是建立和实施 HSE 管理体系的基础。高层管理者应保证将领导和承诺转化为必要的资源，以建立、运行、保持 HSE 管理体系和实现既定的方针和战略目标。

通过强有力的领导，提出并履行承诺，培育适宜的健康、安全与环境文化，可促进 HSE 管理体系的建立、实施、保持和持续改进。只有做到领导重视、全员参与、体系管理、持续改进，把 HSE 管理作为组织管理的重要组成部分，才能建立起一个有效的 HSE 管理体系。

（一）最高管理者领导责任

最高管理者应对健康、安全与环境管理实施强有力的领导，做出明确具体的健康、安全与环境承诺，并培育企业健康、安全与环境文化。最高管理者对员工的安全与健康负最终责任。

（二）管理层的领导责任

健康、安全与环境是一种线性管理责任，每一名管理者在其负责的领域内应承担健康、安全与环境管理责任。

（三）可视的承诺

提供可视的承诺是有效的 HSE 管理体系的一个基本原则，承诺应形成文件。承诺的内容根据组织的具体情况确定，应由组织的最高管理者做出。组织高层管理者的承诺是对全体员工和社会所做的公开承诺。

承诺应考虑：法律、法规和其他要求；经营环境；组织的规模、复杂程度，以及风险管理和控制水平；员工的整体素质；可利用的资源；当前健康、安全与环境的实际表现和期望的绩效；员工的意见、建议和期望等。

(四) 管理者承诺的实现

管理者应通过一些活动表明其已履行对健康、安全与环境的承诺，实现有感领导。这些活动可包括传达满足法律、法规的重要性，现场访问和检查，参与事故调查，确保健康、安全与环境方针、目标的制定，进行管理评审，提供所需的资源等。

(五) 建立支持 HSE 管理体系的企业文化

安全文化应是整个企业文化的有机组成部分，是 HSE 工作实践过程中所形成的物质和精神财富的总和，包括安全理念文化、制度文化、物态文化、行为文化等多个方面。提高企业管理水平，将安全文化视为企业文化的重要组成部分，也是企业核心竞争力之一。通过领导承诺的贯彻，应努力创建一种使承诺常驻全体员工心中的安全文化。各级组织的高级管理者应发动员工和承包商积极参与公司的 HSE 管理，共同创造和保持良好的安全文化。组织可基于树立正确、先进的健康、安全与环境理念，建立有效的激励机制、畅通的沟通渠道，及时获知并反馈员工对健康、安全与环境事务的意见和建议，培育和维护企业健康、安全与环境文化，以支持 HSE 管理体系运行。

中国石油天然气集团公司 HSE 承诺

- 遵守所在国家和地区的法律、法规，尊重当地的风俗习惯；
- 保护环境，合理利用资源，致力于可持续发展；
- 坚持预防为主，追求无事故、无伤害、无损失的目标；
- 优化配置人力、物力和财力资源，持续改进 HSE 管理；
- 各级最高管理者是 HSE 第一责任人，HSE 表现是奖惩、聘用人员以及雇佣承包商的重要依据；
- 实施 HSE 培训，建立和维护企业文化；
- 向全社会公开我们的 HSE 业绩；
- 在世界上任何一个地方，在业务的任何一个领域，我们对 HSE 态度如一。

中国石油天然气集团公司的所有员工、雇员、客户和承包商都有责任维护本公司对健康、安全与环境做出的承诺。

二、健康、安全与环境方针

健康、安全与环境方针（HSE 方针）是 HSE 管理体系建立和实施的总体原则和方向。

组织建立、运行和持续改进 HSE 管理体系，首要的就是制定一个健康、安全与环境方针，该方针是组织一定时期内在健康、安全与环境方面所奉行的基本政策、坚持的原则和努力的方向。方针的作用在于统一思想和原则，同时能够为战略目标的制定提供依据，并为建立和评审 HSE 目标和指标提供框架。该要素不再细分为二级要素。

通过将 HSE 方针在 HSE 管理体系诸要素中具体化和落实，确定组织健康、安全与环境政策，控制各类 HSE 风险，实现 HSE 绩效的持续改进。

（1）形成文件化的健康、安全与环境方针和战略目标。

组织应建立文件化的健康、安全与环境方针和战略目标，并经过最高管理者的批准。在内容上应阐明组织的健康、安全与环境政策。

（2）健康、安全与环境方针的管理。

健康、安全与环境方针是由高层领导为组织制定的 HSE 管理的指导思想和行为准则，应在论证、充分征求意见的基础上制定，经管理层讨论，由最高管理者签发。员工及其代表参与方针的制定是员工的基本权益，而且员工的参与和承诺对 HSE 工作的成功及 HSE 绩效的改善至关重要。健康、安全与环境方针应形成文件，传达给全体员工贯彻执行，予以保持，并应可为相关方所获取。健康、安全与环境方针可以独立发布，也可在管理手册、宣传手册、员工手册等中表述。

（3）组织的最高管理者应对方针的适宜性、充分性和有效性定期评审，包括：活动、产品和服务中是否存在偏离方针的情形；资源的投入是否能够支持方针和战略目标的实施；方针和战略目标是否仍然适用于法律、法规、业务活动的变化和持续改进要求；方针和战略目标需要做的调整和完善等。

中国石油 HSE 方针体现的政策要求：遵守法律法规，关爱生命，保护环境，坚持安全发展、清洁发展，实现人与自然、企业与社会的和谐；继承和发扬优良传统，全员参与，综合治理；坚持注重实效，持续改进，不断提高 HSE 管理的水平和绩效。

中国石油 HSE 方针

以人为本，预防为主；全员参与，持续改进。

三、策划

防止事故发生，将风险和影响降低到可接受程度是 HSE 管理体系运行的最直接目的，而对风险正确而科学的识别、评价和有效管理是关键所在。风险管理是一个不间断的过程，是 HSE 管理体系的基础，应定期检查危害因素的存在，并评估业务活动中的相关风险。对所有风险都应采取适当的措施进行管理，以防止潜在事故的发生或降低事故所产生的影响。

Q/SY 1002.1—2007 要求对 HSE 风险管理进行策划，识别适用的法律、法规和其他要求，建立目标和指标以及管理方案，以实现对业务活动全过程的风险控制目标。该要素包含 4 个二级要素，见表 3-1。

表 3-1　"策划"的二级要素

二级要素	要　点
对危害因素辨识、风险评价和风险控制的策划	建立程序来辨识危害因素，依据准则对已确定的危害因素进行评价，并进行风险管理的策划
法律、法规和其他要求	获取组织应遵守的相关健康、安全与环境的法律、法规和要求
目标和指标	确定适合组织特点的风险管理的目标和指标
管理方案	建立旨在实现健康、安全与环境风险管理目标的管理方案

（一）对危害因素辨识、风险评价和风险控制的策划

建立程序来辨识危害因素，依据准则对已确定的危害因素进行评价，并进行风险管理的策划。

（1）健康、安全与环境初始评审。HSE 初始评审是 HSE 管理体系建立的一项基础性工作，是通过一系列信息收集、调查活动，对当前活动、产品和服务中的危害因素和影响及其控制管理现状进行全面分析和系统评价的一项工作。一个系统全面的初始评审过程是建立健康、安全与环境管理体系的良好开端。

（2）HSE 管理体系的运行与实施，始终围绕风险管理的主线展开，通过危害因素辨识、风险评价和风险控制过程，组织可确定健康、安全与环境危害因素和风险，制定具体目标和指标，以及风险和影响的运行控制程序及相应的应急准备和响应程序，控制组织的活动、产品或服务对健康、安全与环境的风险和影响，力争实现健康、安全与环境方针和目标。

（3）风险管理是一个不间断的过程，根据组织的业务活动特点，对可能产生的 HSE 风险实行动态管理，定期识别危害因素的存在。任何活动和设施的 HSE 风险都应进行评价，建立消除或削减风险的行动计划和措施，对所有风险都应采取适当的措施进行控制与管理，并定期评价有关的管理和控制程序。

（4）危害因素辨识、风险评价的实施。组织应根据活动、产品或服务的特点、职能分工等建立不同的危害因素辨识和风险评价小组，小组成员应包括具体活动中直接作业人员的代表。组织应根据活动、产品或服务的性质、风险特点、变化情况、控制水平等确定危害因素辨识、风险评价的周期或时间间隔。

危害因素辨识、风险评价和风险控制方法及风险管理相关知识见第二章。

（二）法律、法规和其他要求

组织通过建立渠道，识别适用的健康、安全与环境法律、法规和其他要求，并在活动、产品和服务中加以贯彻落实，为实现 HSE 管理体系的其他要素功能提供依据。

（1）组织应基于下列信息及时获取、识别、确认和传达现有并适用的健康、安全与环境相关法律、法规和其他要求：

①健康、安全与环境方面的承诺、方针；

②危害因素辨识、风险评价和风险控制的需要；

③健康、安全与环境管理体系建立、实施、保持和改进的需要；

④健康、安全与环境业绩改进的需要；

⑤与社区、相关方的交流、沟通和协商等。

（2）法律、法规和其他要求的获取、确认应由组织内的各职能部门和管理层分别进行。组织应确定法规管理部门，并确保各部门能够获取和及时传递这方面的信息。

（3）法律、法规和其他要求的识别和获取。组织应建立识别和获取法律、法规和其他要求的程序，根据自身的具体情况和需要，识别需遵守的法律、法规和其他要求，并将这方面的信息传达给相关员工和其他有关的相关方。组织可与国家及各级地方政府主管机关、行业协会或学术团体、专业媒体、公共网站或出版机构、上级组织、健康、安全与环境相关技术服务机构、合作伙伴等建立及时获取法律、法规和其他要求的信息联系渠道。

（4）法规管理部门可组织其他相关业务部门共同确认法律、法规和其他要求的适用性，并按规定将其向组织内部和相关方传达或传递。

（5）由于法律、法规和其他要求不断更新和变化，对法律、法规和其他要求的识别和获取应是一个持续进行的过程。

（6）组织应将适用的法律、法规和其他要求应用到健康、安全与环境管理体系的建立、实施、保持和改进中，要将识别的法律、法规和其他要求对应于相应的危害因素。

（三）目标和指标

通过建立和实施健康、安全与环境目标和指标，为评价和持续改进 HSE 绩效提供依据，同时也为组织的 HSE 管理提供切实的指导。

（1）目标和指标的建立。组织应针对其内部各有关职能和层次，建立健康、安全与环境目标和指标。"有关职能和层次"目标和指标的确定，应考虑危害因素辨识、风险评价和风险控制的结果和职能分配的因素。

（2）目标和指标应形成文件。组织应将所建立的目标和指标形成文件，同时考虑形成目标和指标体系，并应做到持续改进。目标应向相关人员传达并通过健康、安全与环境管理方案进行部署。目标管理体系见图 3-3；健康、安全与环境方针与具体目标和指标之间的关系见表 3-2。

（3）健康、安全与环境目标和指标应作为组织经营业绩目标和指标的有机组成部分，并分解到组织内部各相关职能部门和管理层次。目标和指标的确定应考虑过程性指标和结果性指标两个方面。

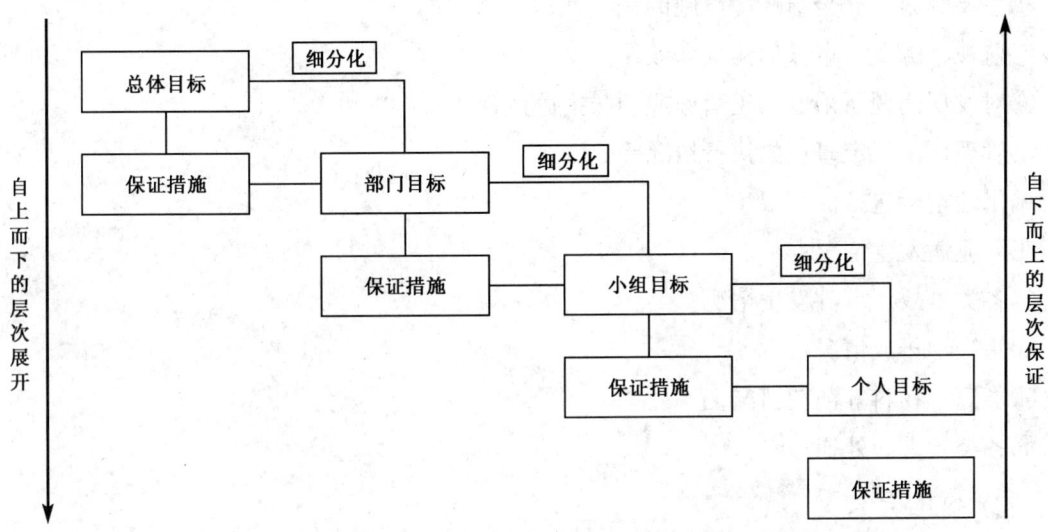

图 3-3 目标管理体系

表 3-2 健康、安全与环境方针与目标和指标之间的关系

健康、安全与环境方针	健康、安全与环境目标	健康、安全与环境指标
节能降耗	2000年底以前年减少单位产品消耗量的3%	1998年比1997年减少3%，即单台耗电从AkW·h降至BkW·h 1996年比1997年减少6%，即单台耗电从BkW·h降至CkW·h 2000年比1997年减少9%，即单台耗电从CkW·h降至DkW·h
遵守法规标准	1998年底以前排放污水中的COD值稳定达标	一季度调研污水治理方案 二季度采购污水治理设备 三季度安装 四季度调试运行、验收、达标
节电降耗	2000年底以前电厂自用电节约5%	2000年比1996年生产用电省2% 2000年比1999年办公、照明用电节省2%
风险控制	重大隐患的评价100%	一季度识别评价80% 二季度识别评价20% 三季度对削减措施实施50% 四季度对削减措施实施20%
员工具有健康的身心	查体100%，职业病复查2次/年	一、二季度查体100% 一季度对职业病复查100% 三季度对职业病复查100%

过程性指标包括而不限于：

①员工健康、安全与环境方面的意识、技能和素质；

②危害因素辨识的充分性和风险评价的可靠性；

③不可承受风险的控制或削减程度；

④主要健康、安全与环境设施的完整性；

⑤监视、测量、审核的频次和效果；

⑥对发现问题所采取纠正措施或预防措施的效果；

⑦管理评审议定事项的执行情况等。

结果性指标包括而不限于：

①职业病发生情况；

②各类事故、事件发生情况；

③污染物排放情况；

④能源、物料等消耗情况；

⑤各类投诉、处罚等。

（四）管理方案

管理方案是实现和目标具体的行动计划，是评价组织的体系是否按计划实施的重要依据，是实现组织方针和目标的重要保证。通过对重要危害因素筛选、排序、分级控制策划，以及对特定的活动、产品或服务进行策划，制定并实施健康、安全与环境目标和指标。

（1）组织需针对自己的目标和指标制定和实施健康、安全与环境管理方案的情况有：未能满足法律、法规和其他要求；现有正常管理、运行等不能有效控制当前存在的不可接受风险；组织实施重大活动时，可制定健康、安全与环境管理方案；针对"特定的活动、产品或服务"，组织也可制定健康、安全与环境管理方案。

（2）制定管理方案时，应充分考虑：

①危害因素以及风险和影响的具体特点及范围；

②涉及的人员和区域；

③作业方法或生产工艺可以进行的调整；

④资源的配置、调整或补充；

⑤材料替换；

⑥管理和技术文件的变更；

⑦进度安排；

⑧评审和验证的方法等。

（3）健康、安全与环境管理方案内容包括：

①明确目标和指标；

②明确各相关层次为实现目标的职责、权限和责任人；

③实现目标所采取的方法、措施；

④资源需求及配备；

⑤方案实施的进度安排；

⑥需要的协商和沟通；

⑦确定评审或验证的时机和方式等。

(4) 健康、安全与环境管理方案应形成文件，当组织活动、产品、服务或运行条件变化时，应对健康、安全与环境管理方案进行必要的修订。

四、组织结构、资源和文件

组织结构、资源和文件是 HSE 管理体系运行的组织保障和物质基础，是保证健康、安全与环境绩效的必要条件。为了有效实施 HSE 管理体系，必须对组织有关部门与人员的作用、职责和权限加以界定，形成文件并予以传达，而且要提供足够的资源以确保 HSE 管理体系有效运行。Q/SY 1002.2—2008 要求：通过实现在组织结构、资源和文件管理方面的优化配置，实施健康、安全与环境责任管理，以获得良好的健康、安全与环境绩效。该要素包含 7 个二级要素，见表 3-3。

表 3-3 "组织结构、资源和文件"的二级要素

二级要素	要点
组织结构和职责	组织体系及各层次人员的具体职责和权限
管理者代表	管理者代表的职责和权限
资源	提供必要的资源以完成 HSE 活动和任务
能力、培训和意识	从事 HSE 关键活动和任务的员工所必须具备的能力的考核及必要的培训
协商和沟通	组织、承包商及合作者对 HSE 事务应持有的共同认识、信息交流
文件	以纸或电子等形式建立和保持 HSE 管理体系文件
文件控制	控制文件的内容及文件的管理

(一) 组织结构和职责

通过确定适宜于组织 HSE 管理体系的组织结构，以及 HSE 管理体系实施和运行过程中有关人员的作用、职责和权限，为 HSE 管理体系有效运行提供保障。

(1) 组织应确定所有与健康、安全与环境风险有关的职能部门和管理层次及岗位的作用、职责和权限，包括明确界定各职能部门和管理层次之间的职能接口，并形成文件。

职责和责任的确定应按照"谁主管、谁负责"的原则以职能分配的方式进行。健康、安全与环境管理是一种线性管理，并不只是健康、安全与环境管理部门的事情。HSE 责任是组织内每一个人的责任，并不局限于那些具有明确 HSE 管理体系职责的人员。各层次职能的员工不仅应完成本岗位职责工作，还应承担本岗位的 HSE 职责。

(2) 组织应将规定的健康、安全与环境的作用、职责和权限形成文件，向员工下达的书面工作指南文件中应明确其承担的健康、安全与环境职责。

（二）管理者代表

通过确定管理者代表及其职责和权限，确保 HSE 管理体系的建立、实施和有效运行。

(1) 管理者代表主要职责：

①负责 HSE 管理体系的建立、实施与保持；

②组织体系策划与设计；

③组织文件评审与批准；

④组织体系内部审核；

⑤组织制定与实施纠正措施；

⑥定期向最高管理者汇报 HSE 管理体系运行情况，为评审和改进体系提供依据。

(2) 为确保管理者代表有效履行职责，应通过对管理者代表的任命文件（组织公文）明确其职责和权限。

(3) 最高管理者应对健康、安全与环境管理体系负第一责任，任命管理者代表并不表示可以减少或替代最高管理者应担负的责任。

（三）资源

HSE 管理体系的建立和运行以及各项活动的实施都离不开资源的支持，高层管理者应为建立、实施、保持和改进 HSE 管理体系提供必要的资源，包括但不限于：基础设施、人力资源、专项技能、技术资源、财力资源、信息资源、培训、时间，以及组织活动、产品或服务过程所需的其他资源等。

对资源提供适宜性的评审，可结合管理评审进行，评审时应考虑计划的变更、新的项目和运行。可通过将健康、安全与环境目标的预期效果与实际结果在某种程度上的比较来评审资源的充分性。

（四）能力、培训和意识

通过有效的能力评估和培训，确保员工具备所需的意识和能力，能够胜任其承担的任务和职责。

(1) 能力。从事有实际风险和潜在风险影响的工作人员应具有承担相应工作的能力，组织应明确这些人员所需的能力和意识，特别是 HSE 关键岗位上的人员都应具有的能力。

(2) 培训。HSE 管理体系的成功实施，在很大程度上取决于人员的整体素质和能力，而个人素质和能力的提高主要靠教育和实践。为保证各级人员有较高的素质和能力，需要根据具体情况做好培训。培训程度应考虑不同层次人员的职责、能力和文化程度以及风险。接受 HSE 培训，是每个员工的权利和义务。

（3）意识。组织通过阐明健康、安全与环境价值观，宣传健康、安全与环境方针，鼓励员工参与健康、安全与环境管理活动，采取适当的培训方式，持续提高员工的健康、安全与环境意识。

（4）岗位对员工的意识和能力需求和个人实际能力之间的差距，应通过培训、技能培养等方式解决；当身体状况要求与个人实际状况不适应时应调动岗位、调整职责。

（5）培训实施过程一般应包括：确定培训需求、制订培训计划、实施培训计划、评估培训效果。

（6）组织可通过编制培训矩阵来明确不同岗位的培训需求，也可由员工本人与其主管协商确定。

（7）制订培训计划时应考虑培训对象、内容、时间、地点、方式、预期目标和效果。

（8）组织应对培训效果进行评估，评估可在培训过程中进行，也可通过适当的现场检查或监测进行。评估结果应反馈到培训改进活动中。

（五）协商和沟通

组织通过建立和保持有效的协商和内外部沟通机制，实现内、外部信息的有效传递，并就有关重要信息进行处理，确保 HSE 管理体系的有效运行，实现健康、安全与环境方针和目标。协商和沟通是体现健康、安全与环境管理"全员参与"的重要途径，也是组织履行社会责任的重要方式。

（1）组织应建立并保持程序，对信息的交流、沟通和协商进行策划和安排，确保各类信息收集、传递、处理、反馈准确和及时。内部沟通是组织内各层次和职能间的信息交流；外部沟通主要是与各相关方的信息沟通，它起着使组织了解外部要求和向外界提供组织信息、宣传组织形象的作用。组织的内外部信息交流可通过指令、文件、记录等方式体现、传递、处理和反馈，应在相应的运行程序中予以规范和明确，特别是发生紧急情况或事故时，应与受其影响或对其关注的外部相关方进行信息交流，并通告相关方。

（2）组织应鼓励和支持员工参与和协商健康、安全与环境事务，尊重员工和员工代表享有的权益。应安排员工或员工代表参与以下活动：

①HSE 方针和目标的制定及评审；
②作业活动有关的危害因素辨识、风险评价和风险控制；
③程序和工作指南的制定；
④对作业场所影响健康、安全与环境的有关变更（如新技术、新工艺、新设备、新材料的引进）进行协商；
⑤员工提案、合理化建议等。

(六) 文件

组织应在 HSE 管理体系建立、实施、保持和持续改进的全过程对文件进行策划,包括文件的结构、目录和数量等。文件化的范围、描述的详略程度取决于组织的规模及活动的类型;活动、产品或服务的复杂程度;危害因素辨识、风险评价和风险控制的需要;企业文化;员工整体素质、知识和习惯。

(1) 健康、安全与环境管理体系文件格式可采用适宜的方式,但应与上级组织的要求相一致,并应满足 Q/SY 1002.1 的要求并保持其完整性。

(2) 形成文件时应考虑以下方面:

①在制定必要的文件前,组织应对健康、安全与环境管理体系所需文件和信息进行评审;

②记录通常用不同的管理过程予以控制;

③文件和信息使用者的职责和权限,在制定文件时应考虑安全性,需要规定使用权限,尤其是对电子形式的文件以及修改权限的控制;

④健康、安全与环境管理体系文件一般包括管理手册、程序文件、作业文件等。

⑤文件可以以纸质或电子形式表示。

(七) 文件控制

识别和控制所有的文件和资料,确保 HSE 管理体系文件中的所有文件和资料适宜、有效和易获得,以支持 HSE 管理体系的有效运行。

(1) 对于文件和资料的控制,组织应建立、实施和保持程序,对 HSE 管理体系文件的制定、批准、发布和作废进行控制。文件可规定适用的文件格式,包括统一的标题和编号方式、实施日期、修订版次、有关权限等;指定具备能力和职权的人员评审和签署文件;建立和保持有效的文件收发系统进行有效控制。

(2) 文件应向组织内所有相关人员或受其影响的人员进行传达。

(3) 所有文件应注明发布和实施日期,予以标识,以易于识别和管理。

(4) 组织应按照一定的时间间隔来评审文件的适用性,相关职能部门和管理层次应参与文件评审。当法律、法规、组织外部经营环境发生变化,组织内部发生重大变更时,应及时组织文件评审。文件的修订可以采用换版、发放修订通知单等方式。当采用修订通知单方式时,应对修改情况进行记录或提示。

(5) 组织在文件批准前,应由各相关职能部门和管理层次进行充分的讨论,确保其充分性和适宜性。

(6) 对策划和运行健康、安全与环境管理体系所需的外来文件做出标识,并对其发放予以控制。对于外来文件,组织应确定采用的程度、范围和模式。

五、实施和运行

组织通过建立系统化的 HSE 管理体系,对运行过程中的活动和任务进行严格的 HSE 管理,通过设定有特色的运行过程,实现风险和影响的有效控制。该要素包含 8 个二级要素,见表 3-4。

表 3-4 "实施和运行"的二级要素

二级要素	要 点
设施完整性	对与健康、安全与环境有关的设施的建造、采购、操作、维护和检查进行控制,达到设施完整性的要求
承包方和(或)供应方	对承包方和(或)供应方进行管理,以保证良好的健康、安全与环境绩效
顾客和产品	识别顾客需求,对产品及服务的健康、安全与环境的风险和影响进行评估和管理
社区和公共关系	通过积极的沟通及适当的规划和活动获取社区支持,建立良好的公共关系
作业许可	通过执行作业许可,有效控制关键活动和任务的风险和影响
运行控制	通过对活动和任务的有效控制,使风险和影响处于有效的受控状态
变更管理	对组织 HSE 管理体系范围内的各种变更,包括人员、设备、生产工艺、操作程序的变更进行健康、安全与环境管理
应急准备和响应	建立有效的应急准备和响应系统

(一)设施完整性

通过对设施的设计、建造、采购、操作、维护和检查,实施全过程管理,以控制因设施完整性的缺陷可能带来的风险。

(1)组织应该建立并保持程序,确保与健康、安全与环境相关的关键设施的设计、建造、采购、操作、维护和检查达到规定的准则要求,控制和管理所有设施。

(2)健康、安全与环境要求应作为设计、建造、采购、验收标准或技术规范的重要组成部分。组织应依据"三同时"要求,对新项目建设、设施购置及建造前进行健康、安全与环境评价,以满足本质健康、安全与环境的设计要求,从源头削减和控制风险和影响。组织应保证健康、安全与环境设施与主体设施同时设计、同时施工、同时投入运行,并不断维护,使运行状况达到规定要求。

(3)在组织活动、产品或服务过程中,通过对设施配备的完整性要求,消除物的不安全状态,实现本质健康、安全与环境要求,控制及削减风险和影响。

(4)组织应对所有的设施进行登记造册,建立技术资料及维护、鉴定检验、故障修理、运行等重要信息的记录,确保其准确和完整,可随时查阅。

(5)组织应依据设施的复杂程度和运行特点编制操作指南,维护检修规程和作业指导书,并培训相应人员。

(6) 建立设施巡回检查制，及时发现异常或故障，并得到维修和恢复。

(7) 设施在首次使用前、停用较长时间恢复使用前、维修后重新使用前，均应按规定进行检查、试验、评估、验收和确认。备用设施应处于良好状态，报废设施应经过评价和授权批准，并及时得到处理。

(8) 对设施设计、建设、运行、维修过程中与准则之间的偏差，组织应进行评审，找出偏差的原因并形成文件。评审应考虑由具有相应能力的人员参加，通过偏差的评审确定为不符合时，应采取纠正措施和预防措施，并予以验证。

(二) 承包方和（或）供应方

组织应通过建立、实施和保持程序对承包方和（或）供应方施加影响和管理，促使承包方和（或）供应方的健康、安全与环境管理满足组织的要求，以维护组织的利益和保持组织的良好形象，提高组织的健康、安全与环境绩效。

(1) 应保证承包方和（或）供应方的健康、安全与环境管理与组织的健康、安全与环境管理体系要求一致，但这并不意味着承包方和（或）供应方应该有和组织一样的 HSE 管理体系。关于承包商的管理，一种是按照组织（甲方）的 HSE 管理体系要求运作，组织给予指导和检查监督，提供相应的文件包；另一种是承包商建立自己的管理体系，但应与组织的 HSE 管理要求相一致，承包商自己进行检查监督和审核，向组织表明 HSE 管理体系的有效运行，组织进行必要的检查和认可，确认其健康、安全与环境管理，如采取第二方审核等方式。

(2) 组织应对已经或可能发生合作关系的承包方和（或）供应方建立档案，详细收集并记录其信息，在信息收集分析的基础上进行评价。

(3) 组织应确定合格承包方和（或）供应方的评价标准。参与合格承包方和（或）供应方的评定的人员应包括承包方和（或）供应方所提供产品和服务的直接使用或接受人员。

(4) 组织应与承包方和（或）供应方进行协商和沟通，就健康、安全与环境的相关事项达成一致，通过合同等方式进行约定。

(5) 组织应根据承包方和（或）供应方对组织健康、安全与环境绩效影响程度，采取不同的管理方式。

(6) 组织应及时将有关健康、安全与环境要求的信息向作业中的承包方和（或）供应方提供或传达，并对其活动的全过程进行必要的监视和测量，评估其健康、安全与环境绩效。

(三) 顾客和产品

通过识别并满足顾客在健康、安全与环境方面的需求，对产品各个过程中的风险和影响进行评估和管理，提高组织的声誉和绩效。

(1) 组织在提供产品或服务前，应识别、关注并满足顾客在健康、安全与环境方面提出的要求，采取措施控制，降低对顾客可能带来的风险和影响。识别顾客在健康、安全与环境方面的需求的方式有：

①市场调研、走访顾客、满意度调查；

②顾客对 HSE 方针、目标、承诺和体系的要求；

③顾客的期望；

④合同履行情况；

⑤与服务有关的义务，包括法律、法规和行业惯例等要求；

⑥顾客未明示，但在提供产品过程中可能造成的风险和影响；

⑦顾客所属行业的惯例等。

(2) 组织应对产品的生产、运输、储存、销售、使用和废弃处理以及服务过程中的健康、安全与环境的风险和影响进行评估。该过程应考虑与危害因素辨识、风险评价和风险控制过程相结合。

(3) 组织活动、产品或服务过程中相关的健康、安全与环境信息，应及时通过各种形式和渠道提供给顾客和相关方。

(4) 建立顾客档案，详细记录顾客提出的要求，提供产品或服务后进行评审，并予以记录，以保持和改进与顾客合作中的健康、安全与环境绩效。

(5) 组织应及时接受、处理顾客的投诉和抱怨，并予答复。

(四) 社区和公共关系

通过积极的沟通及适当的规划和活动，获取社区各相关方的理解和支持，建立和谐的公共关系，树立良好的企业形象。

(1) 组织在进行危害因素辨识、风险评价和控制时，要充分考虑其活动、产品或服务中的危害因素对社区的风险和影响，并采取措施控制。

(2) 组织应当利用各种媒体定期发布公告，向社区各方宣传或公布其 HSE 管理方针、目标、绩效。特别是可能对社区公众健康、安全和环境产生重大危害及影响的活动，应通过各种渠道和方式向社区及相关方通报。对于可能严重影响社区居民健康、安全与环境的风险，组织应制定包含社区力量在内的应急救援和响应预案，并联合进行演习。

(3) 组织应与所在社区各相关方建立可靠的信息沟通渠道，收集或获取社区基本情况和信息，听取社区居民对组织的意见和建议并回复。组织应收集社区对其可能带来的风险和影响的信息，并纳入组织的风险管理。

(4) 组织通过调查分析和评估确立社区和公共关系的政策，制定社区和公共关系改进的计划并付诸实施。

(五)作业许可

组织应识别并确定高风险作业,实施作业许可与作业证明,对运行进行控制,有效控制和降低作业现场的风险和影响,确保健康、安全与环境目标的实现。

(1) 组织应建立、实施和保持作业许可程序,识别并确认具有较大风险的活动,针对这些活动设立作业许可和证明的票证,实施作业许可管理。

(2) 组织要基于风险分析和相关法律、法规要求,确定作业许可的类型、实施的对象和范围。

(3) 组织可以通过收集、整理和分析,选定实施作业许可的相关经验,编制出适用的作业许可票或许可证。

(4) 作业许可的控制要求,如申请、批准、实施、变更、开启、关闭以及相关措施;作业人员、现场监护人员应具备相应的能力资质,作业许可审批人应经过授权;作业前的培训、沟通等。

作业许可管理要求参见中国石油《作业许可管理规范》和本书第五章的内容。

(六)运行控制

组织通过对与风险有关的活动和任务的策划和控制,使与风险有关的、需要采取控制措施的运行和活动均处于有效的受控状态,以实现健康、安全与环境目标。风险控制最普遍和最有效的手段就是在运行中控制。运行控制应该覆盖组织所有的常规活动,组织应识别所有常规活动,对其建立最佳的程序、工作指南或标准。

(1) 组织应确定与健康、安全与环境风险和影响相关的活动和任务,并进行策划。不同职能部门和管理层次在 HSE 管理过程中,应依据计划、程序和工作指南开展活动和任务。

(2) 活动和任务的确定和策划,组织应确定哪些活动和任务是与风险和影响相关的,并制定相应的程序和工作指南,明确规定运行标准和要求,使这些活动和任务在受控状态下运行。风险和影响包括引起事故、事件或其他偏离健康、安全与环境方针和目标的情况。

(3) 在运行控制策划时,应考虑当因缺乏程序指导可能导致偏离 HSE 方针、目标和指标时,要根据与风险有关的活动和任务的确定以及策划的结果,确定建立形成文件的程序;考虑相关方所带来的需要实施运行控制的风险和影响,建立并保持管理程序或作业指导书,并通报相关方;对工作场所、过程、装置、机械、运行程序和工作组织的设计考虑运行控制的要求;考虑建立"作业许可系统",对关键活动和任务的实施进行作业许可控制;考虑风险和影响可能会扩展到其他外部相关方的作业场所或控制区域的情况;考虑能源资源利用情况和污染物综合处理情况等。

(4) 组织应对识别的活动和任务实施控制,选择一种有效的控制方法、可接受的运行准则,需要时建立程序并形成文件,规定如何对活动和任务进行策划、实施和控制;制定程序和工作指南文件,如现场根据施工作业活动的风险特点,编制作业 HSE 指导书和(或)计划书。

(5) 推行清洁生产,针对产生较大污染的场所,编制和实施清洁生产方案。

(6) 为了确保运行控制的适宜性和有效性,组织应考虑对运行控制程序和工作指南进行定期评审,并在需要时进行修改。

(七) 变更管理

组织应对 HSE 管理体系范围内的各种变更进行控制,包括人员、设备、过程(工艺)、运行程序的变更,防止因变更产生健康、安全与环境风险和影响。变更管理可能涉及 HSE 管理体系的各个方面。

(1) 变更管理的范围。组织应控制组织内设施、人员、过程和程序等永久性或暂时性的变化,考虑 HSE 管理体系范围内的所有变更。变更管理可结合相关功能要素加以规定和实现。在变更管理中,应特别注意污染物排放组成的逐渐变化或生产逐渐超出了原设计范围,这些很可能从量的变化转变为质的变化,从而引发事故。与变更管理有关的计划要考虑各个阶段受变更影响所产生的健康、安全与环境事项,以保证通过有效的计划和管理将风险或影响减到最小。

(2) 变更管理的程序。

①对提议的变更及其实施要明确并形成文件,可成为变更的说明或变更申请;

②对变更及其实施可能导致的健康、安全与环境风险和影响进行评审并做出记录;

③提议的变更应当经过授权部门的批准;

④对认可的变更及其实施程序形成文件,包括确认的风险和影响的削减和控制措施、沟通和培训要求、时间要求、验证和监测要求、不符合的处理等;

⑤变更实施结束后,组织应对变更的实施情况进行验收;

⑥组织应对变更的有关资料信息进行传递,告知相关部门和有关人员,及时进行资料的更替,以保证所变更的资料的统一性和有效性。

(3) 组织应对因变更管理引起的健康、安全与环境管理体系文件进行修改。

(4) 变更管理计划,当新的运行或者更改运行会引起管理体系的变化时,变更管理不再适宜,组织应当建立专门的管理计划。

(八) 应急准备和响应

组织通过对潜在事故和紧急情况进行识别,制定应急准备和响应的计划和程序,使紧急情况和意外事故得到快速、及时和有效的处置,以预防和减少可能随之引发的疾病、伤害、财产损失和环境影响。应急准备和响应是实施风险控制的进一步补充。

(1) 组织应系统地识别潜在的事件或紧急情况,以确定应急准备和响应需求。

(2) 组织应针对潜在的紧急情况和事件建立、实施和保持应急准备和响应的管理程序,应包括以下内容:

①建立应急组织;

②制订应急预案;

③配备应急资源;

④培训和演练;

⑤评审应急预案;

⑥修订和改进应急预案;

⑦必要时,应急预案应送达相关方。

(3) 应急准备和响应体系。应急准备和响应体系通常分为三个层次,即一线、二线和三线,三个层次都制定有自己的应急措施。一线是直接面临事故和险情的单位,是直接处理事故、险情和需要进行救援的地方;二线为一线的上级管理部门,负责生产管理和支援第一线的紧急救援,如联系救援设备(直升机等);三线为组织总部或更上一级组织,除负责战略管理和发出重要指令外,主要是向政府报告重大事件、对外发布信息等。

(4) 应评审应急准备和响应的计划和程序,尤其是在事故或紧急情况发生后,以便于改进计划和程序。为保证应急程序的适宜性、有效性和充分性,在可行时应测试这些程序。测试可通过现场演练、模拟或其他合适方法进行。

六、检查和纠正措施

组织在 HSE 管理体系的运行控制过程中,需要对自身状况进行监控(强调体系一、二级监控机制的建立和运行),以确定是否满足了法律、法规和其他应遵守的要求,评价目标和指标的实现情况,发现不符合并有效纠正,及时报告事故、事件并处理,为体系的实施和改进提供依据。该要素包含 6 个二级要素,见表 3-5。

表 3-5 "检查和纠正措施"的二级要素

二级要素	要点
绩效测量和监视	监测健康、安全与环境绩效,校准和维护所用到的监测设备,建立、保存相应记录
合规性评价	定期评价对现行适用法律、法规和其他要求的遵守情况
不符合、纠正措施和预防措施	不符合情况的确定和不符合的纠正和预防措施
事故、事件报告、调查和处理	记录、报告已经影响或正在影响健康、安全与环境的事件、事故,并进行调查和处理
记录控制	记录管理系统
内部审核	组织自行发起的内部审核

（一）绩效测量和监视

持续对组织的健康、安全与环境绩效进行测量和监视，确定反映组织整体健康、安全与环境关键特性和绩效的参数，了解 HSE 管理体系状况，为分析纠正措施和预防措施提供依据，以保证 HSE 管理体系在受控状态下运行。

（1）绩效测量和监视包括监督、检查、测试、测量、检测及监测等内容。

（2）绩效测量和监视的内容。对可能具有健康、安全与环境影响的运行和活动的关键特性以及健康、安全与环境绩效进行测量与监视。"关键特性"与运行和活动紧密相关。

（3）根据绩效指标的不同可以采用定性和定量的绩效测量和监视的技术，绩效测量和监视技术的选择要达到法定要求。主动性测量和监视与被动性测量和监视应结合起来，以全面了解组织的健康、安全与环境绩效。

①主动性测量和监视主要检查健康、安全与环境活动的符合性。

②被动性测量和监视主要调查、分析和记录 HSE 管理体系的失败，包括事故、健康损害、事件、疾病、环境污染、财产损失等。

（4）如果绩效测量和监视需要设备，需按程序处理设备的校准和维护，并做好相关记录。测量设备宜以适当的方式维护和保存，并能提供所需的测量精度。

（5）绩效测量和监视程序要明确定期评价对有关健康、安全与环境法律、法规的遵循情况的要求。

（二）合规性评价

定期评价组织的活动、产品或服务与适用法律、法规的符合性，以履行承诺。合规性评价是组织 HSE 管理体系运行符合法律、法规要求的重要监督保障。

（1）组织应根据自身规模、类型和复杂程度，规定适当的合规性评价方法和评价频次。评价频次取决于具体因素，如以往的合规性情况、所涉及具体法律和其他要求等。

（2）组织应通过下述过程进行合规性评价：

①内、外部测量和监视的结果；

②日常的监督检查；

③文件评审；

④审核；

⑤管理评审；

⑥对投诉情况的处理等。

（3）对评价结果不合规的情况应进行原因分析，针对性地制定和实施纠正措施和预防措施，跟踪措施实施效果，达到法规的要求。组织应记录合规性评价的结果，并保存合规性评价的记录。

(三) 不符合、纠正措施和预防措施

通过建立并保持程序,确定不符合并予以纠正,采取纠正措施和(或)预防措施,以消除不符合的原因,预防不符合的再次发生。"不符合"是指各种偏离或违背 HSE 方针、目标、指标或其他体系要求的情况。"纠正措施"是为了消除确认的不符合的根源,以防其再次发生而采取的行动。"预防措施"是为了消除潜在的不符合而采取的措施,以防止不符合的形成。

(1) 不符合的确定:

①通过监测程序确定;

②通过来自雇员、承包商、顾客、政府代表或公众的信息确定;

③通过事故调查确定。

(2) 处理和调查不符合及采取纠正措施的要求:

①通知相关方;

②确定起因或根源;

③制订行动计划或改善计划;

④实施与不符合相适宜的纠正措施;

⑤进行控制管理,保证所有实施的纠正措施都有效;

⑥修改程序,加强措施,防止事故的再次发生,并将任何更改通知相关人员。

(3) "对于所有拟定的纠正措施和预防措施,在实施前应先通过适当的风险评价过程进行评审。"这种评审体现了全过程风险管理的思想,但这并不意味着对所有拟定的纠正措施和预防措施实施完整的风险评价过程。

(4) 在制定纠正措施和预防措施时,应充分地进行调查和原因分析,以保证采取的任何纠正措施或预防措施与问题的严重性和伴随的健康、安全与环境风险和影响相适应,对措施的完成情况和有效性要进行跟踪和证实。

(5) 因纠正措施和预防措施而引起对形成文件的程序的任何更改时,应记录这一过程,并通过后续的控制保证更改要求的实施。

(四) 事故、事件报告、调查和处理

通过有效的程序,对事故、事件的报告、调查和处理作出规定,以达到法定要求,并识别和消除根源,预防事故、事件发生。"事故、事件"是"不符合"的一种特殊情况,通过事故、事件管理实现 HSE 管理体系自我控制的保障机制。

(1) 组织应建立、实施和保持程序,规定事故、事件报告、调查和处理的职责和程序,事故种类、等级划分,以及统计分析等要求。

(2) 事故、事件报告。组织应建立和保持程序，以规定职责，明确各职能和层次记录和报告组织内部已经影响和正在影响健康、安全与环境的各类事故、事件的要求。

事故、事件报告应达到法律要求的范围，或达到组织对外交流所需要的更广泛的范围。

员工报告事故、事件对吸取教训和改进 HSE 管理体系是十分重要的，应建立报告系统，鼓励员工报告而不是责难。

(3) 事故、事件调查和处理。应明确规定事故、事件调查和处理的程序和责任，这一程序应与发现不符合情况时采取纠正措施和预防措施的工作程序相一致。这样做的目的是为了预防事故、事件再次发生，并消除其根源。

事故、事件调查和处理所确定的责任应与事故、事件的实际和潜在影响的程度相符合。在生产安全事故调查中应考虑"四不放过"的要求。

(4) 事故的防范。组织应通过事故调查和处理，识别出健康、安全与环境管理存在的风险及其原因，采取防范措施，以避免重复发生类似事故、事件，而且应将事故教训通报到整个组织。

(5) 事故的统计分析。组织应建立事故、事件管理档案，定期进行统计分析，把违章、未遂事件、百万工时损失等指标纳入统计管理范围，并将事故、事件的统计分析结果作为资源，用以推动 HSE 管理体系的改进。

（五）记录控制

通过应建立、实施和保持记录管理的程序，标识和保存 HSE 管理体系运行中所形成的各种记录，为 HSE 管理体系建立、实施、保持和改进提供证据。做好各种 HSE 记录，是体现 HSE 管理体系具有追溯性特点的重要方式。

(1) 记录的设置应科学合理，与相应的程序、标准和工作指南等体系文件保持一致。记录的设计应充分考虑现行、有效，避免重复。

(2) 记录的填写应保证客观、及时、完整和准确，字迹清晰，具有可追溯性等。

(3) 记录应当标识，便于查阅。

(4) 记录可以采用书面文本、电子文档、光盘等方式体现、使用、保存和管理，组织可针对载体的具体特性确定其管理方式。

(5) 记录的保存，需遵守有关要求的规定，应保存在安全地点，便于查阅，避免损坏、遗失。规定并登记记录的保存时间，保证记录的可得性和保密性。对于超过保存期限不必再保存的记录，明确处理、处置方法，包括审批权限、责任人、销毁方法等。

（六）内部审核

审核是对 HSE 管理体系是否按照准则要求运行的检查和评价活动，内部审核是 HSE 管理体系本身所具有的一种全面而正式的自我评价机制。通过实施内部审核，能够评审和持续评估组织的 HSE 管理体系的有效性，自我评价 HSE 管理体系与相关准则的符合性。定期开展 HSE 内部审核，是保证 HSE 管理体系有效运行的最重要措施之一，内部审核结果也是管理评审最重要的信息输入之一。

（1）组织应建立、实施和保持内部审核的方案和程序，规范内部审核。

（2）审核的内容。审核是组织按照审核方案和程序评估 HSE 管理体系有效性的过程，是 HSE 管理体系运行三级监控机制的重要环节。审核的内容可包括以下几方面：

①体系各要素和活动是否与规定相一致，是否得到了有效实施；

②评价体系是否有效满足组织的方针、政策和目标；

③评审与审核准则的符合性；

④评审以往审核的结果。

（3）审核方案是组织针对特定时间段所策划，并具有特定目的的一组（一次或多次）审核（具体要求见 ISO 19011）。组织应建立审核方案，用于指导审核的策划和实施，并确定审核需要。审核方案应考虑：

①审核的特定活动和区域。

②审核者的责任。

③审核时间表和审核方法。

④审核过程中资源的分配。

⑤审核组的人员能力要求。

（4）审核程序。内部审核的程序应对审核目的和准则、审核计划、审核组织、检查表编制、现场审核、审核人员、审核方法、不符合确认、审核报告以及对发现问题采取纠正措施和预防措施等做出明确的规定。

（5）组织应根据具体情况确定内部审核的频次，每年度应进行不少于 1 次覆盖全要素、全部门的审核，两次审核间隔不超过 12 个月。当组织机构和职能分配有重大调整时，健康、安全与环境管理体系文件发生重大变更时，发生重大健康、安全与环境事故等情况时，可追加审核。

（6）内部审核应由组织的管理者代表来组织实施。

（7）组织可采用集中式、滚动式等方式开展内部审核。

（8）内部审核应由组织内部的人员和（或）委托外部人员以组织的名义执行。

（9）针对审核发现的不符合和问题采取纠正措施，并进行跟踪验证，确保问题产生的原因得到彻底消除。

七、管理评审

管理评审通常是在体系审核基础上进行的，但它不是对体系审核结果的评审或复查，也不是每次体系审核后均要进行管理评审，但内、外部体系审核的结果都是管理评审的重要信息来源。管理评审有显著的"三高一前"特色，主要体现为：(1) 高级别，即由最高管理者进行；(2) 高视角，即从全局性、战略性的角度对管理体系做出评审，而且还包括对承诺、方针、目标本身进行评审；(3) 高层次，即高屋建瓴地对管理体系进行全局性、总论性的评价；(4) 前瞻性，即高瞻远瞩，审时度势，超越自我地剖析和总结管理体系。

1. 评审目的

管理评审应覆盖体系运行的全部活动，通过评审，最高管理者可以了解健康、安全与环境管理体系的整体运行情况，以便于做出改进决策，促进管理体系的持续改进。管理评审的主要目的是确保 HSE 管理体系的适应性、充分性和有效性。

2. 评审要求

(1) 管理评审输入。

健康、安全与环境管理体系管理评审应输入明确全面的体系管理信息，信息输入包括但不限于：

①健康、安全与环境管理体系审核的结果；

②合规性评价的结果；

③来自外部相关方的交流信息，包括投诉、抱怨等；

④健康、安全与环境管理体系运行状况的报告（数据、绩效和信息等）；

⑤目标和指标的实现程度；

⑥事故、事件统计数据；

⑦危害因素辨识、风险评价和风险控制过程的有关报告；

⑧资源配备适应性的分析；

⑨应急预案的实用性（包括实际发生的或演练的）；

⑩以前管理评审的后续措施，包括所采取的纠正措施和预防措施；

⑪内外部环境的变化，包括组织产品、活动或服务的变化，法律、法规和其他要求的变化等；

⑫体系改进的建议。

(2) 管理评审的内容。

企业的最高管理者应定期评审健康、安全与环境管理体系及其绩效，以确保其适应性、充分性和有效性。管理评审的内容包括但不限于以下几个方面：

①HSE 管理体系运行的结果能否实现企业的健康、安全与环境方针和目标；

②相关部门的健康、安全与环境职能及活动能否发挥其有效性；

③HSE 管理体系的组织结构和体系文件的适用性；

④内外部健康、安全与环境信息与内外部审核的结论及其纠正措施和预防措施的实施效果；

⑤HSE管理体系能否适应企业发展的需要而且持续有效；

⑥根据情况的变化和持续改进的承诺，企业的方针和目标及其管理措施有无必要进行改进。

(3) 管理评审的频次。

企业应每年至少对HSE管理体系总体有效性进行一次全面评审。当员工、分承包方和合作者等对企业的健康、安全与环境有重大投诉时，企业现有组织机构、人员状况、设备状况、外部环境发生重大调整时，发生重大健康、安全与环境事故时，或外部环境发生重大变化等，影响HSE管理体系正常运行时，要对HSE管理体系的有效性和适应性进行评审。另外，国家法律发生变化，或市场发生变化时应考虑进行评审。

3. 评审步骤

(1) 评审准备阶段。

管理评审应由企业的最高管理者主持，通常管理评审采用会议的方式进行，参加人员应包括最高管理层、各职能部门和适当管理层次的负责人。企业可赋权某部门或机构协助最高管理者完成组织和准备工作，编制管理评审计划。计划应包括以下内容：

①所针对的主题；

②参加人员、时间和地点；

③参与者在评审过程中承担的职责和作用；

④评审所需收集和确认的相关信息。

在评审前应收集和确认评审输入的相关信息，如审核结果、条件变化后方针的适宜性、目标的实现程度、相关方关注的问题等，以避免得出片面的结论。

(2) 评审阶段。

管理评审是由最高管理者或委托管理者代表主持的，以会议方式组织评审。评审中各有关部门、单位需汇报相关管理工作的运行情况，对管理评审应重点关注的事项进行审议，并提出评审结论，对评审后改进活动提出明确要求，评审要建立记录。评审结束后，主管部门要提出评审报告，评审报告由最高管理者审批。

(3) 评审结论。

企业通过对健康、安全与环境管理体系的评审，对健康、安全与环境管理体系运行的适宜性、充分性和有效性做出评价，并对持续改进的重要事项形成决议，落实责任单位和责任人，明确完成时间期限。

适宜性评价是指健康、安全与环境管理体系建立以后，有许多条件会发生变化，例如法律要求、相关方愿望和要求、产品和服务、科技的发展、事故中得到的教训、市场潮流、通报和信息交流等，应根据条件变化判断 HSE 管理体系的适宜性和更改的必要。

充分性评价是指企业的管理体系是否覆盖了健康、安全与环境管理体系的所有要素，HSE 管理体系在覆盖范围内是否都得到了实施，以及资源的充分性。

有效性评价是指健康、安全与环境承诺的落实情况，方针、目标和指标的实现情况，对重要健康、安全与环境危害因素是否有效控制，企业的 HSE 管理体系是否形成自我发现、自我纠正、自我完善的监控机制，员工意识是否提高，是否按照健康、安全与环境管理体系的要求去运行，以及体系的运行绩效如何。

评审结果应按规定的报告格式记录、存档管理，以利于今后的变更。管理评审所形成的决议应及时在企业内部通报并跟踪和验证。

（4）评审后续改进。

企业应本着持续改进的原则，根据管理评审的结论对 HSE 管理体系进行改进，使之不断完善。管理评审的完成是下一个运行过程的开始，通过管理评审形成新的目标和指标，制定新的 HSE 管理方案，并对所确定的危害因素实施控制和管理，实现新的一轮持续改进。

评审结束后，由各有关部门根据评审的要求制订改进措施计划，经企业主管领导批准后，送主管部门备案。各有关部门组织实施改进计划，主管部门组织对实施效果进行验证。

4. 评审报告

管理评审报告应由主管部门负责编制，最高管理者负责审批。管理评审报告的内容主要包括：

（1）评审的日期、地点及参加人员；
（2）评审的目的和内容；
（3）评审的主要结论；
（4）评审后相关改进工作安排及时间要求等。

管理评审报告和记录由主管部门负责保存，保存期 3~5 年。

第四节　HSE 管理体系　第 3 部分：审核指南简介

HSE 管理体系审核指南是 Q/SY 1002《健康、安全与环境管理体系》标准中的重要组成部分，规定了 HSE 管理体系审核的一般要求、审核程序以及对审核员的要求，是中国石油所属各级组织及相关方组织实施 HSE 管理体系审核的指南。HSE 管理体系审核是评价组织 HSE 管理体系实施效果的手段，保障 HSE 管理体系有效运行的重要机制，也是改善组织 HSE 管理工作的有效工具。

一、审核概念

(一) 审核

审核是为获得审核证据并对其进行客观的评价,以确定满足审核准则的程度所进行的系统、独立的并形成文件的过程。

HSE 管理体系审核是一种有计划、有步骤、根据一套系统化的程序而进行的活动。从审核范围的确定、审核准备、审核计划、审核实施、审核报告到审核结束,构成完整的系统。实施审核应准备审核用的文件、资料、检查清单和记录,并按照文件化的程序和方法来实施,审核结果形成正式文件。

根据审核方与受审核方关系的不同,审核目的、审核方式的不同,HSE 管理体系审核可以分为内部审核和外部审核两大类。

(1) 内部审核,有时称第一方审核,由组织自己或以组织的名义进行。

(2) 外部审核,包括通常所说的第二方审核和第三方审核。

第二方审核是由组织的相关方或以相关方的名义进行审核,以及对承包方和(或)供应方进行审核,包括上级组织对下级组织的审核,以及组织对承包方和(或)供应方的审核。

第三方审核是由第三方认证机构对组织开展的审核。

(二) 不符合

不符合是任何与工作标准、惯例、程序、法规、管理体系绩效等的偏离,其结果能够直接或间接导致伤害或疾病、财产损失、工作环境破坏、有害环境影响或这些情况的组合。

不符合是 HSE 管理体系术语和名词,在审核中发现的不符合要求的问题即是不符合项。对不符合项均应采取有效的纠正措施,杜绝问题的重复发生。

(三) 纠正措施

纠正措施是为消除已发现的不符合的原因所采取的措施。应在深入分析导致不符合项根源的基础上有针对性地采取纠正措施。

(四) 预防措施

预防措施是为消除潜在不符合原因所采取的措施。应结合风险评价结果、不符合项或事件采取有效预防措施。

二、审核分类和要求

(一) 内部审核

组织应建立起 HSE 管理体系审核机制,形成 HSE 管理体系运行的监控机制。按照规定的时间和程序进行 HSE 管理体系内部审核，每年度应进行不少于 1 次覆盖全要素、全部门的审核，两次审核间隔不超过 12 个月。当出现组织机构和职能分配有重大调整、发生重大变更和事故时，可追加审核。内部审核应由管理者代表组织实施，根据具体情况确定内部审核的频次。组织可采用集中式审核、分段式审核等方式开展内部审核，也可根据需要进行其他形式的专项审核。集中式审核是在一个相对集中的时间内完成全部审核工作。优点是审核具有连续性、系统性，能综合分析体系运行状况；缺点是占用时间，给正常生产带来不便。分段式审核是每月对一个或几个部门（或要素）进行一次审核，在一年或半年内覆盖所有的部门（或要素），滚动完成全部审核工作。优点是时间短且灵活，抽调人员方便，给生产带来的影响小；缺点是缺乏系统性，每阶段审核后很难进行综合分析。组织应针对内部审核发现的不符合采取纠正措施和预防措施，并进行跟踪验证。内部审核形成的相关记录、报告等应完整、清晰并妥善保存，具备可追溯性。

（二）上级组织对下级组织的审核

上级组织对下级组织的审核包括公司总部（和/或专业板块）对企业的审核，以及企业对所属单位的审核。上级组织组成审核组或委托相关机构以组织的名义进行审核，审核组应确保审核人员的专业知识、经验与受审核区域相适应，并与受审核区域无直接关系，审核内容应考虑 HSE 管理体系运行情况的检查评价，以及相关政策要求的落实等。组织可结合审核采取 HSE 管理体系运行质量评估工具对其下级组织的 HSE 管理体系运行质量进行评估。

（三）组织对承包方和（或）供应方的审核

组织应将对承包方和（或）供应方进行 HSE 管理体系审核作为对其评定和选择的重要方法，宜通过合同约定明确审核要求和依据，并通过审核手段共同提高承包方和（或）供应方的健康、安全与环境绩效。组织对承包方和（或）供应方的审核应由组织组成审核组或委托相关机构以组织的名义进行。对承包方和（或）供应方的审核内容应考虑 HSE 管理体系运行情况，特别是生产作业现场的健康、安全与环境管理状况，以及相关合同条件的兑现情况等。组织应建立跟踪机制，采取适宜的措施对承包方和（或）供应方审核中发现的不符合进行跟踪验证。组织对承包方和（或）供应方的审核结果应纳入承包方和（或）供应方资质评价，作为承包方和（或）供应方持续评价管理的输入信息。

（四）认证审核

HSE 管理体系认证审核是由第三方认证机构实施的组织外部审核。通过第三方机构对组织 HSE 管理体系运行进行认证审核，在商务活动中获取优势，并推动和规范组织建立、实施和保持 HSE 管理体系，满足各方面的需求。认证审核应遵循自愿申请的原则，以及按照确定的方针和程序进行。HSE 管理体系初次认证的流程分为第一阶段审核和第二阶段审核。第一阶段审核旨在全面了解受审核方 HSE 管理体系的基本状况，确认审核范围，以及是否具备第二阶段审核的条件，包括文件审查和现场审核。第二阶段审核旨在判定受审核方的 HSE 管理体系是否满足标准要求，能否认证注册，在第一阶段审核的基础上全面地审核评价体系的运行状况。通过认证审核的组织每年应接受年度监督审核，验证 HSE 管理体系是否持续运行，确认与认证要求的持续符合性。一个认证周期为 3 年，到期后应进行再认证，再认证应对上一个认证周期的 HSE 管理体系实施与保持情况进行评价。

三、审核原则和审核方案管理

（一）审核原则

HSE 管理体系审核应遵守以下原则：

（1）独立性原则。审核员应独立于受审核的活动，没有利益上的冲突，审核员在审核过程中应保持客观，不存偏见，以保证审核发现和结论建立在审核证据的基础上。

（2）系统性原则。审核应依据明确规定的并以文件支持的方法和系统化程序予以实施。

（3）抽样性原则。审核是在有限的时间内并在有限的资源条件下进行的，应使用基于证据的方法，采用合理的抽样，使审核证据建立在可获得的信息样本的基础上。

（二）审核方案

组织应建立审核方案，用于指导审核的策划和实施，并确定审核需要。方案应基于组织活动、产品或服务的性质、风险和影响，以及以往审核的结果等。组织在审核时需按审核方案的安排来进行，审核方案应包括：

（1）需要审核的特定活动和区域。应包括 HSE 管理体系各要素的运行及各种生产作业活动。

（2）特定活动或区域的审核频率。应根据有关活动对 HSE 绩效的影响或可能的影响及上次的审核结果来确定审核频率。

（3）审核活动的责任。应对审核组长和审核组成员在审核过程中的重点活动和职责做出规定，受审核方应保证给予必要的配合。

（4）审核时间表和审核方法。

（5）审核过程中资源的分配。

（6）审核组的人员能力要求。

四、审核程序

健康、安全与环境管理体系审核程序包括审核启动、审核准备、现场审核活动实施等程序。适用程度取决于特定审核的范围和复杂程度以及审核目的。

(一) 审核启动

审核启动阶段的主要工作包括确定审核目的、范围和准则,选派审核组长,根据实现审核目的所需的能力选择审核员。

(二) 审核准备

审核准备工作包括文件评审、编制审核计划、审核前培训、审核组工作分配、准备工作文件等。

(1) 在现场审核前应评审文件,以确定与审核准则的符合性,并收集有关审核的信息。文件可包括健康、安全与环境管理体系的相关文件和记录,以及以前的审核报告。

(2) 审核组长应编制审核计划,审核计划应考虑审核方案的要求,便于审核活动的日程安排和协调。审核计划包括审核目的、范围、审核组人员及审核日程安排。审核日程安排是一份可操作性极强的审核文件,现场审核包括哪些活动,什么时间,在什么部门,审核标准的什么条款,活动安排是什么内容等均通过审核日常安排明确。同时,审核日常安排也是指导审核员日常工作及受审核单位协作配合的计划文件。审核日常安排由审核组长编制,同时传递至受审核单位。

(3) 在审核前应对审核员进行培训,使审核员了解审核要求,统一对审核标准的理解,提升审核员的审核技能和技巧。

(4) 审核组长应与审核组其他成员协商,将具体的过程、职能、场所、区域或活动的审核职责进行分配。工作分配应考虑审核员的独立性和能力的需要,资源的有效利用以及审核组成员的不同作用和职责,并可随着审核的进展进行调整。

(5) 审核组成员应评审与其所承担的审核工作有关的文件资料,并准备必要的工作文件,包括审核检查表和审核抽样计划、记录信息的表格,用于审核过程。

(三) 现场审核活动实施

(1) 首次会议。应与受审核方管理层召集首次会议,必要时应包括受审核的过程、职能、场所、区域或活动的负责人。通过首次会议确认审核计划、介绍审核活动如何实施、确认沟通渠道,以及沟通有关审核事项的说明,并向受审核方提供询问的机会。

(2) 审核中的沟通。审核组在审核实施过程中应进行内部的及时沟通,以及审核组与受审核方之间确定合适的时机进行审核信息沟通。

(3) 信息收集和验证。在审核中,审核员应依据已准备的工作文件进行审核,通过适当的抽样收集并验证有关的信息。收集信息的方法包括面谈、对活动的观察、文件评审。

(4) 形成审核发现和编写不符合报告。审核发现是在审核中收集到的客观证据的基础上,审核组对照审核准则评价审核证据形成的。汇总与审核准则的符合情况,记录不符合项及其支持的审核证据,并对不符合项进行分级。

按照严重程度和影响范围,不符合项可分为严重不符合、一般不符合和观察项。严重不符合是指与体系的要求严重不符合,导致体系失效或可造成严重后果的不符合,包括缺少要素或未执行必要的程序,体系与约定的标准要求不符,存在造成系统性或区域性严重失效的不符合。一般不符合是指个别的、偶然的、孤立的事件或文件偶尔未被遵守,造成后果不太严重或对系统不会产生重要影响的不符合。观察项是指涉及非强制性指南、规范的偶然发生的偏离,或可造成不符合的一些潜在因素。按照不符合的类别,不符合项可分为体系性不符合、实施性不符合和效果性不符合三类。体系性不符合是指体系文件与标准或法律、法规、合同的要求不符;实施性不符合是指未按体系文件规定实施或执行不符合体系文件的规定;效果性不符合是指按体系文件得到实施,但不认真或偶发原因达不到规定要求。

(5) 形成审核结论。在末次会议前,审核组应集中讨论审议形成审核结论。审核结论应明确 HSE 管理体系与审核准则的符合程度、HSE 管理体系持续的适宜性、充分性、有效性,以及 HSE 管理体系自我完善的能力、需改进的内容及要求等。

(6) 末次会议。根据审核类型的不同,末次会议可采取适当的形式,参加末次会议的人员应包括受审核方,也可包括审核委托方和其他方。审核组应以受审核方能够理解和认同的方式提出审核发现和结论。

(7) 审核报告。审核报告是说明审核结果的正式文件,审核组长应对审核报告的编制和内容负责。审核报告应提供完整、准确和清晰的审核过程信息。审核报告应包含审核目的和范围、审核组成员、审核依据(准则)、审核日期、审核综述、审核发现、体系各要素运行情况、不符合项及主要问题(全部不符合项报告作为附件)、审核结论、体系运行改进建议。审核组应在商定的时间期限内提交审核报告,经批准的审核报告应分发给审核委托方指定的接受者。

(8) 审核后续活动。受审核方应针对不符合项应制定具体的纠正措施,纠正措施由责任部门通过收集信息、分析原因后组织制定,并在商定的期限内实施。不符合项的原因分析不仅要分析直接原因,而且要分析潜在原因,尤其要分析管理过程是否存在缺陷,针对深层次原因采取预防措施。纠正措施应由责任单位负责人认可审批,并有效实施。纠正措施实施情况及有效性应进行跟踪验证,纠正措施的实施效果必须得到验证,以保证纠正措施得到落实,问题的产生原因得到彻底消除,可根据不符合项的性质确定验证的期限。统计分析是 HSE 体系管理过程中一项重要工作,是寻找管理改进机会的重要分析方法,一个部门检查了几项内容,有多少不符合项;一个过程检查了几项内容,有多少不符合项;一个部门在整个体系中有多少不符合项,一个生产或作业过程累计有多少不符合项,这些内容的统计分析,能准确地发现体系改进的切入点,确定改进工作目标。

五、审核员管理

组织应建立一支内部审核队伍,培养足够数量的具有责任心的内部审核员,并通过筛选、培训、交流、继续教育和参与审核工作,使审核人员具备审核所需的素质和工作能力。

(一) 审核员素质和能力要求

HSE 管理体系的正常运行需要通过定期审核予以保障,而审核员的素质和能力直接决定审核的质量,因此审核员应具备教育、工作经历、必备的个人素质、审核员培训和审核经历以满足审核员工作所需要的知识和技能。

(1) 审核员应具备的工作能力包括制订计划和审核准备工作、编制工作文件、实施现场审核、编写审核报告、跟踪和监督不符合项整改等。

(2) 审核员应掌握有关审核原则、程序和技术的知识,有关管理体系方面的知识,有关企业的状况,适用的法律、法规和相关领域的其他要求,有关 HSE 方面的科学技术、管理方法以及与运行相关的典型危害因素、风险及其控制技术。

(3) 审核员应具备的技能包括交流的能力、合作的能力、分析判断的能力、独立工作的能力、善于学习的能力、应变的能力等。

(4) 审核员应具备的个人素质包括:遵守职业道德,做到公正、诚信、正直、保守秘密和谨慎;思想开明,善于交往;善于观察,有感知力;适应能力强,坚忍不拔;明断,自立;身体健康,能够承担繁重的审核工作。

(二) 审核组长的能力要求

除满足审核员的要求之外,审核组组长应具有关于领导审核方面的知识和技能。审核组长应能够对审核进行策划并在审核中有效地利用资源;代表审核组与审核委托方和受审核方进行沟通;组织和指导审核组成员;领导审核组得出审核结论;预防和解决审核过程的冲突;编制和完成审核报告。

(三) 审核组成员及职责

审核组由审核组长和审核员组成。审核组长应从优秀审核员中产生,审核员应依据审核计划在审核组长的领导下,按时完成审核任务。

(1) 审核组长的职责:与企业领导确定审核范围;获得实现审核目的所需的背景资料;进行文件审查;协调组建审核组;组织编制审核文件;主持首末次会议;对体系有效性、符合性做出评价;与领导进行沟通;组织不符合跟踪。

(2) 审核员的职责:服从组长领导,支持组长工作;参加审核会议;编制审核文件;完成审核任务;将个人审核发现形成文件。

(四) 审核员的能力保持和提高

审核员应通过持续的专业发展和参加审核来保持和提高其审核能力。持续的专业发展关注知识、技能和个人素质的保持和提高，可通过更多的工作经历、培训、自学、教学、参加各种有关会议或其他相关活动等方法来实现。

(五) 审核员能力评价

组织（或审核组长）应对审核员参与审核的表现进行评价，通过对审核员素质、知识和技能等方面的分析评价，识别培训和其他技能提高的需要。

思 考 题

1. 最高管理者对组织建立、实施、保持和持续改进 HSE 管理体系提供强有力的领导和明确的承诺，通过哪些活动能证实这些承诺？
2. 健康、安全与环境方针的作用和其在 HSE 管理体系中的地位是什么？
3. 如何理解危害因素辨识、评价和风险控制策划为"确定设施要求、识别培训需求和（或）开展运行控制提供输入信息"？
4. 怎样理解将适用的法律、法规和其他要求应用到 HSE 管理体系的建立、实施、保持和持续改进中？
5. 在建立和评审目标指标时，应考虑哪些因素？
6. 怎样理解健康、安全与环境管理是一种线性管理责任？
7. 管理者代表的职责有哪些？
8. HSE 管理体系文件包括哪些方面？
9. 承包方和（或）供应方评价，选择应考虑哪些因素？
10. 怎样理解改进社区和公共关系在组织履行社会责任方面的意义？
11. 基于风险的变更管理的对象主要有哪些？
12. 绩效测量和监视的主要对象包括哪些？
13. 合规性评价的方法有哪些？
14. 怎样理解采取的措施是否与问题的严重性和相应的健康、安全与环境风险及影响相适应？
15. 如何理解审核方案和审核计划？
16. 管理评审的输入和输出包括哪些内容？

第四章　HSE 管理体系的建立与运行

HSE 管理体系是一个系统化、程序化和文件化的管理体系，强调预防为主，持续改进。随着可持续发展战略在全球的实施，石油组织在健康、安全与环境方面的问题显得尤为突出，这就要求组织以主动自觉的方式从管理职能上推动健康、安全与环境管理，将其贯穿到组织的基本活动过程中，以促进组织健康、安全与环境表现的持续改进。实践表明，为实现这一目的，在组织中需要一种系统的结构化的管理机制。HSE 管理体系正是这样一个行之有效的方法工具。

按 Q/SY 1002.1—2007《健康、安全与环境管理体系 第 1 部分：规范》建立的 HSE 管理体系是一个动态的、不断发展和完善的体系，建立体系的过程与保持体系的模式没有本质区别。HSE 管理体系与质量管理体系、环境管理有着共同的管理原则，体系的建立或运行均是遵守"戴明管理理论"的 PDCA 模式，所以在管理体系建立上也有许多相似之处。

对于不同的组织，由于其组织特性和原有基础的差异，建立 HSE 管理体系的过程不会完全相同。但总体而言，组织建立 HSE 管理体系一般要经过以下六个基本步骤：

(1) HSE 管理体系建立的准备工作；
(2) 初始状态评审；
(3) HSE 管理体系的策划与设计；
(4) HSE 管理体系文件的编写；
(5) HSE 管理体系试运行；
(6) HSE 管理体系管理评审。

第一节　建立 HSE 管理体系的准备工作

准备工作是 HSE 管理体系建立的基础。只有把准备工作做好做充分，才能更好地着手 HSE 管理体系的建立工作。准备工作主要包括领导决策、组织机构的建立、资源的配备、宣传和培训四个方面。

一、领导决策

建立 HSE 管理体系需要最高管理者的决策，只有在最高管理者认识到建立 HSE 管理体系必要性和重要性的基础上，组织才有可能在其决策下开展这方面的工作。另外，HSE 管理体系的建立，需要资源的投入，这就需要最高管理者对改善组织的健康、安全与环境做出承诺，从而使得 HSE 管理体系的实施与运行得到充足的资源保障。在此阶段，特别需要高层管理者明确以下事项：

（1）明确 HSE 管理应是组织整个管理体系的优先事项之一，将 HSE 管理纳入组织管理决策的重要议事日程中；

（2）认识到建立 HSE 管理体系的目的和意义；

（3）理解实施 HSE 管理体系对组织经济效益、公众形象、HSE 管理、组织管理功能方式等方面的促进作用；

（4）承诺并兑现为建立 HSE 管理体系及有关活动提供必要的资源保证。

二、组织机构的建立

当组织的最高管理者决定建立 HSE 管理体系后，首先，要从组织上给予落实和保证，需要建立相对应的组织机构，一般包括：

（一）成立领导小组

由组织高层管理者负责组建 HSE 管理体系领导机构。其主要任务是负责 HSE 管理体系建立过程中重大问题的决策和组织协调，如 HSE 管理体系建立的总体设计规划，制定 HSE 方针、目标，提供人、财、物方面的支持等。

（二）任命管理者代表

按照标准 Q/SY 1002.1—2007《健康、安全与环境管理体系 第 1 部分：规范》，在 HSE 管理体系的建立实施过程中，最高管理者应任命管理者代表，并规定其职责和权限。管理者代表至少应被授予如下职权：

（1）按照标准规范要求建立、实施和维护 HSE 管理体系；

（2）向最高管理者汇报体系的运行情况，供管理层评审，并为体系的改进提供依据；

（3）协调体系建立和运行过程中各部门间的关系，为最高管理者提出建议。

因此，管理者代表应是组织中具有相当级别的管理者，最好是由主管组织健康、安全与环境方面工作的副职担任。

（三）组建工作小组

工作小组应归领导小组直接领导。其主要任务是开展 HSE 管理体系建立过程中涉及组织整体范围内的具体工作，如组织宣传和培训、初始状态评审、HSE 管理体系的策划与设计、HSE 管理体系文件的编写等。

工作小组的成员应来自组织内部各个部门，通常包括组织的安全、环保、生产经营、技术等主要部门的人员。为了保证工作的顺利进行，工作小组成员应具有相应的知识和技能。

三、资源的配备

组织在建立和实施 HSE 管理体系过程中需要配备必需的、充分的且适宜的资源,包括但不限于:基础设施(满足设施完整性的要求)、人力资源、专项技能、技术资源、财力资源、信息资源以及自然资源(如时间)等。

(1) 资源的配备在程序上应首先进行资源需求调查,在此基础上编制相应的资源配置计划,然后报主管部门审批。经批准后,由相应的主管部门监督实施。

(2) 组织的资源配置要考虑:
①适合于组织的活动、产品或服务的性质和规模;
②满足实现组织 HSE 目标和指标的要求;
③持续改进 HSE 管理体系绩效的需要;
④健康、安全与环境风险控制的需要;
⑤必要时,进行经济风险评估,确定资源的最佳利用方式,评审资源配置的适宜性,考虑当前和将来的资源配置需求;
⑥来自各级管理者和健康、安全与环境方面相关专家的意见;
⑦当缺乏资金和技术时,可通过适当的合作和资源共享进行解决。

(3) 在此阶段,需要值得注意的是以下两个方面资源的配置问题:
①根据组织发展目标和 HSE 目标和指标的要求,制定 HSE 资金投入计划,确保 HSE 资金投入能够及时到位,成立 HSE 专项资金,专款专用。
②根据组织的实际发展和经营状况,保证 HSE 充足的相关设备设施的投入,包括生产设备、办公设备、各种安全设施、个人劳保用品、应急物资以及其他辅助性设备。对于新建项目严格按"三同时"要求进行,确保生产建设的 HSE 设备设施能够起到保障作用。对于应急物资,应定期进行检查,确保在应急情况下能够按应急预案实施,保证组织应急处置的物资供应。

四、宣传和培训

HSE 管理体系的建立过程是提高健康、安全与环境意识,统一对 HSE 管理建立和实施的理解和认识的过程;是转变传统观念、提高能力、养成习惯的过程。为此,组织应进行大量宣传、教育和培训活动。另外,实施 HSE 管理体系本身也要自始至终地开展宣传、教育和培训的过程,以促进组织各部门和广大员工的响应、支持和参与。组织机构在体系建立开展工作之前,应接受 HSE 管理体系标准及相关知识的培训。在正式发布 HSE 管理体系文件后,需要就文件对全员进行培训。另外,组织体系运行需要的内审员,也需要接受相应的培训。

(1) 在准备阶段，宣传教育培训工作的主要目的是：

①促进组织全体员工对管理体系的理解和认识；

②向组织全体员工表明实施管理体系的意图和行动；

③扫清推行管理体系过程中思想观念上的障碍。

针对上述要求，宣传和培训的内容应主要围绕管理体系的建立来安排。它可包括：国内外 HSE 管理体系的发展趋势；Q/SY 1002.1—2007《健康、安全与环境管理体系 第 1 部分：规范》概况；HSE 管理体系发展背景、基本内容；组织建立 HSE 管理体系的目的、意义；全体员工在 HSE 管理体系建立实施过程中的地位、作用和要求等。

(2) 根据组织推行管理体系的需要，宣传和培训的内容应根据培训对象的不同而有所侧重。

①高层管理者，即决策层。结合 Q/SY 1002.1—2007《健康、安全与环境管理体系 第 1 部分：规范》和 HSE 管理体系发展背景，说明组织建立和实施管理体系的重要性和迫切性；明确决策层在体系建立和实施过程中的关键地位及主导作用；了解 HSE 管理体系新的理念、新的思想、新的方法以及中国石油关于体系建设的新思路和新要求等。

②管理层，主要是健康、安全、环保、生产、技术、经营等有关职能部门的管理负责人，以及在建立 HSE 管理体系中承担具体重要工作的有关人员。这一层次的人员是建立、实施和完善 HSE 管理体系的骨干力量，应全面接受 HSE 管理体系标准有关内容的培训，真正掌握和理解 HSE 管理体系标准的内容、原理、风险管理以及新制度的相关内容等。

③执行层，主要是指 HSE 管理体系所涉及的广大员工。对这一层次人员的宣传与培训重点在于 HSE 管理体系一般知识的普及，加强他们对自身岗位活动与 HSE 管理体系之间关系的理解，提高其对发挥自身作用的认识，掌握风险管理的思想和运用、体系标准相关要素和自身岗位的结合与运用、HSE 新制度的应用等。

(3) 在具体宣传和培训中应抓住以下几个要点：

①深刻理解和掌握 Q/SY 1002.1—2007《健康、安全与环境管理体系 第 1 部分：规范》中 7 个要素的逻辑内涵。"领导和承诺"是核心，"方针和目标"是导向，"组织结构、资源和文件"是基本资源支持，"策划"是实现事前预防的关键，"实施和运行"是实现过程控制的基础，"检查和纠正措施以及管理评审"是监督检查、纠正、完善及自我改进的保障。该标准体现了以领导和承诺为核心，以方针和目标等要素为支持，以审核和管理评审来实现自我监督与持续改进的一体化管理思想。

②结合全员、全方位、全过程管理突出整体思维观；把"领导与承诺"和"有感领导"结合起来；把强调风险评价和事前预防结合起来；把"规划"及"实施与监测"和强调生产作业现场的"人、机、环"协调运行结合起来；把"审核和评审"与传统的监督检查结合起来。

③结合本组织的实际学习标准。学习标准要做到理论联系实际,与本组织的实际情况结合起来。只有从实际出发,才能真正掌握标准的内涵,理解其实用价值。

第二节 初始状态评审

对于初次建立管理体系的组织,应当进行一次初始状态评审,以制定 HSE 方针、目标、指标和管理方案,明确组织 HSE 管理的职责和权限,加强危害因素的控制等。初始状态评审的结果是组织建立和实施管理体系的基础。

一、初始状态评审概述

初始状态评审是组织建立管理体系的重要的基础性工作,因此进行初始状态评审前,首先需要了解初始状态评审的目的、步骤和内容。

(一) 评审的目的

初始状态评审是明确组织 HSE 管理现状的一种手段,是组织建立和实施管理体系的基础与前提,是对组织的健康、安全和环境问题、危害因素和环境因素,以及有关控制活动的初始综合分析。

通过初始状态评审,了解组织的 HSE 管理现状,找出与标准的差距,寻求改进机会。初始状态评审工作占整个建立体系 30%～40%的工作量,通常由组织的管理者代表和体系工作组牵头,充分发挥各个职能部门和基层组织的力量,全员参与进行。

通过初始状态评审,识别并确定组织的危害因素、环境因素、以及重大风险因素和重要环境因素,获取和识别适用于组织的法律法规和其他要求,总结组织原有的管理经验和存在的问题,统一认识并研究和探讨下一步工作的重点和改进的措施。

(二) 初始状态评审的步骤

初始状态评审主要可分为策划准备、收集基础资料和数据、实施评审、差距分析和编制评审报告等五个大的阶段,如图 4-1 所示。

(三) 初始状态评审的内容

根据组织建立管理体系的实际需要,初始状态评审可包括以下内容:

(1) 获取和识别组织适用的法律法规和其他要求,评价其适用性,并评审当前绩效与法律法规和其他要求的符合性。

(2) 识别组织活动、产品或服务中的危害因素和环境因素,并评价出重大危害因素和重要环境因素。

(3) 评价组织现有的组织机构、职责分配、管理制度的有效性。

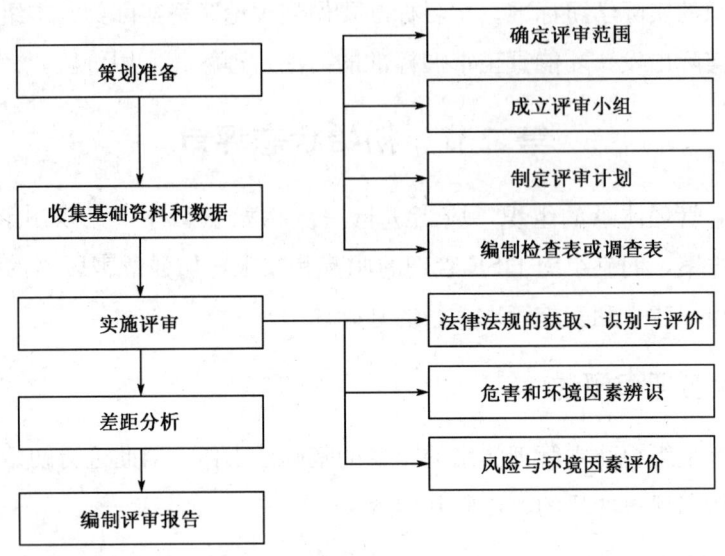

图 4-1 初始状态评审的步骤

（4）评审组织当前整体的绩效水平，总结以往的管理经验、事件和事故的教训，找出管理的薄弱环节。

（5）评价现有资源投入的作用和效率，识别现有管理状况与标准的差距。

二、初始状态评审的策划与准备

初始状态评审工作开展之前，需要进行评审的策划与准备工作，以便后续评审工作的有序开展。评审的策划与准备工作主要包括确定评审范围、成立评审小组、制定评审计划、编制检查表或调查表、收集基础资料和数据五大方面的内容。

（一）确定评审范围

组织进行初始状态评审的范围与建立 HSE 管理体系的范围紧密相关。如果组织想在某一范围内实施 HSE 管理体系，那么其初始状态评审的范围至少应覆盖拟定体系的组织的管理权限、活动领域和现场区域。确定评审范围应从以下三个方面考虑：

（1）组织活动、产品或服务的范围：如以产品生产为主的组织，就应界定其产品的类别，因不同的产品、不同的生产工艺有不同的危害因素；

（2）管理范围：具有自身管理职能和行政职能的整体、部分或结合体；

（3）地理范围：地理上相对独立，但组织的运行区域可以流动。

如果是组织的一部分，应在 HSE 意义上可与其他部分分开，即它的 HSE 行为可以相对独立的予以评价。在保证覆盖范围的前提下，应重点关注那些产生或可能产生重大风险和环境影响和在未来体系中具有关键功能的部门。

(二)成立评审小组

组织应成立评审小组,应根据初始状态评审的范围、复杂程度和资源状况,决定评审组组成人员。评审组成员组成与知识结构要合理,应具备必要的专业技术知识、安全环保知识、管理体系标准知识和健康、安全与环境法律法规知识,具备相关的评审技巧和判断能力,以及识别、分析和评估相关数据和信息的能力。

通常,评审组可以是由组织的员工、外部咨询人员或双方共同组成。内部人员熟悉本组织的具体情况,外部咨询人员掌握较熟练的评审技巧,两者密切配合往往能够取得较好的评审效果。

评审组成立后应经过适当的技能培训,并使每个成员了解初始状态评审的目的、内容、程序和方法,以及其所担当的角色和职责,确保每个成员能胜任其工作。

(三)制定评审计划

为了使评审工作有序、高效地进行,必须根据组织的类型、规模、特点,以及界定的评审范围制定评审计划。评审计划应明确评审组人员的任务分工和职责、评审内容、评审方法和评审进度安排等。此外,为了保证评审工作的效率和准确性,应准备必要的检查表和相关文件资料。

(四)编制检查表或调查表

依据评审的目的编制检查清单和各类调查表,如问卷调查表、危害因素调查清单、环境因素调查表及相关法律法规和其他要求调查表。检查表中应列出检查项目、所需证据及检查方法。

在编制检查表和问卷调查表时应注意:内容应容易理解而且清楚;以法律法规和标准为主要依据;简明扼要,与HSE相关且有用;操作性强,客观实际。

在使用检查表或问卷调查时应注意:检查表是指南,不是大全,它并不保证发现所有问题;不要盲从检查表,必要时应对问题深入调查;及时补充修订检查表内容,使其逐渐完备。

(五)收集基础资料和数据

初始状态评审是一项涉及范围广、工作量大的工作。实施初始状态评审首先需要全方位地收集以下相关数据和信息,确保准确、无遗漏。

(1) 组织概况:组织的历史、何时建立、何时进行改扩建、整体HSE状况。

(2) 机构设置和职责职能的调查、行政管理活动流程。

(3) 现有的各项HSE管理制度、操作规程清单和现行版本。

(4) 厂址的地质地形、自然灾害、居民分布、周围环境、地方病、自然气象、地质灾害、风俗民情、水文水质、资源交通、抢险救治等。

（5）厂区平面图、生产工艺流程图、社区平面示意图、地下管网分布图、污水管网图、排水口、排气口位置、污水最终去向。

（6）主要生产设备设施、污水处理设施、废气处理设施、应急消防设备设施台账（处理方法、能力、流程、效果、存在问题）。

（7）各个排放口所排污水（废气）的主要污染物种类、浓度、日排污水量和监测记录。噪声污染状况、监测结果和控制措施的有效性。产生的固体废弃物种类、处理处置方法，特别是有毒有害物质（有毒有害化学品的种类、年使用量和最高储存量）。各类有毒、有害作业场所的职业健康监测记录。现有的健康、安全与环境法律法规和排放标准（国际、国家、地方和行业）。

（8）能源资源的使用情况：年用水、用电、用油、用煤量，节能降耗措施。历年来开展的 HSE 管理活动，推行的节能、节水、节材措施和技术革新建议。

（9）相关方（如周围居民、客户、供方、合同方等）对 HSE 管理方面的意见、建议、抱怨及其处理结果。

（10）环境影响评价报告、安全评价报告、三同时验收报告、排污许可证、安全生产许可证等。

（11）当地环保执法、安全、卫生监督部门的监测报告，是否受过相应的处罚。

（12）近三年来所发生过的安全和环境事件、事故的统计分析。

三、初始状态评审的实施

初始状态评审的策划和准备工作完成后，就要开始初始状态评审的实施工作，主要包括法律法规和其他要求、危害因素等要素的识别与评价。其评审的相关要求具体如下。

（一）法律法规和其他要求的获取、识别与评价

遵守法律法规和其他要求是组织实施 HSE 管理体系的最基本要求。为此，组织应全面收集并识别适用于本组织活动、产品和服务中与危害因素相关的法律法规和其他要求，摘选其适用的内容与条款，并评价组织现行的绩效对法律法规和其他要求的符合程度。

（二）危害因素与环境因素的辨识与评价

危害因素（包括环境因素）的识别和评价是建立和运行 HSE 管理体系的基础。危害因素与环境因素是 HSE 管理体系控制的主要内容，而对危害因素与环境因素控制的程度是衡量体系有效性的主要标志。需要强调的是，在危害因素与环境因素的辨识方面，除了将各类活动、设备和污染物排放作为排查重点之外，对于与相关方有关的、与产品或服务中有关的、与能源和原材料使用有关的危害因素与环境因素也不能遗漏。

(1)"活动"方面包括：办公活动（轻微环境污染、风险和资源能源消耗）、生产活动（从原材料采购直至产品包装出厂的全过程）、辅助活动（设备维修、应急响应、动力供应、运输和仓储、实验室等）、生活后勤活动（食堂、车队、宿舍、浴室、医务室、卫生间、卫生保洁和绿化等）、新改扩建活动（土木工程及装修）、管理活动（设计、工艺、生产和供应等）。

(2)"产品"方面包括：产品设计（有毒、有害物质的使用）、产品制造（原材料的利用率、危害因素的存在、污染物产生和原材料、资源能源的消耗）、产品包装（包装材料的合理使用）、产品使用（使用过程中造成的环境污染及能源资源消耗）、产品废弃和处置。

(3)"服务"方面包括：运输、废弃物处理、维修等。

(4)"原材料和能源资源使用"方面包括：原材料消耗定额水平、主要原材料和辅助材料的使用率、主要工序的废品损失、废物回收利用率、非正常消耗的统计和分析等；主要耗能设备运行的合理性（万元产值能耗、功率、负荷率、可节约潜力）、能源管理方面的漏洞、工艺和设备的缺陷及改进等。

(5)"相关方"方面包括：工艺协作方、设备安装维修方、建筑施工方、工程承包方、原材料和半成品供应方及运输方、废弃物运输方及处理方等。

(6)"设备设施"方面包括：生产设施、消防设施、安全设施、劳保设施、污染物控制和处理设施状况等。

对设备设施方面危害因素的辨识要充分考虑过去、现在和将来三种时态以及正常、异常和紧急三种状态。

(三) 危害因素与环境因素登记

经过初始状态评审中危害因素与环境因素辨识，确定了大量的危害因素与环境因素信息，对这些信息进行恰当地整理和保存是十分必要的。危害因素与环境因素保存可采用清单的形式。可按产生 HSE 问题的部门或过程来归类，如贮运、生产（车间一、车间二等）、研究开发、销售、服务等，同时指出危害因素与环境因素的类别。

四、差距分析

差距分析是处理所收集信息，引出初始状态评审结果的关键步骤。其目的是对照标准评价组织当前的管理现状。初次建立管理体系的组织可从以下三个方面入手进行有效的差距分析。

(一) 绩效分析法

组织应就当前危害因素的控制情况，以及安全管理、消防管理、交通管理、应急管理、污染物管理、能源资源消耗、化学品管理、相关方管理等 HSE 绩效水平与标准的要求进行对照，对过去事故的经验教训进行回顾和评价。指出目前组织管理中存在的问题，明确今后努力的方向和取得竞争优势的机会，这些都是组织后续制定方针、目标、指标和管理方案的重要依据。

（二）要素分析法

组织没有建立管理体系之前或许就包含一些管理体系的要素，所缺乏的是将其有机地结合在一起，形成一个完整的、协调运行的体系。因此，差距分析时应尽量全面地将标准中的每一个要素的基本意图和要求与组织现存的管理实践和程序规定进行比较，除了危害因素、目标、指标、管理方案和运行控制等重点要素外，其他支持体系运行的要素，如文件控制、资源、组织机构和职责、培训、协商和沟通、应急准备和响应、纠正和预防措施、记录控制等也是分析工作不能遗漏的。只有做到全面，才能真正确定出组织建立体系的重点、难点、突破点和优先事项。差距分析是一项细致而较繁琐的工作，要求分析人员对标准的要求有比较准确的理解，同时又对组织自身的实际情况能够有一个客观、公正和清醒的认识。分析工作的认真程度和负责态度直接影响到今后体系建立的实效。

（三）法律法规分析法

组织应将现有的管理制度、办法、指南、操作规程等与所收集到的外部法律法规和其他要求进行对比，寻找当前制度建设方面的差距。这项差距分析的目的在于如何对现有管理制度、方法、指南及操作规程等加以利用和改造，并非一切从零开始。从法律法规角度进行的差距分析可以帮助体系骨干人员了解并熟悉与本组织活动、产品和服务中危害因素有关的法律法规和其他要求。

对于已经建立管理体系并通过认证的组织而言，虽然初始评审中的信息收集工作可以从略，危害因素及法律法规识别与评价工作也只需保持其动态更新即可，但差距分析工作仍需要认真重视，重新比对分析是绝对有必要的。

五、编制初始状态评审报告

初始状态评审工作完成后，评审组应将初始状态评审结果进行整理、归纳并形成初始状态评审报告，报告内容可包括但不限于如下内容：

(1) 组织概况；
(2) 评审的目的、范围和工作内容；
(3) 评审的方法和步骤；
(4) 对法律法规和其他要求的遵循情况；
(5) 危害因素与环境因素辨识、评价与风险控制策划；
(6) 现行组织机构和职责方面的评价；

(7) 现有管理体系文件、规章制度、办法、指南等评价及差距。

今后建立 HSE 管理体系过程中需要重点解决的问题（优先事项），如机构职责的调整、能力培训和意识的加强、文件和记录的有效控制、设施设备的增加、监督机制的完善、持续改进的重点等。

第三节　HSE 管理体系的策划与设计

通过初始状态评审，以及对内部有关 HSE 管理现状、危害因素和环境因素的调查，依据 Q/SY 1002.1—2007 标准和国家有关的法律法规和标准规范等，结合组织的财力、物力、现有技术水平、人员素质及生产经营的实际情况，组织应着手进行 HSE 管理体系的策划与设计工作。该工作主要包括 HSE 方针、目标和管理方案的策划以及 HSE 管理体系文件结构的设计等方面。

一、HSE 管理体系建立的指导原则

HSE 管理体系的建立需要遵循一定的指导原则，要做到有章可循、有据可依，具体有以下五个方面。

（一）以持续改进为着眼点

HSE 管理体系的一个基本思想是实现持续改进，即根据标准要素所规定的方针、目标、评价、策划、实施与监测、纠正和预防措施、审核及管理评审等环节实施，在按照 PDAC 模式的运行过程中对 HSE 管理体系进行不断的改进、补充和完善并呈螺旋式上升。经过一个循环过程，就需要制定新的目标、指标和新的管理方案，调整相关要素的功能，使原有管理体系不断完善，达到一个新的运行状态。

（二）以现行管理体系为基础，相互兼容、协同操作

HSE 管理体系的建立不能独立于组织原有的管理体系（质量、环境、职业健康安全管理体系等），是支持而不是取代现行有效的管理体系；建立 HSE 管理体系的过程就是按标准要求，在原有体系的基础上进行机构调整、职责分配、相互协调和资源的合理配置，使各类管理体系之间既有相对独立性，又能相互协调、相互兼容。

（三）强调领导承诺，立足全员参与

领导承诺是 HSE 管理体系的核心，是 HSE 管理的基本要求和动力，自上而下的领导承诺是 HSE 管理体系成功实施的基础。领导承诺是前提，全员参与是关键。HSE 管理体系成功实施的一个重要基础是组织的全体员工都以高度的责任感和自觉性作出应有的贡献。

(四)系统化、程序化的管理和必要的文件支持

HSE管理体系根据各种管理活动的内在联系和运行规律,归纳出一系列体系要素,将离散无序的活动置于一个统一有序的整体中来考虑,将程序文件与企业现行的规章制度良好的整合或衔接,并完善各类操作性文件,使HSE管理体系便于操作和评价。

(五)充分体现组织自身的HSE特点

由于组织的性质、资源、规模和风险的大小及复杂程度、员工素质等因素千差万别,组织的承诺、方针目标、实施方案也应该不同,建立HSE管理体系时应结合组织自身在健康、安全与环境方面的实际情况,做到切实可行,具有可操作性。

二、HSE管理体系设计与调研

(一)HSE管理体系设计的原则

HSE管理体系设计前应依据标准,结全本组织实际,确定指导性原则。组织至少应遵循以下原则:

(1)以标准Q/SY 1002.1—2007《健康、安全与环境管理体系 第1部分:规范》为准绳,针对相关的要素设计相应文件,以实现事前预防的目标;

(2)结合组织实际,简化程序,以提高组织管理水平为目的;

(3)立足长远,做到吸收与创新并重,以实现健康、安全、环境与生产运行综合管理的科学化为最终目标。

(二)调研的方式和种类

调研可采取多种灵活方式,如聘请有关专家讲课、组织研讨会、专家咨询等。调研又可分为外部调研和内部调研。

(1)外部调研主要包括以下内容:

①国外石油组织建立HSE管理体系的成功经验;

②中国石油关于HSE管理体系建立的有关政策和具体要求;

③国内石油组织HSE管理体系建立情况及取得的成功经验。

(2)内部调研主要包括以下内容:

①组织有关HSE管理现状;

②组织长期发展规划以及管理模式定位;

③组织现有管理模式及其与HSE管理体系的关系;

④建立HSE管理体系可依托的各种资源支持情况。

三、HSE方针、目标策划

HSE管理体系是一个不断变化发展的动态体系，PDCA模式是其基本运行模式。其中，HSE方针、目标和管理方案三个要素都包含在"P-计划"过程中，是建立整个HSE管理体系的基础。因此，在HSE管理体系的策划与设计阶段，就需要首先对HSE方针、目标指标和管理方案进行策划。

（一）HSE方针的策划

HSE方针是组织总的指导思想和行为准则，是评定一切活动的依据，是组织承担HSE责任和义务的公开声明。因此，最高管理者应以良好的态度与方式制定HSE方针，为建立和完善HSE管理体系打下坚实的基础。

（1）HSE方针的制定过程应有足够的信息资源支持。在建立方针时，应收集和使用如下信息资源，以保证方针有效、适用并具有权威性：

①组织长期的经营战略及发展目标；

②现有的关于健康、安全与环境问题的承诺和声明；

③现有的其他方针，如质量方针等；

④相关方，如员工、政府部门、社区、顾客、承包方或供应方等的观点和要求；

⑤中国石油和上级组织的HSE方针；

⑥相关和适用的法律法规及其他要求；

⑦其他类似组织的方针、目标范例；

⑧明确方针适用的地理及组织界限。

（2）HSE方针的内容和篇幅应与组织健康、安全与环境管理和行为的现状以及健康、安全与环境问题的复杂程度相关，从目前获取的方针看，分为如下两类：

①方针比较简短，朗朗上口，易于员工理解和宣传，而将大量的管理性内容放在手册里面，或放在单独发行的对方针内涵解释的小册子中。

②方针比较详尽，将其形成文件传达到主体员工，管理性内容也列入其中，使员工也知道一些管理内容，但不易于记忆。

方针的长短取决于组织的文件和管理内容的多少，各有利弊，可视情况而定。

（二）HSE目标和指标的策划

HSE目标和指标的制定是HSE管理体系策划的关键部分。很多组织在建立HSE管理体系的过程中不知道如何制定具体的目标和指标，或者制定的目标和指标根本不具有可实现性和可测量性。

1. HSE 目标和指标建立要有充分的依据

HSE 目标和指标的制定应考虑法律法规及其他要求、重大危害因素和环境因素、可选技术方案、财务、运行和经营要求以及相关方的意见。其中，符合法律法规的要求应为首选，即凡是不符合法律法规要求的行为应首先列入目标和指标加以改善。此外所确定的目标可以更多地从经济和技术的可行性来考虑，体现量力而行的原则，既要做到在现有的基础上实现最好，又要考虑根据自身能力逐步提高，最终实现持续改进的原则。

2. HSE 目标应分解到相关的职能和层次

要求组织对制定的 HSE 目标应尽可能分解成量化的指标，量化的要求可以视具体情况而定，不一定非要是数字化的，但指标的制定一定要便于测量，要体现持续改进的要求。

3. HSE 目标的设立应具有过程性指标

这里特别需要注意的是，在设定目标和指标的指示参数时，不可以单一使用事故等结果性指标来评价目标是否实现，需要使用多个过程性指标来综合评价。例如，健康安全与环境目标和指标可设定为：

(1) 员工上岗安全考核合格率达到 100%；
(2) 外来员工入厂安全培训合格率达到 100%；
(3) 主要 HSE 设施完好率大于 99%；
(4) 污染物处理设施正常投用率大于 98%；
(5) 检查发现问题整改率达到 100%；
(6) 基层单位每周自检自查不少于 1 次；
(7) 机关部门每月检查不少于 3 次；
(8) 员工体检率不低于 98%；
(9) 职业病监测率达到 100%；
(10) 环境监测率不低于 98%，总排口监测达到 100%；
(11) 年内一般以上人身伤害事故不超过 2 起；
(12) 污染物排放合格率达到或超过 98%；
(13) 废水排放总量不大于 420000 吨，废气排放总量不超过 1000 吨，边界噪声小于 80 分贝。

四、HSE 管理方案的制订

HSE 管理方案是组织 HSE 管理体系的重要组成部分，是为实现 HSE 目标和指标的行动计划，以及针对特定的活动、产品和服务的工作计划，是持续改进组织 HSE 绩效所制定的科学规划，主要包括部门职责和权限、资源、时间进度、监督检查等内容。

1. HSE 管理方案制定的原则

（1）HSE 管理方案必须与组织 HSE 管理体系运行机制相适应，结合自身组织的特点，应明确风险削减的目标和指标、实施方案、实施程序、时间进度、责任部门、人员职责和有关资源配置、监督管理等要素，管理方案要细化，具有针对性和可操作性。

（2）HSE 管理方案应在危害因素的辨识、评价和更新的基础上进行，合理部署相关的 HSE 活动和任务，判别、削减和控制重大危害因素和环境因素，实现组织关键生产装置以及要害部位的健康、安全与环境方面的危害和影响的动态监控。

（3）HSE 管理方案是持续改进组织 HSE 绩效的指导文件，应结合组织建立并保持的 HSE 管理体系标准中相关管理方案的技术要求，在削减或控制重大危害因素和环境因素的过程中，突出管理层的责任，其中涉及新的活动、产品或服务时应对 HSE 管理方案进行修订、评审。

2. HSE 管理方案的类型与内容

（1）组织应根据管理需要编制、实施相应 HSE 管理方案，方案类型包括：
①实现特定目标、指标类，如针对作业现场粉尘达标排放年度目标而制定的工作方案；
②特定作业活动类，如为了完成某一特定作业项目而制定的 HSE 计划书；
③工艺设备改进（隐患治理）类，如针对工艺设备存在缺陷而制定的隐患整改计划；
④管理改进类，如针对 HSE 培训存在缺陷而制定的管理改进措施。

（2）HSE 管理方案的内容包括但不限于：
①拟实现的目标或指标；
②参与方案实施的部门、人员的职责；
③方案实施所需资金、设备设施、技术、人员等资源；
④方案实施的具体步骤或方法；
⑤方案实施的进度及时间安排；
⑥方案实施过程的监督检查安排；
⑦方案实施结果的评审、验收安排；
⑧方案实施过程中的变更管理。

3. HSE 管理方案的制订步骤

1）确定控制目标

组织应在危害因素辨识、评价和更新的基础上，结合组织自身生产活动、产品和服务的特点，分步确定需要削减或控制的风险目标，核心是围绕改进组织的 HSE 绩效：

（1）结合组织年度 HSE 计划，在辨识、评价和更新组织生产过程中危害因素的基础上筛选确定的控制对象；

（2）开展 HSE 内部审核和管理评审，结合国家法律法规、行业标准以及上级管理部门的管理要求，确定风险削减或控制的目标；

（3）突出绩效跟踪验证，设置可测量的风险削减目标参数基准，并定期评审和修订，实现持续改进。

2）细化活动与任务

组织应依据确定的风险削减或控制目标，制定具体的实施管理方案，结合控制对象的特点，细化管理方案为具体的活动和任务，落实到有关责任部门，制定更为详细可行的技术方案：

（1）针对控制目标逐一确定相应的活动和任务，并细化活动和任务的优先次序和工作进度安排；

（2）建立必要的评审程序，保证确定的活动和任务满足目标实现的要求；

（3）确定的活动和任务与组织生产经营活动相协调，遵循健康、安全与环境经济效益原则，优化选择最佳方案。

3）确定资源的分配

组织的决策层应严格实施风险控制管理，为实施削减或控制危害因素的活动和任务提供足够的人力、物力资源，保障 HSE 管理方案的落实。

（1）实施风险削减或控制的活动与任务，对需要按照程序化进行专业评审的情况，要在数量、质量和时间要求等方面确保资源的提供；

（2）按时间进度、先后次序进行的削减或控制危害因素和影响的活动，应进行成本和效益的跟踪监控；

（3）对于供应方和承包方承揽的工程项目、产品、服务等具有独立管理职能的项目，要结合具体情况为保障 HSE 管理方案的落实提供必要的资源。

4）明确职责分配

目标的管理方案中，应明确与管理方案有关的生产、技术、安全部门、生产车间及责任人员的职责和权限，健全有关信息交流与沟通机制，职责分配应与相关部门职能相适应。

（1）决策层：HSE 管理委员会应对 HSE 管理方案进行评审和审批，对相关重大问题进行决策；

（2）主管、监督部门：安全、技术、计划、设备和人事部门等负责方案的制订、提交，组织与方案有关人员的调配、培训，以及方案落实情况的监督检查、评估及奖惩等；

（3）实施部门：承担主体一般是相关的生产管理部门，不但参与制定 HSE 管理方案，而且具体负责落实方案确定的各项活动和相关措施，并对相关的部门进行统一的管理。

在进行职责分配时，应区分主管部门、实施部门和监督部门的职责，同时应建立和理顺不同部门之间的信息交流机制，如专题分析会、项目协调会、进度汇报会等。

5) 明确工作次序和进度

组织应对所确定的重大危害因素和环境因素的活动,结合人力、物力等资源的投入和生产过程中危害因素的评价结果,作出相应的工作进度和时间安排等。

(1) 针对不同控制目标对应的活动,依据资源的投入时间、力度确定相应的时间进度;

(2) 分析、评价危害因素的影响范围和程度,在落实项目、目标所对应活动的时间安排上应统筹考虑先后次序,如存在重大安全隐患的项目必须优先考虑加以解决;

(3) 对实施活动的监督与工作进度要统一协调,保证质量、安全和效益相得益彰。

4. 评审和改进

为确保 HSE 管理方案投资、进度、质量、安全与效益的协调统一,组织应建立符合生产运行和安全监控体制的评审改造机制,确定评审的目的和方式,结合管理方案相关要素,如资源分配、工作进度等,确定管理方案的评审时机,及时找出需要改进的方向和重点,并加以实施,从而实现健康、安全与环境绩效的持续改进。

HSE 管理体系的策划涉及的内容因组织的规模、生产、技术、工艺等方面的差异而不同,因而在建立体系时,没有统一的模式,组织应根据自身的特点,根据标准的要求,建立适合于组织自身的 HSE 管理体系。

五、HSE 管理体系文件结构的设计

Q/SY 1002.1—2007《健康、安全与环境管理体系 第 1 部分:规范》明确了健康、安全与环境管理体系要求,这些要求可使健康、安全与环境管理体系达成共同的解释、开发、实施和应用。Q/SY 1002.1—2007《健康、安全与环境管理体系 第 1 部分:规范》要求策划并实施形成文件化的健康、安全与环境管理体系,包括编制管理手册和其他管理体系文件。

(一) 体系文件的结构与层次

HSE 管理体系文件通常采用分层描述的结构形式,以便于文件的分发、使用、保存、检索、维护和实施。参照 ISO/TR 10013:2001《质量管理体系文件指南》附录 A——典型质量管理体系文件层次结构,HSE 管理体系通常也可分为 A、B、C 三个层次,如图 4-2 所示。

HSE 管理手册是组织健康、安全与环境管理体系的政策性文件,描述组织的 HSE 承诺、方针和目标,以及组织对 HSE 管理的主要控制环节。程序文件是规定组织进行某项活动或过程途径的管理性文件,描述实施 HSE 管理体系所需的相互关联的过程和活动,规定组织内部对 HSE 管理的运

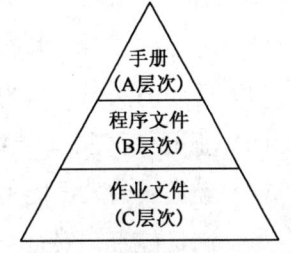

图 4-2 典型 HSE 管理体系文件层次结构

作程序和具体的控制要求；程序文件可以是组织的规章制度，如办法、规定、规范、细则等多种形式。作业文件是详细描述具体的作业现场和岗位如何完成某项任务和工作的操作性文件；作业文件可以是规章制度、作业计划书、作业指导书、操作规程、指导卡片、管理方案等多种形式。

图4-2所示的三角形结构，形象地反映了体系文件结构的层次和逻辑关系，最上层是对企业宗旨和方向的总体描述，中间是实施健康、安全与环境管理体系所需的各职能部门相互关联的活动和过程，最下层是对执行过程的指导和证实性材料，是客观运行的基础，数量最多。上下位置表示内在联系及区别，其范围大小映射了文件多少的形象化比较。

文件结构有其内在的逻辑性和系统性，多层次的体系文件都通过引用来建立体系的系统性，下一层次文件是上一层次文件的展开，即对某些条款进行补充、细化，上一层次能够说清楚的就没有必要开发下一层次文件，每一个形成文件的程序都是体系文件中一个逻辑上的独立部分。

在实际体系建立与运行过程中，应对体系文件的这种层次结构加以充分认识和区别，以便加强对文件的控制，但体系文件的层次和数量的多少，可由企业根据实际的需要灵活掌握。所以任何层次的文件都可进行纵向和横向的分开与合并。

（二）决定层次与结构的因素

HSE管理体系标准可供任何类型、规模、成熟程度、行业和地域的组织使用。鉴于大、中、小型企业各自的特殊需求，为了适应组织的规模和复杂程度，以便其文件化HSE管理体系，体系文件的层次结构、详略程度和编排格式方面可以不同。本章节所提供的示例和方法仅供说明之用，不表示唯一的可能性，也不一定适合每个组织的情况。

组织在设计、实施或改进HSE管理体系时应结合自身特点选择适合其自身状况的文件结构和形式。HSE管理体系文件编制的层次、文件数量和详略程度及文件使用的媒体，应依据组织的自身情况确定，主要取决于下列因素：

（1）组织的规模和活动的类型；
（2）运行的风险；
（3）过程的复杂性和相互作用；
（4）适用的法律、法规要求；
（5）业主（顾客）、上级组织和其他相关方的要求；
（6）经证实的人员能力；
（7）满足健康、安全与环境管理体系要求所需证实的程度。

重要的是按有效性和效率要求使文件层次和数量尽可能少。一个简化的系统（文件）是更为可靠的系统（文件）。

各层次文件应做到结构合理、接口明确、协调有序,构成协调一致的有机体。应根据组织规模、活动的性质采取不同的形式,任何体系文件都应符合标准要求并适应于组织实际。对于一个管理规范的组织,体系文件绝大多数可采用原有的管理制度、办法,部分文件可以按 HSE 管理体系标准的要求进一步补充、调整和完善。

各层次文件展开的深度和广度,取决于组织任务的复杂性、采用的工作方法、活动内容、活动执行人员的能力、技术水平与培训所达到的程度;各层次文件的数量、内容、格式根据组织实际需要自行确定,但同一个组织的同一层次文件宜采用各自相同的结构和格式。文件格式包括文本、流程图、表格及以上组合,或者根据组织的需要确定其他适宜的格式。

(三) 与其他管理体系的协调

健康、安全与环境管理是组织整体管理体系的一个有机组成部分,实施健康、安全与环境方针、目标和指标所需的组织结构、职责、惯例、程序、过程和资源应与当前其他领域(如内控、质量、测量管理体系等)相协调。可以在体系文件方面实行 HSE 与质量等管理体系的一体化,这样可以简化组织的文件数量和类别,避免重复,便于管理和运行。在建立 HSE 管理体系的初期仍建议组织编制独立的 HSE 体系文件;运行相对成熟的组织可考虑编制独立的 HSE 管理手册和质量手册,形成整合的程序文件;但无论在什么情况下,都应该强调操作性文件的一体化。

六、策划与设计需要强调的问题

HSE 管理体系建立过程中需要关注、强调的问题,包括领导重视、全员参与、初始风险评价、危害识别与评价、人员的培训。

(一) 领导重视并参与是 HSE 管理体系建设的前提

领导层的重视并参与是体系建立的前提,是体系推进的动力。领导重视不能只是停留在口头上,除了应该在人、财、物等资源的提供方面给予大力的支持以外,还需要亲自参与体系的建立和实施,起到率先垂范的作用,展现有感领导。

(二) 全员参与是 HSE 管理体系推进的关键

HSE 管理体系的建立和实施有赖于全员的 HSE 意识和能力的提高,需要所有人员了解和掌握 HSE 的分析方法并应用到实际工作中。没有全员参与,HSE 管理体系便可能仅停留在高层管理者或个别管理骨干,而不能在管理层与操作层真正得到贯彻实施。全员参与应包括两个方面,一是全员学习和培训,二是全员应用和实施,学习和培训是途径,应用和实施是目的。

(三) 初始状态评审是 HSE 管理体系建立的基础

HSE 现状调查与评审结果是 HSE 管理体系设计的基础,其成果将直接决定体系建立的

HSE管理体系基础知识

成败。在体系初始评审期间,协助调查的人员必须正确认识调查的意义,不要误认为初始状态评审等同于一般的安全检查,而要把初始状态评审作为全面挖掘薄弱环节的有利时机,对存在问题不隐瞒,准确提供生产过程中的真实情况和客观的运行数据,为HSE管理体系建设的下一步推进奠定基础。

(四) 危害识别与风险评价HSE风险管理的关键

危害因素的识别与风险评价是HSE风险管理的关键,也是实现事前管理的手段。HSE管理体系建立时应从危害因素识别、风险评价和法律法规识别入手,设立HSE管理程序,在每个工作程序中都要充分考虑风险评价的要求。HSE管理体系实施之后应在所有活动开展之前,都进行危害识别和风险评价,根据风险度大小采取适当的风险控制措施(如工程控制、管理控制、人员控制等),最后通过检查、评审、考核等手段进行绩效评估,确保HSE管理体系的持续改进。

(五) 培训是HSE管理体系应用的重要保证

HSE管理体系是一种全新的管理模式,必须先解决认识问题,需要从培训入手。培训工作需要分层次进行,首先需要解决高层管理人员的认识问题,让高层管理人员认识并重视HSE管理体系,最终参与HSE管理体系的建立,推动体系的实施;其次需要进行全员培训,让所有人员了解、掌握并实施HSE管理体系。

第四节 HSE管理体系文件的编写

组织应为建立、实施、保持和持续改进健康、安全与环境管理体系编制所需的文件,以确定如何实现健康、安全与环境管理体系标准的要求。建立HSE管理体系的过程就是结合组织的性质和特点,将标准具体化为组织的HSE管理体系文件的过程。

健康、安全与环境管理体系文件的编制是对已有文件的评审、补充和完善的过程,利用已有文件和引用文件能有效缩短健康、安全与环境管理体系文件的编制时间,同时也可帮助识别健康、安全与环境管理体系尚不充分而需要纠正、补充和完善的领域。HSE管理体系文件编写的一般步骤与方法如图4-3所示。

一、文件目的与收益

文件能够沟通意图、统一行动,文件的形成本身并不是目的,它应是一项增值的活动。对组织而言,拥有HSE管理体系文件的目的和收益包括但不限于以下方面:

(1) 描述和实施组织的健康、安全与环境管理体系;

(2) 为组织各层次提供信息,使他们可以更好理解相互之间的关系;

(3) 向员工和其他相关方传达健康、安全与环境承诺、方针和目标;

图 4-3 体系文件编写的一般步骤与方法

(4) 帮助员工理解其在组织中的作用，从而使他们增强对自身工作的目的和重要性的认识；

(5) 在员工和管理者之间提供相互理解；

(6) 提供实施预期工作的基础，说明如何做以达到规定的要求，使各项活动处于受控之中；

(7) 提供规定结果已达到的客观证据，保持可追溯性；

(8) 提供运作的清晰、有效的框架；

(9) 证实遵守法律法规和其他要求的需要；

(10) 提供新员工培训和现有员工定期再培训的基础；

(11) 避免含混和偏离，提供组织有序运行和协调的基础；

(12) 提供基于文件化过程的运作一致性、连续性和重复性；

(13) 易于维护和修订，提供持续改进的基础；

(14) 提供业主（顾客）基于文件化体系作出确认；

(15) 提供证实功能，向相关方声明组织的能力；

(16) 提供对承包方和供应方要求的清晰框架；

(17) 提供健康、安全与环境管理体系审核的基础；

(18) 提供评价健康、安全与环境管理体系有效性和适宜性的基础。

二、文件编写的基本原则

组织在编制健康、安全与环境管理体系文件时，应满足法律法规及其他要求，并充分考虑组织的健康、安全与环境政策、活动性质、运行的风险与复杂性等因素。应遵循"简洁、统一、规范和可操作"的原则，确保"标准要求的要写到，文件写到的要做到，实际做到的要有效"。应客观的、正确理解"写你要做的，做你所写的，记你所做的"，不要过分强调文件和记录。

组织在 HSE 管理体系文件实施过程中要持续进行动态优化，以保证获得最佳的文件增值效果。但应把主要注意力放在对健康、安全与环境管理体系的有效实施及其绩效上，而不是放在建立一个繁琐的文件控制系统。

健康、安全与环境管理体系文件可以采用任何实用、清晰、易于理解并可获得的形式或媒体，如纸张、计算机磁盘、光盘或网络电子媒体。依据组织有关沟通的原则，确保组织内人员和其他相关方能得到适宜、有效的文件。地域分布广、信息化程序高的大型企业应以使用网络电子媒体为宜。

三、文件编写的要求和顺序

编写文件是一个组织建立并保持 HSE 管理体系重要的基础性工作，也是组织实施、评价和改进 HSE 管理体系，实现体系持续改进必不可少的重要过程。

（一）文件编写的要求

1. 系统性

(1) 组织应针对 HSE 管理体系的全部要素要求，系统条理地制订各项管理程序；

(2) 各层次文件应按统一规定的方法编辑成册；

(3) 各层次文件应做到功能明确、结构合理、相互衔接、协调有序。

2. 法规性

(1) 体系文件应在总体上遵循标准 Q/SY 1002.1—2007《健康、安全与环境管理体系 第 1 部分：规范》，以及国家法律法规或上级有关要求；

(2) 文件一旦批准实施，就必须认真执行；

(3) 文件修改只能按规定的程序进行。

3. 协调性

(1) 体系文件的所有程序与规定应与组织的其他管理体系文件相协调；

(2) 各层次体系文件之间应相互协调;

(3) 体系文件应与有关技术标准、规范相互协调;

(4) 各层次文件的接口应明确,避免过多交叉与重复,或相互矛盾、职责不清。

4. 见证性

(1) 体系文件作为客观证据(适用性和有效性证据)向管理者、相关方、第三方审核机构证实本组织 HSE 管理体系的运行情况;

(2) 对一个组织来说,其 HSE 管理体系文件是唯一的;

(3) 通过清楚、准确、全面、简单扼要的表达方式,实现唯一的理解;

(4) 绝不允许针对同一事项的相互矛盾的不同文件同时使用;

(5) 对于审核来讲,HSE 管理体系文件可作为下列方面的客观证据:危害因素已被识别;有关活动的程序已被确定并得到批准;有关活动处于全面的监督检查之中;程序处于更改控制之中。

5. 适用性

(1) 体系文件应根据组织规模、生产活动的具体性质采取不同的形式;

(2) 任何体系文件都应依据标准的要求和组织的实际;

(3) 体系文件的详略程度应与人员的素质、技能和培训等因素相适应;

(4) 所有文件规定都应在实际工作中能得到有效的贯彻。

(二) 文件编写的顺序

1. 自上而下依次展开方式

按承诺、方针和目标、管理手册、程序文件、作业文件的顺序编写,这有利于上一层次文件与下一层次文件的衔接,但对文件编写人员的素质要求较高,文件编写所需时间较长,也必然伴随着反复修改。

2. 自下而上的编写方式

按基础文件、程序文件、管理手册的顺序编写,这适用于原管理基础较好的组织,但如无总体设计方案指导易出现混乱。

3. 从程序文件开始,向两边扩展的编写方式

先编写程序文件,再开始手册和基础性文件的编写,实质是从分析活动、确定活动程序开始,有利于标准的要求与组织实际紧密结合,也可缩短文件编写时间。

四、管理手册的编写

管理手册是对组织健康、安全与环境管理体系的总体描述,是健康、安全与环境管理体

系的纲领性文件，它系统识别了影响健康、安全与环境的各个直接和间接过程，描述了这些过程之间的相互关系，并规定了对重要过程进行有效控制的各项准则，明确组织的健康、安全与环境政策，以及组织结构与职责、接口和相互关系等，它是全部体系文件的"索引"。

（一）编制管理手册的目的

（1）描述组织的承诺、方针和目标、程序和要求，展示组织 HSE 管理体系重点解决的问题；

（2）总体描述和实施有效的 HSE 管理体系；

（3）为 HSE 管理体系审核提供文件依据；

（4）按 HSE 管理体系的要求和相应方法培训人员；

（5）向组织各级管理者展示组织健康、安全与环境管理的总框架；

（6）向各级管理人员提供查询所需文件与记录的途径；

（7）明确各部门的职责及相互关系；

（8）对外介绍 HSE 管理体系；

（9）证明组织自身 HSE 管理体系符合国家相关法律法规及上级相关规定。

（二）管理手册的结构

管理手册对每个组织都是唯一的，对任何类型的组织都应结合自身的实际情况，灵活地确定健康、安全与环境管理体系文件化的结构、格式、内容或表述方式。管理手册在深度和广度上可以不同，取决于组织的性质、规模、技术要求及人员素质，以适应组织的实际需要。

（1）对于小型或微型组织，可以把管理手册和程序文件合成一套文件，以简化文件的层次和数量，并方便管理。

（2）对于大中型组织，应把管理手册与程序文件分开，以便于文件的分发、使用、保存、检索、维护和实施。

（3）对于大型的、跨地区、结构复杂的组织则可能需要多个级别的管理手册，以及一个较复杂层次的文件。通常情况下，具有完整职能部门的各级组织都应编制各自管理手册或管理分册（临时性的项目部除外）。

（4）临时性的项目部通常针对特定的项目、合同编制 HSE 作业计划书来实现健康、安全与环境管理。

（三）编写前的主要准备工作

（1）资料收集与分析；

（2）职能完善和职责、权限的确定；

(3) 确定 HSE 承诺、方针和目标;
(4) 确定管理手册结构;
(5) 落实手册编写的工作小组;
(6) 制定编写手册的工作计划。

(四) 资料的收集与分析

1. 需要收集的主要资料

(1) 组织机构现状;
(2) 各部门职责和权限现状（经过各部门确认的）;
(3) 各部门需要解决的工作接口问题和其他问题;
(4) 现有各种管理制度和作业程序以及各有关部门执行情况的说明;
(5) 现有的各种技术标准、规范以及各部门执行情况的说明。

2. 资料分析

(1) 评价现有机构及职能是否完善，列出需完善的职能清单;
(2) 评价工作接口现状，列出需研究、了解和解决的工作接口问题的清单;
(3) 评价现有管理文件和作业文件的有效性，提出需增加、调整或作废的文件方案。

(五) 职能的完善和职责、权限的确定

(1) 现有部门的 HSE 职责和权限调查;
(2) 按直线责任要求，列出需要调整或补充的职责和权限的清单和议案;
(3) 有关部门讨论，提出修改意见，由组织最高管理层研究决定;
(4) 发布有关明确职责和权限的文件;
(5) 按直线责任原则，编制 HSE 职责分配表;
(6) 在编写文件和运行过程中发现需进一步明确或补充的问题应随时决定并补充发布。

(六) 落实编写工作小组

1. 建立编写小组应考虑的问题

(1) 最高领导层有效介入，以便解决重大问题和跨部门问题;
(2) 各部门领导应参与手册的讨论和审查，以便了解对自身工作的要求;
(3) 应有一个熟悉标准及组织实际情况、责任心强、文笔好的统稿人。

2. 成立专门编写小组（可设在 HSE 管理体系办公室）

(1) 体系领导小组和部门领导组成审定小组;
(2) 抽调人员组成编写小组;

(3) 指定手册编写责任人；

(4) 聘请顾问负责指导并参加审稿；

(5) 最高管理负责审批。

（七）制定编写手册的工作计划

1. 计划要点

(1) 编写目的和要求；

(2) 责任人；

(3) 编写工作的检查；

(4) 时间安排。

2. 注意事项

(1) 责任落实；

(2) 应有专人规划和统稿；

(3) 须多次征求各部门的意见，以确认手册中规定的职责、接口方式和工作原则；

(4) 应安排最高领导介入。

（八）手册的批准、发布和控制

(1) 手册发布前，手册编写责任人应对手册的风格、内容、格式、职责与接口进行审查；各部门领导会签以确认手册中规定的职责和权限、接口方式和活动原则；由最高管理者对其进行最终的审查，以保证其清晰、准确、适用和结构合理。也可请预定使用者对手册的可行性进行评定和讨论，然后批准发行。

(2) 经批准的手册内容应保证所有使用者都能适当使用，且能保证合理发放和控制，管理部门应保证组织的每个使用者都熟悉手册中与自身有关的内容。

（九）HSE 管理手册内容构成

管理手册应包括的主要内容在以下条款中进行描述，但不是必须按同样顺序。

1. 标题和封面

管理手册的标题应当规定手册所适用的组织。封面应包括组织名称、标志、手册标题、编号、版本号、控制号、发布日期、实施日期。为保持外封面的整洁，必要时可采用内封面和外封面结合的方式。

2. 理念与原则

管理手册应重申中国石油天然气集团公司的企业宗旨、企业精神、经营理念、HSE 管理九项原则和反违章六大禁令。

3. 组织的信息

管理手册中应表明组织的基本情况，如业务所属行业、主营业务、经营理念、组织背景、历史沿革、资质、规模、技术状况、能力、业绩的简要描述，以及组织名称、地址和通讯方法等，此外也可以包括其他必要的信息。

4. 手册说明

手册说明是对如何进行管理手册的编制、分发、保存、修订和保持的简单说明，包括手册的编制者、评审者、评审周期、被授权更改及批准人员等信息。

管理手册状态标识、分发控制的简单说明，是否含有保密信息，是仅供本组织内部使用还是可以对外提供。

5. 评审、批准和修订

管理手册中应清楚地表明评审和批准的证据，以及修订状态和日期。对手册的评审、批准和修订应当在文件或适当的附件上进行明确。

6. 管理者代表

最高管理者应在最高管理层中任命一名成员作为专门的管理者代表，以确保健康、安全与环境管理体系的有效实施，并在组织内推行各项要求。

管理者代表无论是否还负有其他方面的责任，应在手册相关条款或其引用文件中明确管理者代表健康、安全与环境管理方面的作用、职责与权限。

7. 目录

管理手册的目录应当列出手册每一部分的章节号、标题和页码，包括章、节、主要附录等。

8. 承诺和方针

管理手册中应包括对健康、安全与环境的承诺，以及健康、安全与环境方针和战略目标的声明。

中国石油各级组织应严格秉承中国石油健康、安全与环境承诺，对组织内外提供统一、公开的明确承诺。各级组织的健康、安全与环境方针和战略目标应与集团公司的方针和战略目标保持高度一致，并应结合自身的实际，对其健康、安全与环境方针的内涵作出解释与说明，以便于理解、贯彻和执行。

中国石油的承包商和供应商也应严格遵循集团公司的健康、安全与环境承诺、方针和战略目标。

9. 目标和指标

最高管理者应确保建立起能促进组织业绩改进的目标，目标可以直接表述为具体的绩效水平，或一般性描述，并进而规定为一个或多个指标。目标和指标应包括可测量结果性目标和过程性目标，并体现为实现相关目标应达到的绩效水平。

目标制定应考虑组织业绩改进的短期和长期需要，指标则具有时限性，并通过实施管理方案予以实现。目标与指标的制定可以针对整个组织，也可以只针对特定场所或个别活动。组织可以在其他文件（如年度计划、业绩合同、责任书等）中规定具体健康、安全与环境年度目标和指标。

10. 引用标准

管理手册应当明确组织建立、实施、保持和改进健康、安全与环境管理体系所依据的特定健康、安全与环境管理体系标准，如 Q/SY 1002.1—2007《健康、安全与环境管理体系 第1部分：规范》、GB/T 24001—2004《环境管理体系 要求及指南》、GB/T 28001—2011《职业健康安全管理体系 要求》或 SY/T 6276—2010《石油天然气工业健康、安全与环境管理体系》标准。

11. 覆盖范围

组织有权自行决定其健康、安全与环境管理体系覆盖的范围并形成文件，以明确界定实施健康、安全与环境管理体系的组织边界。手册中应从以下三个方面明确健康、安全与环境管理体系覆盖的范围：活动、产品和服务的范围，组织单元的范围，以及具体的地理位置或区域（必要时，可采用平面图、区域分布图等）。

组织对其健康、安全与环境管理体系覆盖范围的描述，亦可采用否定法叙述（如不涉及什么活动、产品和服务，以及不适用于哪些组织单元或场所）。组织应对排除在健康、安全与环境管理体系覆盖之外的部分作出解释，但这种排除不影响组织的法律责任。

12. 术语和缩写

建议使用健康、安全与环境管理体系标准中规范术语或通用词典中的标准术语，但管理手册中的该章节还可包含其专用术语和概念，如对具体行业有特定含义的术语，或可能造成理解偏差的术语。管理手册应对这类术语作出明确、统一和完整的定义或解释。推荐使用现有的概念、术语、定义。

缩写是针对健康、安全与环境管理体系文件中反复出现而又较长的词汇，为节省篇幅、使用方便或习惯而用其简称，如"健康、安全与环境管理体系"缩写为"HSE 管理体系"或"HSE‐MS"。

13. 组织、职责和权限

管理手册应详细阐述健康、安全与环境管理体系中决策、管理、执行和监视等各职能层次的职责、权限及其隶属关系，可以通过组织机构图、职责分配表、流程图和（或）对工作的描述等方法来阐述。这些描述可以包含在管理手册中，或在其引用文件中，并传达到组织或代表组织工作的所有人员。

健康、安全与环境管理体系的成功实施需要为组织或代表组织工作的所有人员取得一致承诺并自觉践行。在健康、安全与环境管理职责方面，从机构的设置、职能的分配，职责、职权的赋予和相互关系，都应遵从直线责任和属地管理原则。

不能认为只有健康、安全与环境管理部门才承担健康、安全与环境方面的职责，事实上，组织内的其他部门，如运行管理部门、人事部门等，也不能例外。

14. 管理体系的描述

管理手册应当提供对组织的健康、安全与环境管理体系及其实施的描述，以及对健康、安全与环境管理体系所有要素及其相互作用的描述，规定组织如何应用、完成和控制每个要素。管理手册应包括对程序文件描述或对它们的引用。

组织应根据标准的结构或其过程顺序，以及任何适合于组织的顺序，对组织特有的健康、安全与环境管理体系进行文件化。管理手册一般对各要素只作原则性描述，包括概述、职责分工、控制要点和支持文件等。

管理手册对要素阐述的顺序，宜采用管理手册章节与所依据的标准要素进行对应的方法，如手册条款和选定标准的对照表。建议描述健康、安全与环境管理体系要素时与所选用的标准要素号保持一致，但不强制要求采取健康、安全与环境管理体系标准的章条结构。

管理手册应确保使用者明确组织为履行承诺、满足方针和目标所采用的方法和措施。

15. 引用文件

管理手册应当列出没有包括在手册中的引用文件，如程序文件、作业文件和其他支持性文件，必要时，可包括记录。

16. 相关附录

管理手册可以包括包含支持信息的附录。常见的附录一般包括组织机构图、职责分配表、标准要素对照表、平面布置图、区域分布图、管理流程图、程序文件和作业文件清单，以及其他引用文件清单。

必要时，附录中还可以包括记录清单、法规法律及其他要求清单、重要危害因素清单、管理方案清单等。

五、程序文件的编写

按 Q/SY 1002.1—2007《健康、安全与环境管理体系 第 1 部分：规范》中 3.27 对程序的定义是："为进行某项活动或过程所规定的途径"。程序文件是为进行组织健康、安全与环境管理活动所规定的途径、顺序和方法，是对那些产生健康、安全与环境影响的活动进行策划和管理所形成的基本文件。

(一) 程序文件的作用和要求

(1) 程序文件是对健康、安全与环境影响的活动进行策划和管理所用的基本文件，具体明确了实施健康、安全与环境管理工作的流程、方法和要求，是管理手册的支持性文件。

(2) 每一个程序文件都应包含 HSE 管理体系中的一个逻辑上独立的内容，可能是标准的一个要素，或要素中的一个部分，或是几个要素相关要求的一组活动等。

(3) 程序文件的数量、内容、格式和外观由组织自行确定，程序文件一般不应涉及纯技术性细节，细节通常在作业指导书中规定。程序文件可以引用规定活动如何实施的作业文件。

(4) 程序文件的有效实施才能体现 HSE 管理体系的功能，因此，程序文件的内容和要求要紧密结合实际情况。程序文件展开的深度和广度，取决于组织任务的复杂性、采用的工作方法、活动内容和执行活动人员的水平、能力、技术与培训所达到的程度。

(5) 程序文件实质是组织科学的管理制度，是法规性文件，要强制执行，因此程序文件应有可操作性和可检查性。

(二) 程序文件的编写要点

1. 程序文件包括的内容

(1) 活动的目的和范围；

(2) 职责；

(3) 完成活动和验证的方法，体现 PDCA 模式；

(4) 有关记录。

2. "最好、最实际" 原则

(1) 选择最好、最实际的方法；

(2) 实际可行的方法；

(3) 注意可操作性。

3. 5W1H 原则

(1) What（做什么）；

(2) Who（谁来做）；

(3) Where（在哪里做）；

(4) When（什么时候做）；

(5) Why（为什么做）；

(6) How（怎么做）。

4. 职责落实

(1) 规定的职责在活动中都应有相应的体现；

(2) 活动中的各个环节都应有人承担责任。

5. 接口处理清楚

(1) 各接口都应有处理方法；

(2) 与接口有关的工作职责都应有明确的表达；

(3) 各部门对接口的处理方法和相关的职责应确认。

6. 文字精练、准确、通顺

文字应精练、准确、通顺，并注意文件结构的逻辑性和内容的可操作性。

(三) 程序文件编写前的准备

(1) 现行文件的收集与分析；

(2) 职能完善和职责、权限的确定；

(3) 落实程序文件编写的工作小组；

(4) 编制程序文件明细表；

(5) 编制体系文件编写大纲。

(四) 对现行文件的收集和分析

收集组织现行的各种组织标准、制度和规定等文件，其中很多具有"程序"性质，但也都有其不足之处，应该以 HSE 管理体系有效运行为前提，以程序文件的要求为尺度，对这些文件进行一次清理和分析，选择有用、删除无关，按程序文件内容及格式要求进行改写。

组织如果已经建立了质量管理体系或环境管理体系，就应使 HSE 管理体系与这两个体系充分融合，特别是培训、文件控制、记录管理、内部审核和管理评审等要素的管理方式类似，这些程序最好在原质量管理体系程序或环境管理体系程序基础上补充为好。

(五) 落实组织程序文件编写的工作小组

(1) 最高领导层的有效介入，以便解决文件审核中发现的重大问题及跨部门问题；

(2) 应有一个熟悉标准及各部门实际工作、责任心强、文笔好的初审班子；

(3) 应有专人规划和统稿。

(六) 编制程序文件明细表

一个组织程序文件的多少，每个程序的详略、篇幅和内容都没有定论，但在能够控制的前提下，程序文件个数和每一个程序的篇幅应越少越好；每一个程序之间，要有必要的衔接,但要避免相同的内容在不同的程序之间有较大的重复。根据组织的 HSE 管理体系总体设计方案,按体系要素逐级展开,制定程序文件明细表,明确程序主管部门及相关部门的职责。对照已有的各种文件,确定需新编、改造和完善的程序文件,制订计划逐步完成。

(七) 编写 HSE 管理体系文件大纲

根据 HSE 管理体系总体设计方案和程序文件明细表,编写 HSE 管理体系文件大纲,大纲中要明确以下内容:

(1) 编写工作的组织部门(如 HSE 体系办公室);

(2) 针对每一个程序文件提出文件编写控制要点;

(3) 明确每一个程序文件编写部门、责任人员和进度要求;

(4) 明确程序文件草稿的审核修改程序。

①本部门领导组织在本部门内部的审核修改;

②征求程序中所涉及部门的意见;

③编写工作的组织部门(HSE 管理体系办公室)审核修改;

④各部门领导和专家对每一个文件进行讨论修改;

⑤高层领导统一审核修改。

上述过程是一个需多次反复的过程。

(八) 程序文件内容和格式

(1) 文件编号和标题:程序文件应统一编号,以便于识别。标题应明确说明开展的活动及其特点。

(2) 目的和适用范围:一般简单说明开展这项活动的目的和所涉及的范围。推荐使用如下引导语:"为了……制定本程序"、"本程序规定了……"、"本程序适用于……"等。

(3) 术语:指本程序中涉及的并需说明的术语和名词。

(4) 职责:指明实施程序文件的主管部门及相关部门的职责权限、接口及相互关系。

(5) 程序内容:列出开展此项活动的步骤,保持合理的编写顺序,明确输入、转换和输出的内容;明确各项活动的接口关系、职责、协调措施;明确每个过程中各项因素由谁来做,什么时间做,什么场合(地点)做、做什么、怎么做、如何控制,及所要达到的要求,需要形成记录和报告的内容;出现例外情况的处理措施等,必要时辅以流程图。

(6) 相关程序、文件和记录:指需引用的或与本程序相关的程序、文件和记录。

(7) 报告和记录格式:确定使用该程序时所产生的记录和报告的格式,记录的保存部门和期限,写明记录的编号和名称。

(九) 程序文件的批准、发布和控制

程序文件应得到本活动相关部门负责人同意和接受,以及相关方对接口关系的认可,需

经过审批才能实施。

(1) 程序文件发布前：

①统稿人应对程序文件的风格、内容、格式、职责与接口进行审查；

②各部门领导会签以确认程序文件中的职责、权限、接口方式和活动原则；

③由最高管理者进行最终审查、批准发行。

(2) 经批准的程序文件应保证所有使用者都能适当使用，且能保证合理发放和控制，管理部门应保证组织内每一个使用者都熟悉程序文件中与自身有关的内容。

六、作业文件的编写

作业文件是一类规定具体作业活动的方法和要求的文件，其内容是描述为实施程序文件所涉及的各职能部门的具体活动。作业文件可包括管理制度、作业计划书、作业指导书、操作规程、指导卡片等。

（一）作业文件的作用和要求

(1) 作业文件是程序文件的支持性文件；

(2) 为了指导各项活动更具有可操作性，一个程序文件可分解成几个作业文件，能在程序文件中交代清楚的活动，就不要再编制作业文件；

(3) 作业文件必须与采用要素的程序相对应，是对程序文件中整个程序或某些条款进行补充、细化、不能脱离程序另做一套作业文件；

(4) 国家、行业、组织的技术标准、规范不作为作业文件，单独在"在用标准目录"中体现；

(5) 在作业文件中通常包括活动的目的和范围，做什么和谁来做，何时、何地以及如何做，应采用的方法、设备和文件，如何对活动进行控制和记录，即5W1H原则；

(6) 作业文件的内容是描述为实施程序文件所涉及的各职能部门的具体活动。

（二）对现行文件的收集和分析

组织现行的各种组织规定、办法、指导书等文件，很多具有相同的管理功能，但也存在不足之处，应该以HSE管理体系有效运行为前提，以作业文件管理的要求为尺度，对这些文件再进行一次清理和分析，选择有用、删除无关，按作业文件内容及格式要求进行改写。

（三）编制作业文件明细表

根据HSE管理体系总体设计方案，按体系要素逐级展开，以及程序文件的制定，制定作业文件明细表，明确部门的职责，对照已有的各种文件，确定需新编、改造和完善的作业文件，制订计划在程序文件编制时或编制后逐步完成。由于各组织的规模、机构设置和生产实际不尽相同，则运行控制程序的多少、内容也不相同，即使程序相同，但由于其详略程度不同，其作业文件的多少也不尽相同。

(四) 作业文件的编制

作业文件必须具有可操作性，并且得到与本活动相关的部门负责人同意和接受，以及有关部门对接口关系的认可，并经过审批后才能实施。因作业文件的形式多种多样，不同类型的作业文件有者自身的格式与内容要求，不必强求统一，但同一个组织内的相类作业文件的格式应该是统一的。

HSE "两书一表"的编制内容在本书第五章第四节"HSE 管理实践"中介绍，这里不再赘述。

第五节　HSE 管理体系试运行

HSE 管理体系文件编制完成后，体系将进入试运行阶段，试运行的目的是通过该过程检验 HSE 管理体系文件的有效性和协调性。健全的 HSE 管理体系在运行中应做到：事事有人管，人人有专责，办事有程序，活动有资源，检查有标准，问题有处理。

一、宣传贯彻 HSE 管理体系文件

HSE 管理手册、程序文件和作业文件的贯彻实施和"两书一表"的执行，实质上就是 HSE 管理体系的运行，因此，当 HSE 管理手册由最高管理者签发命令发布后，HSE 管理体系文件经相关领导批准实施后，相关部门应立即分层次组织各级管理人员进行学习，以便全体员工认识到新建立的 HSE 管理体系是对旧的健康安全与环境管理机制的一场变革，是为了与国际惯例接轨，使组织树立良好的社会形象，增强市场竞争力的重大举措，要适应这场管理模式的变革，就必须认真学习和贯彻体系文件。

按照 HSE 管理体系设计的要求，对组织机构进行适当的调整，对各职能部门和相关层次人员的职责进行分配，明确隶属关系以及协调方式，形成有效运行机制。不同层次的员工掌握的体系文件内容应有所不同。作为高层管理者，应着重掌握 HSE 管理体系的原理、原则、功能及控制方法；中层管理人员主要应掌握与本部门业务相关的体系要素的工作内容；一般人员应着重掌握手册的支持性文件中涉及各自岗位的操作标准、相关规定和程序。

二、HSE 管理体系文件的有效性检验

实践是检验真理的唯一标准，体系文件在试运行的过程中总是不可避免地要出现一些问题，实施 HSE 监督是保证 HSE 管理体系正常运行的必要手段。一方面要依靠全体员工的

积极参与，员工将实践中出现的偏离标准的现象及改进意见及时反映到有关部门，以便采取纠正和预防措施；另一方面通过有组织、有计划的内部审核和管理评审发现和解决问题。

按照惯例，组织 HSE 管理体系试运行阶段至少要保持 3 个月以上，并且必须进行一次系统的内部审核和一次管理评审，方可申请第三方认证。内部审核是检查与确认体系各要素的实施效果是否按照计划有效实现，并对体系的运行是否达到规定的目标所作的系统的、独立的检查和评价。内部审核可以自我诊断和评审组织的 HSE 管理体系方面所取得的成效，了解相关需求和不足，因而是进一步改善 HSE 管理体系的强有力手段。内部审核对于任何组织和部门都是必要的，也是 HSE 管理体系标准的内在要求。

对 HSE 管理体系试运行中暴露出来的问题，如 HSE 管理体系策划不全面等问题进行协调，加以改进，纠正措施是否落实、是否有效等问题应该指定有关部门进行跟踪、监督和验证。管理评审是由组织的最高管理者亲自主持的、对体系现状是否有效地适应公司承诺和方针要求，以及体系的运行环境出现变化后确定新目标是否继续适应等所作的综合评价。在试运行阶段，组织对其 HSE 管理体系进行管理评审，可以就 HSE 管理体系内审结果、方针、目标贯彻落实情况，与 HSE 管理体系文件的符合性和有效性进行评定，提出 HSE 管理体系改进的措施。

组织建立 HSE 管理体系的第六步"HSE 管理体系管理评审"的有关内容已在本书第三章详细说明，此处不再赘述。

思 考 题

1. HSE 管理体系建立前期准备工作主要包括哪些？
2. 初始状态评审的步骤及各阶段主要工作内容是什么？
3. HSE 管理体系建立的指导原则是什么？
4. 如何策划制定目标和指标？
5. 文件编写的要求和顺序是什么？
6. HSE 手册的编写要求有哪些？
7. 程序文件的编写要点是什么？
8. HSE 管理体系试运行时应该完成哪些工作？

# 第五章　中国石油 HSE 管理实践

按照建立"统一、规范、简明、可操作"HSE 管理体系的原则，中国石油确立了 HSE 管理体系推进工作的"三大目标"，即转变观念、养成习惯、提高能力。通过统一认识，使全体员工真正树立"安全是企业核心价值"的理念；通过培育良好的 HSE 文化，让安全成为全体员工的行为习惯；通过持续改进和强化培训，让安全成为全体员工的基本能力；建立以生产受控为核心、具有中国石油特色的 HSE 管理体系。

近年来，中国石油高度重视 HSE 管理体系工作，把推进体系建设，促进体系规范运行，作为建立安全环保长效机制、实现安全环保形势根本好转的有效方法。通过学习与借鉴国际公司先进 HSE 管理经验，充分结合 HSE 管理实践和中国石油特点，进行吸收、转化和应用发展，形成了一些具有中国石油 HSE 管理特色的新的管理理念和突出的做法与创新，并在全系统范围内大力推行，极大地提升了中国石油 HSE 管理整体水平。

第一节　HSE 管理原则

一、HSE 管理原则概念内涵

已颁布的中国石油 HSE 管理原则，是对中国石油 HSE 方针和战略目标的进一步阐述和说明，是针对 HSE 管理关键环节提出的基本要求和行为准则。

HSE 管理原则与 HSE 方针和战略目标共同构成了中国石油 HSE 管理的基本指导思想。HSE 管理原则是结合中国石油实际，针对 HSE 管理关键环节，主要对各级管理者提出的 HSE 管理基本行为准则。HSE 管理原则重在规范管理过程，是各级管理者的"规定动作"。

二、颁布 HSE 管理原则的意义和作用

（1）HSE 管理原则是把"环保优先、安全第一、质量至上、以人为本"的管理理念落实到中国石油及其各个系统管理全过程的集中表现，具有重要的现实意义和深远的战略意义。

（2）HSE 管理原则的最核心价值就是通过科学管理来实现中国石油的安全环保管理目标要求，以利于构建和谐企业，促进中国石油的科学发展。

（3）发布 HSE 管理原则有利于中国石油上下进一步统一"以人为本、预防为主、全员参与、持续改进"的思想认识，有利于进一步规范领导干部、管理人员科学决策、严格管理的 HSE 行为，有利于推动形成"谁主管、谁负责"和"全体员工积极参与"的 HSE 文化氛围。

三、HSE 管理原则的内容

（一）任何决策必须优先考虑健康安全环境

良好的 HSE 表现是企业取得卓越业绩、树立良好社会形象的坚强基石和持续动力。HSE 工作首先要做到预防为主、源头控制，即在战略规划、项目投资和生产经营等相关事务决策时，同时考虑、评估潜在的 HSE 风险，配套落实风险控制措施，优先保障 HSE 条件，做到安全发展、清洁发展。

决策优先原则是实现中国石油安全环保目标、规范 HSE 行为、培育 HSE 文化、强化 HSE 管理的重要前提和基本保证，是企业 HSE 管理的创新举措，也是中国石油安全环保理念的升华。其重要意义就在于它使中国石油提出多年的安全环保理念，由精神理念层面推进到实践落实层面，由战略概念阶段提升到有丰富内容操作阶段，由指导方针和原则要求细化到规范各级管理者行为准则的范畴。

（二）安全是聘用的必要条件

员工应承诺遵守安全规章制度，接受安全培训并考核合格，具备良好的安全表现是企业聘用员工的必要条件。企业应充分考察员工的安全意识、技能和历史表现，不得聘用不合格人员。各级管理人员和操作人员都应强化安全责任意识，提高自身安全素质，认真履行岗位安全职责，不断改进个人安全表现。

安全作为聘用条件是各级管理者及全体员工必须遵守的铁律，是安全生产的"防火墙"，是安全管理的"高压线"。它的实际意义在于，安全聘用是企业实现安全生产的最重要基础、第一道关口和"防火墙"。其一，体现以人为本的安全理念，员工没有达到安全聘用条件就上岗，如同自杀，管理者聘用不合格员工上岗，如同杀人。其二，在企业生产过程"人—机—环境"三要素中，人的因素是第一位的，只有安全聘用"防火墙"挡住不符合 HSE 条件的员工或承包商进入，才能保障企业生产经营活动的安全运行。其三，管理者是实现"安全是聘用的必要条件"关口的守门员，把好企业安全聘用关，有制度规定，有专职部门，但最重要的是各级管理的"第一责任"作用。

（三）企业必须对员工进行健康安全环境培训

接受岗位 HSE 培训是员工的基本权利，也是企业 HSE 工作的重要责任。企业应持续对员工进行 HSE 培训和再培训，确保员工掌握相关 HSE 知识和技能，培养员工良好的 HSE 意识和行为。所有员工都应主动接受 HSE 培训，经考核合格，取得相应工作资质后方可上岗。

企业员工是中国石油的发展之源、安全之本，安全环保目标最终要靠每位员工来实现，落实培训原则的重要意义就是通过强化 HSE 培训，夯实安全环保基础，把全体员工熔炼成"要安全、懂安全、会安全"的百万精兵，为中国石油建设综合性能源公司提供坚实基础保障。

(四) 各级管理者对业务范围内的健康安全环境工作负责

HSE 职责是岗位职责的重要组成部分。各级管理者是管辖区域或业务范围内 HSE 工作的直接责任者，应积极履行职能范围内的 HSE 职责，制定 HSE 目标，提供相应资源，健全 HSE 制度并强化执行，持续提升 HSE 绩效水平。

推进 HSE 管理体系建设、建立安全环保长效机制的关键是落实各级管理者的职责。按照"责、权、利"对等管理理论，没有无责任的权利，权力大理所当然责任大。按照落实直线责任、推进属地管理的要求，一级对一级，层层抓落实，做到"每个人都对自己从事工作的安全环保负责；每个部门都对自己管理业务的安全环保负责；每个领导都对自己分管工作的安全环保负责；每个单位对自己所辖范围内的安全环保负责"。

(五) 各级管理者必须亲自参加健康安全环境审核

开展现场检查、体系内审、管理评审是持续改进 HSE 表现的有效方法，也是展现有感领导的有效途径。各级管理者应以身作则，积极参加现场检查、体系内审和管理评审工作，了解 HSE 管理情况，及时发现并改进 HSE 管理薄弱环节，推动 HSE 管理持续改进。

管理者参加健康安全环境审核是有感领导的要求，有利于管理者的正确决策。

(六) 员工必须参与岗位危害识别及风险控制

危害识别与风险评估是 HSE 管理工作的基础，是控制作业风险的前提，也是员工必须履行的一项岗位职责。任何作业活动之前，都必须进行危害识别和风险评估。员工应主动参与岗位危害识别和风险评估，熟知岗位风险，掌握控制方法，防止事故发生。

落实该项原则的关键就是凝聚全体员工的智慧，做到危害识别，员工一个不能少。建立让全体员工主动参与岗位危害识别和风险评估的机制，达到让所有员工都熟知本岗位风险、掌握控制方法，防止事故发生，把所有事故消灭在萌芽状态的目的。

(七) 事故隐患必须及时整改

隐患不除，安全无宁日。所有事故隐患，包括人的不安全行为，一经发现，都应立即整改，一时不能整改的，应及时采取相应监控措施。应对整改措施或监控措施的实施过程和实施效果进行跟踪、验证，确保整改或监控达到预期效果。

及早地对事故隐患进行超前诊断或辨识，及时采取针对性的措施予以治理和消除，对保证"安、稳、长、满、优"生产具有特别重要的现实意义。这是各级管理者落实"以人为本、预防为主、全员参与、持续改进"的 HSE 方针的责任体现和 HSE 管理关键环节上的一项基本行为准则。事故隐患虽猛于虎，但只要我们练就过硬的打虎本领，立足于事先预测和防范，运用各种科学的、行之有效的安全评价方法进行评估，及时采取有效的对策措施落实隐患整改，就能达到防范和控制事故发生的目的。

（八）所有事故事件必须及时报告、分析和处理

事故和事件也是一种资源，每一起事故和事件都给管理改进提供了重要机会，对安全状况分析及问题查找具有相当重要的意义。要完善机制，鼓励员工和基层单位报告事故，挖掘事故资源。所有事故事件，无论大小，都应按"四不放过"原则，及时报告，并在短时间内查明原因，采取整改措施，根除事故隐患。应充分共享事故事件资源，广泛深刻汲取教训，避免事故事件重复发生。

"所有事故事件必须及时报告、分析和处理"的原则突出了事故和事件的资源价值和财富理念，要求管理职能由"裁判员"向"教练员"转变，由追究责任层面向寻找规律层面转变，标志着中国石油 HSE 事故事件管理工作重点的转折和认识理念的突破。

（九）承包商管理执行统一的健康安全环境标准

企业应将承包商 HSE 管理纳入内部 HSE 管理体系，实行统一管理，并将承包商事故纳入企业事故统计中。承包商应按照企业 HSE 管理体系的统一要求，在 HSE 制度标准执行、员工 HSE 培训和个人防护装备配备等方面加强内部管理，持续改进 HSE 表现，满足企业要求。

从保障业主及承包商的利益出发，在明确双方 HSE 责任的前提下，使承包商同样有归属感、责任感、使命感，与企业一道形成 HSE 管理的"命运共同体"，利益共享、风险共担。

四、落实 HSE 管理原则的要求

学习和落实 HSE 管理原则应突出注重以下几个方面：

第一，要准确把握 HSE 管理原则的本质与内涵。HSE 管理原则是结合中国石油实际，针对 HSE 管理关键环节，主要对各级管理者提出的 HSE 管理基本行为准则。HSE 管理原则重在规范管理过程，是各级管理者的"规定动作"；反违章禁令重在约束操作行为，是全体岗位员工的"规定动作"。

第二，要健全落实 HSE 管理原则的保障措施。各单位都要认真逐项对照 HSE 管理原则要求，梳理现行制度，拾遗补缺，进一步完善安全环保重大事项领导决策程序，完善员工聘用雇佣、承包商管理等规章制度，落实直线责任、属地管理机制。要健全落实 HSE 管理原则的奖惩机制，将其纳入对各级领导、管理人员的安全环保业绩考核指标，做到制度严密，考核严格。

第三，要落实领导承诺，体现有感领导。安全环保管理的关键在领导，企业各级领导通过以身作则的良好个人安全行为，使员工真正感知到安全生产的重要性，感受到领导做好安全的示范性，感悟到自身做好安全的必要性。

第四，要强化直线责任，推进属地管理。这是健全和落实安全环保责任制的必然要求，是推动形成"总部监管、企业负责、齐抓共管、全员参与"工作格局的有效方法。

第五，要积极开展安全经验分享活动。要特别注重员工必须参与岗位危害识别及风险控制。

第二节 反违章禁令

一、反违章禁令概念内涵

反违章禁令是中国石油天然气集团公司站在全面落实科学发展观，构建和谐社会以及建设综合性能源公司的高度，着眼于安全生产形势的进一步好转和根本好转，目的是进一步规范岗位员工安全行为，是全体员工岗位操作的"规定动作"。

二、颁布反违章禁令的意义和作用

（1）颁布实施反违章禁令是中国石油深入贯彻落实科学发展观、全面加强安全环保工作的重要举措，对于安全文化建设、进一步规范员工安全行为、防止和杜绝"三违"现象、保障员工生命安全和企业生产经营的顺利进行有重要意义。

（2）反违章禁令是一个巨大的推进器，通过严格的制度，把有章必循、令出必行、行则必果等价值理念，深深烙进全体员工的头脑中，让安全生产成为风气、成为每位员工的自觉行动，从而有力地推动中国石油安全文化建设的进程。只有这样，才能从根本上真正实现中国石油安全生产形势明显好转和根本好转的既定目标。

（3）反违章禁令能让心存侥幸者猛然惊醒。它是对已有经验教训的高度总结，设置了安全生产禁区，在违章者头上悬起了利剑，让每位员工时刻警醒，保持清醒的头脑，泯灭侥幸心理，提高安全生产的自觉意识，夯实安全文化建设的根基。

三、反违章禁令的内容

中国石油为进一步规范员工安全行为，防止和杜绝"三违"现象，保障员工生命安全和企业生产经营的顺利进行，特制定本禁令。

（1）严禁特种作业无有效操作证人员上岗操作；

（2）严禁违反操作规程操作；

（3）严禁无票证从事危险作业；

（4）严禁脱岗、睡岗和酒后上岗；

(5) 严禁违反规定运输民爆物品、放射源和危险化学品；

(6) 严禁违章指挥、强令他人违章作业。

六条禁令是强制条款，既是强力约束员工行为规范的条款，也是员工的保命条款，任何人员都不许踩这条"高压线"。

本《禁令》特种作业范围，按照国家有关规定包括电工作业、金属焊接切割作业、锅炉作业、压力容器作业、压力管道作业、电梯作业、起重机械作业、场（厂）内机动车辆作业、制冷作业、爆破作业及井控作业、海上作业、放射性作业、危险化学品作业等。

本《禁令》中的危险作业是指高处作业、用火作业、动土作业、临时用电作业、进入受限空间作业等。凡从事危险作业都必须按作业许可管理，没有作业票禁止作业。

四、落实反违章禁令的要求

(1) 从法令高度要求，令行禁止，规范安全生产行为。禁令就是军令，它和一般的管理规定、规章、办法的不同就在于它的权威性、强制性、服从性。以命令的方式禁止的行为，一旦违反，必然要受到严厉的惩罚：员工违反六条禁令者，给予行政处分；造成事故的，解除劳动合同。

(2) 从转变观念做起，为己为人，强化安全生产意识。禁令就是要重申严明的纪律，就是要把生产安全与生产行为者的切身利益直接联系起来，就是要强化每一个员工的安全意识。务必使广大员工明白，颁布禁令的目的不是为了处罚谁，而是从根本上关心和爱护员工，通过保护每一个员工的生命和财产进而保护全社会的利益。

(3) 从关键部位入手，求真务实，确保安全生产大局。禁令禁止的六种违章生产行为，长期以来真实、普遍、顽固地存在于我们的生产活动中，是造成中国石油企业生产事故居高不下的薄弱环节，是引发严重生产事故的关键部位，是造成事故伤害程度最为严重的重要岗位。当务之急就是要从关键部位、薄弱环节、主要矛盾入手，重点突破、由点及面，确保安全生产大局稳定，禁令体现的就是这样一种战略思路。

(4) 遵循生产规律，循序渐进，构建中国石油安全文化。事故发生率在安全文化的自然本能、严格监督、自主管理和团队管理四个阶段是呈递减规律的，由于中国工业化开始的时间较晚，员工素质较低，安全理念的提升只能通过不断的、科学完善的培训来实现，针对每个阶段的主要问题，采取每个阶段最适宜的管理办法。中国石油安全文化建设正处在由法制监督向自我约束过渡的时期，加快安全文化建设进程最有效的办法就是依靠法制的力量。

第三节 有感领导、直线责任和属地管理

"有感领导、直线责任、属地管理"是落实安全责任的有效形式，这三者的逻辑关系如图 5-1 所示。有感领导是点、直线责任是线、属地管理是面，通过点、线、面把安全生产、

安全管理、安全责任有机地、立体地、紧密地结合起来,强调了领导的示范、表率和引导作用,明确了安全责任取向,阐明了属地员工的安全生产责任。通过践行有感领导,推动领导干部由"重视"向"重实"转变;通过强化直线责任,推动职能部门由HSE管理的"参与者"向"责任者"转变;通过落实属地管理,推动基层员工由"岗位操作者"向"属地管理者"转变,最终促进"全员参与"向"全员负责"转变,确保安全生产责任制落实到位。

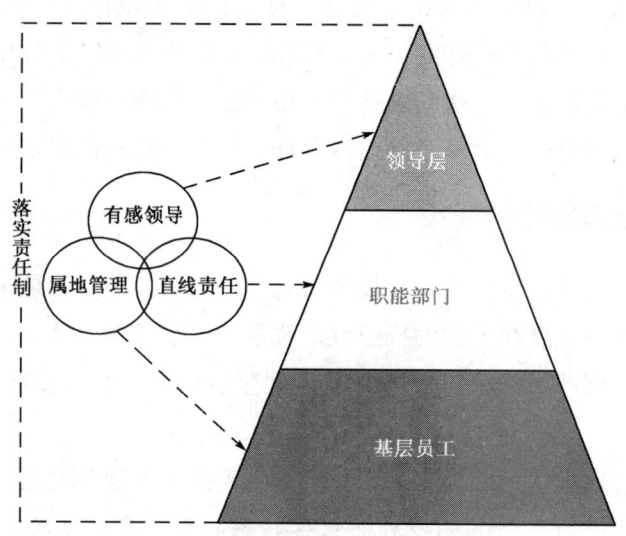

图5-1 有感领导、直线责任和属地管理逻辑关系图

从图5-1可看出,HSE管理体系推进的关键是落实全员HSE责任。有感领导、直线责任和属地管理都是明晰并落实全员HSE责任制的有效方式和具体体现,既是一种管理理念,也是一种工作要求。这三个理念之间互为载体,同时具体内涵也有交叉,但针对不同职能层次也有不同的侧重点。践行有感领导、强化直线责任、落实属地管理是健全和落实安全环保责任制的必然要求,其中,有感领导重点是要通过领导干部以身作则的良好安全行为带动全员积极主动参与HSE管理,可通过制定履行安全承诺、实施个人安全行动计划、参与行为安全审核等方式实现;直线责任重点是机关职能部门应改进完善HSE职责,明确"管工作必须管安全"的工作原则;属地管理重点是基层员工通过明确属地区域、建立属地管理职责来落实HSE管理责任,可通过岗位日常巡检、参加工作前安全分析、参与作业许可的申请和审批等方式来实现。

一、有感领导

(一)有感领导概念内涵

有感领导是指:企业各级领导通过以身作则的个人安全行为,体现出良好的领导行为和组织行为，使员工真正感知到安全生产的重要性，感受到领导做好安全工作的示范性，感悟到自身做好安全工作的必要性。

HSE管理的领导力具体体现在重视力、支持力、参与力、示范力、影响力五个方面，这五个方面是一个层层递进的逻辑关系。其中：

（1）重视力是指各级领导干部要真正把HSE放到与生产经营同等重要的位置上，体现了有感领导中的领导行为；

（2）支持力是指领导干部在HSE管理过程中应提供人、财、物、技术和信息等方面的资源保障，体现了有感领导中的组织行为，让员工感受到各级管理者履行对安全责任做出的承诺；

（3）参与力是指领导干部通过制订和实施个人安全行动计划、带头分享安全经验等方式展现良好的个人安全行为；

（4）示范力是指领导干部通过良好的组织行为、领导行为、个人行为展示以身作则的示范作用，指自上而下，强有力的个人参与，各级管理者深入现场，以身作则，亲力亲为；

（5）影响力是指领导展现的安全行为以及对安全工作的期望，对员工的正面影响，有感是部属的感觉而不是领导者本人的感觉，是让员工和下属体会到领导对安全的重视。

（二）推行有感领导的意义和作用

（1）HSE管理是一个自上而下的过程，高层领导个人的承诺、领导力和推动力从根本上决定了安全工作的成功。

（2）HSE文化实际上就是"一把手"文化，各级领导以身作则，率先垂范，是履行自身HSE职责的内在要求，也是构建HSE文化的一个重要部分。

（3）有感领导是贯彻落实HSE管理原则的具体体现。领导干部良好的安全行为对全体员工的HSE表现具有非常大的示范和影响作用。

（4）要让员工转变观念必须领导首先转变观念，要让员工养成习惯必须领导首先养成习惯，要让员工提高能力必须领导首先提高能力。只有有感领导才能带动全体员工参与，而全体员工参与又会促进有感领导进一步强化，形成相互促进的良性循环。一旦形成全员参与氛围，必将促进全体员工安全责任意识和安全能力的提升，促进安全执行力的进一步强化，促进自主管理能力的提高。

（5）推动领导干部践行有感领导，是各级管理者落实HSE责任的基本要求，也是各级管理者履行领导承诺的有效载体，同时通过领导带头的示范作用引领全体员工积极主动参与HSE管理，通过有感领导的影响力引领全体员工深入推进安全文化建设，从而持续提升企业HSE业绩和基层现场HSE管理水平。

(三）落实有感领导的做法和要求

（1）领导的积极参与和承诺是做好安全工作的基础。安全环保关键在领导，有感领导应该将企业对待安全的期望清晰、全面地进行定义和说明，并确保其得到真正的理解、接受和落实执行。

（2）履行岗位安全环保职责是体现有感领导的基本要求；从公司的一把手到现场的基层管理者，每一位领导都要对其所管辖的员工在工作场所的安全负责。

（3）落实有感领导必须从自身做起，从小事和细节做起；有感领导的核心作用在于示范性和引导作用。领导者若能树立好的榜样，则能更深远地影响员工。各级领导要以身作则，率先垂范，从小事和细节做起。

（4）落实有感领导必须不断提升自身 HSE 管理领导力。各级领导通过定期参加培训及现场实践提升自身领导力。

示例 1 川庆钻探公司总经理 2008 年率先提出有感领导"七个带头"的具体做法，明确诠释了有感领导的具体内涵，包括：带头宣传安全理念、带头遵守安全规章制度、带头制定实施个人安全行动计划、带头开展行为安全审核、带头讲授安全课、带头开展安全风险识别、带头开展安全经验分享活动。

示例 2 制定实施个人安全行动计划。个人安全行动计划是实现有感领导的有效载体。

示例 3 带头进行安全经验分享。这是展现领导干部参与力和示范力的有效方式。某钻探公司明确"安全经验分享"活动的具体要求，所有副总师以上领导均在周一生产办公例会上带头进行安全经验分享，目前已形成习惯。

示例 4 定期参与 HSE 培训，提升 HSE 管理和领导技能。中国石油近几年持续加强对领导干部的 HSE 培训工作，建立中国石油领导干部 HSE 培训工作长效机制，定期集中举办企业领导班子成员 HSE 培训班，每年举办新进领导班子成员 HSE 培训，并定期对企业安全总监、处级干部开展 HSE 培训，持续提高各级领导干部的 HSE 管理和领导技能。

示例 5 总部机关干部安全行为准则。为提升总部机关人员的 HSE 理念、行为，更好地适应 HSE 管理体系整体推进氛围和要求，中国石油编制下发了《总部机关干部安全行为准则》，明确要求总部机关干部应带头自觉遵守 HSE 规范，提高 HSE 素质，树立良好形象，其目的是在机关干部中倡导乘车系安全带、遵守企业 HSE 规章制度、到基层调研主动接受安全教育、正确穿戴劳动防护装备等良好安全行为，培养机关干部良好的安全意识和行为安全习惯，进一步推动落实有感领导。

二、直线责任

（一）直线责任概念内涵

直线责任是指落实各项工作的负责人对各自承担工作的 HSE 管理职责，做到谁主管谁负责、谁组织谁负责、谁执行谁负责。具体表现如下：各级主要负责人要对 HSE 管理全面负责，做到一级对一级，层层抓落实；各分管领导要对其分管工作范围内的 HSE 工作直接负责；各机关职能部门要对分管的业务范围内的 HSE 工作负直线责任；项目负责人要对自己承担的项目工作和负责领域的 HSE 工作负责；各级安全管理部门对本单位的 HSE 工作负综合管理和监督责任；每名员工都要对所承担工作（任务、活动）的 HSE 负责。

（二）落实直线责任的意义和作用

(1) 通过强化落实直线责任，明晰各级领导和职能部门 HSE 管理的责任和权限，理顺管理流程，避免多头管理和管理脱节。

(2) 落实各级管理者职责是推进 HSE 管理体系建设、建立安全环保长效机制的关键。

(3) 做好 HSE 工作，保护自身及他人的健康和生命安全是每一个管理者的天职。

（三）落实直线责任的要求

落实直线责任主要体现在各级管理者对本单位、分管工作和业务部门的 HSE 工作负责，十分清楚并能履行自身安全职责，在实际工作中时刻关注安全，了解安全生产状况，清楚存在问题，并能制定和严格落实个人安全行动计划，对存在的问题加以解决。直线领导不仅要对结果负责，更要对安全管理的过程负责，并将其管理业绩纳入考核。直线责任赋予了有感领导、承包商管理等新的理念和内涵，进一步细化和明确了相关的 HSE 管理要求。要确保职能部门有效落实直线责任，应做到以下几个方面的内容：

(1) 改进完善各职能部门和管理岗位的 HSE 内涵职责，这不是孤立或分开的，应该与岗位职责紧密结合，互为一体。

(2) 职能部门人员应制定、实施个人安全行动计划，将部门和岗位 HSE 职责细化为过程指标，可操作性更强。

(3) 职能部门领导应积极采取安全观察与沟通的方式，参与行为安全审核，这既展现了有感领导，同时也是对业务范围内 HSE 工作的一种过程控制，从而可以了解现状，找出改进空间。

(4) 各级管理者应对其直接下属进行 HSE 培训，这也是直线责任的重要体现和内容。

（四）落实直线责任的做法

(1) 应将 HSE 管理融入生产经营业务管理流程中，真正做到"管工作管安全、管业务管安全"。

(2) 各级职能部门均需结合具体业务管理工作明晰自身的 HSE 职责，而不是被赋予 HSE 管理的职责。

(3) 管理者通过逐级下达 HSE 目标和指标，由此实现安全责任的有效传递，使得各个岗位都有HSE管理职责和目标。

（4）应通过逐级的培训及指导，提高各级管理人员的HSE管理能力，从而促进HSE目标和指标的实现。

（5）通过过程管理和逐级考核，一级管理一级，实现一级为一级负责，实现直线责任的有效传递。

示例1 改进完善职能部门的HSE职责。如生产管理部门在负责组织实施公司的生产经营计划，协调、督导日常生产管理的同时，还负责组织岗位生产作业安全操作规程制修订、生产应急指挥系统管理和应急状态下指令的发出和执行等工作。设备管理部门在负责组织实施公司各类生产设备设施的验收、安装，并进行日常维护保养的同时，还负责设备、基础设施的完好性、设备启用前安全检查，以及锅炉等特种设备安全管理等工作。

示例2 某钻探公司HSE制度制修订分配表，如表5-1所示。在HSE管理制度制修订任务分配时，与职能部门业务相关的HSE制度就由该部门牵头进行制修订、组织实施和审核，从制度源头上保证了机关职能部门对业务范围内的HSE工作负直线责任，确保了"管工作必须管安全、管业务必须管安全"。

表5-1 某钻探公司HSE制度制修订分配表

序号	规范名称	制修订、组织实施、解释、审核	序号	规范名称	制修订、组织实施、解释、审核
1	HSE制度管理规范	质量安全环保处	15	工艺危害分析管理规范	工程技术处
2	安全观察与沟通管理规范	质量安全环保处	16	工作前安全分析管理规范	工程技术处
3	脚手架作业安全管理规范	质量安全环保处	17	启动前安全检查管理规范	工程技术处
4	HSE审核管理规范	质量安全环保处	18	工艺和设备变更管理规范	装备处
5	交通安全管理规范	质量安全环保处	19	高处作业安全管理规范	装备处
6	通用安全管理审核规范	质量安全环保处	20	上锁挂签管理规范	装备处
7	危险品运输应急管理规范	质量安全环保处	21	临时用电安全管理规范	装备处
8	个人防护装备管理规范	质量安全环保处	22	新设备质量保证管理规范	装备处
9	挖掘作业管理规范	生产运行处	23	承包商安全管理规范	对外合作和市场开发处
10	作业许可管理规范	生产运行处	24	管线打开管理规范	规划计划处
11	动火作业安全管理规范	生产运行处	25	工程建设项目立项和设计阶段HSE管理规范	规划计划处
12	进入受限空间管理规范	生产运行处	26	HSE绩效管理规范	劳动工资处
13	移动式起重机管理规范	生产运行处	27	HSE培训管理规范	劳动工资处
14	工作循环检查管理规范	生产运行处			

三、属地管理

(一) 属地管理概念内涵

属地广义上是指主要领导的管理范围、副职领导的分管领域、职能部门的业务领域、基层单位和员工的生产作业区域。

属地管理的重点是指生产作业现场的每一个员工都是属地主管,都要对属地内的安全负责,即对自己属地区域内人员(包括自己、同事、承包商和访客)的行为安全、设备设施的完好、作业过程的安全、工作环境的整洁负责。

示例 "谁在岗、谁负责,交班交责任"。

(二) 实施属地管理的意义和作用

(1) 改变传统的 HSE 管理靠"警察抓小偷"的方式,员工只是被动执行岗位职责,实施属地管理可增强员工主动参与 HSE 管理的积极性;

(2) HSE 管理需要全员参与,HSE 职责必须明确,必须落实到全体员工,尤其是基层的员工。员工的主动参与是 HSE 管理成败的关键;

(3) 属地管理是落实基层员工 HSE 职责的有效方法,是传统基层岗位责任制的继承和延伸;

(4) 实施属地管理,可以树立员工"安全是我的责任"的意识,实现从"要我安全"到"我要安全"的转变,HSE 管理才能落到实处。

(三) 落实属地管理的要求

属地管理可通过划分属地范围、明确属地主管、落实属地管理职责等环节具体贯彻和落实。

1. 划分属地范围

属地的划分主要以工作区域为主,以岗位为依据,把工作区域、设备设施及工器具细化到每一个人身上。比如,对操作人员来说,他的属地是他的岗位区域;对维修人员来说,他的属地是他的维修工作区域;对办公室人员来说,他的属地是他的办公区域。

注意:划分属地范围需要明确大属地和小属地的概念。大属地指的是管理范围,小属地指的是工作区域。将组织工作区域的 HSE 职责细化到每个员工身上,同时确保员工的属地之间不能有交集,避免造成职责的混淆。

2. 明确属地主管

各单位应将对所辖区域的管理落实到具体的责任人,做到公司所属的每一片区域、每一个设备（设施）、每个工（器）具、每一块绿地、闲置地等在任何时间均有人负责管理，可在基层现场设立标示牌，标明属地主管和管理职责。

3. 落实属地管理职责

通过职责描述明确每个区域、每项工作的安全责任。通过属地管理推动岗位职责的履行。

（1）管理所辖区域保证其自身及在区域内的工作人员、承包商、访客的安全；

（2）对本区域的作业活动或者过程实施监护，确保安全措施和安全管理规定的落实；

（3）对管辖区域的设备设施进行巡检，发现异常情况，及时进行应对处理并报告上一级主管；

（4）对属地区域进行清洁和整理，保持环境整洁。

示例1 对进入属地区域所有人员的安全负责，包括工作人员和外来人员。

示例2 对进入属地区域内设备设施的完好性负责，包括安全设施和工艺设备。

示例3 对属地区域内作业活动的安全负责，包括承包商的施工作业活动。

示例4 对属地区域内环境的整洁负责。

通过落实属地管理，确保每个生产区域、每台设备、每次作业都有明确的属地主管，做到"事事有人管，人人有专责"，保证了安全管理无空白，提升了基层生产作业现场的HSE管理水平，避免了各类事故事件的发生，最终实现安全生产。

（四）落实属地管理的做法

（1）某钻探公司提出了"确认、告知、跟踪、提示"的"八字"管理守则，即：确认来人身份；告知区域风险；跟踪在属地作业人员的工作质量；提示来访者及作业人员的安全行为。

（2）某石化公司推行属地管理引入"家"的概念，使各级属地主管将所辖属地当做自己的家，对属地进行细致有效的管理。

（3）某物探公司按照"现场管理不空位、不越位、不错位"的原则，依据全面实施、逐级推进、明确职责的要求，各基层单位将现场工作区域（包括作业场所、实物资产和人员）划分为若干个单元。从机关到基层，从人员到现场，从场所到设备，全面划分属地区域，做到从基层单位负责人到每名操作员工均有自己的属地。某公司地震队属地划分区域见表5-2。

表5-2 某公司地震队属地划分区域一览表

序号	属地名称	属地主管	区域	人员	设备、设施、工具
1	震源组长	张××	震源组营地所管区域和野外作业区域	震源项目组所有员工	震源项目组所有设备、设施、工具、冀A2A161车及随车工具

续表

序号	属地名称	属地主管	区域	人员	设备、设施、工具
2	震源组长	李××	震源组营地所管区域和野外作业区域	震源项目组所有员工	震源项目组所有设备、设施、工具、冀A3B041车及随车工具
3	一组	王××	营地宿舍及野外一组作业区域	郭××等人	震源项目一组所有设备、设施、工具及冀A25072车及随车工具
4	二组	朱××	营地宿舍及野外二组作业区域	周××等人	震源项目二组所有设备、设施、工具及冀A25072车及随车工具
5	库房管理	苏××	库房	本人	震源项目组所有设施、工具
6	办公室	宋××	震源组办公区域	本人	震源项目组笔记本2台
…	…	…	…	…	…

第四节 个人安全行动计划

一、个人安全行动计划概念内涵

个人安全行动计划是各级领导、管理者基于岗位职责，为完成自身HSE目标、指标，就关键HSE任务、实施频次和完成时间所编制的书面方案或安排。

二、落实个人安全行动计划的意义和作用

（1）个人安全行动计划是领导干部落实有感领导的有效载体；
（2）个人安全行动计划是领导参与HSE管理过程的行动指南；
（3）个人安全行动计划是领导落实和践行安全承诺的具体体现；
（4）个人安全行动计划是管理者与下属就HSE过程管理和履职要求进行沟通的结果。

三、落实个人安全行动计划的做法和要求

应结合组织的HSE目标、指标和个人的岗位职责编制个人安全行动计划，其基本内容可分为三方面：
（1）个人行为，如坐车系安全带、去现场正确穿戴劳保用品；
（2）领导行为，如辅导自己的下级、培训直接下属、进行行为安全审核；
（3）组织行为，如推动组织范围内HSE管理职责与生产经营活动有机融合，主持各职能处室管理职责归口协调会。

示例 个人安全行动计划——总经理，见表5-3。

个人安全行动计划——某基层某车间主任，见表5-4。

表 5-3 20××年某公司总经理个人安全行动计划

序号	行动	价值和目的	频次	20××年 1.	2.	3.	4.	5.	6.	7.	8.	9.	10.	11.	12.	备注
1	参加安全领导力和安全文化建设研讨班	体现以身作则，推动安全文化建设进程	每季度一次			▲			▲			▲			▲	
2	定期和咨询顾问交流安全文化建设项目进展	掌握项目执行阶段的进展和需要解决的问题	每季度一次			▲			▲			▲			▲	
3	按时参加HSE委员会议	掌握公司HSE工作进展，明确下一步改进目标	每半年一次						▲						▲	
4	经常与下属单位一把手讨论安全方面问题	推动企业安全文化的建设，统一HSE理念，体现属地安全管理职责	每月一次	▲	▲	▲	▲	▲	▲	▲	▲	▲	▲	▲	▲	
5	深入工作场所进行观察和沟通	体现有感领导，听取基层对安全工作意见，发现HSE改进需求	每月一次	▲	▲	▲	▲	▲	▲	▲	▲	▲	▲	▲	▲	按安全观察与沟通计划实施
6	积极推行公司安全习惯养成计划	养成员工关注安全的习惯，从而提升员工安全意识，统一HSE理念	随时	▲	▲	▲	▲	▲	▲	▲	▲	▲	▲	▲	▲	利用各种场合推进上下楼梯扶扶手、手部防护、背部防护、办公室安全等安全习惯的养成
7	积极推行安全经验分享，使之成为公司安全教育的一种重要形式和安全文化的一个重要载体	使公司每名员工体验到安全是时刻需要关注的最重要事项	每次会议前	▲	▲	▲	▲	▲	▲	▲	▲	▲	▲	▲	▲	

续表

序号	行动	价值和目的	频次	20××年												备注
				1.	2.	3.	4.	5.	6.	7.	8.	9.	10.	11.	12.	
8	参加重要的事故分析会，审查重事故调查报告	体现对安全的重视，透过事故寻找并发现企业在管理、人员素质、装备、工艺等方面的缺陷	每周联席会	◀	◀	◀		◀	◀	◀	◀	◀	◀	◀	◀	
9	积极推动制度建设，强化制度的执行以及量化考核与观念引导相结合	加快企业安全文化建设的进程	贯穿HSE试点过程	◀	◀	◀	◀	◀	◀	◀	◀	◀	◀	◀	◀	
10	24小时的安全保护，以行为安全的理念影响周围人员，营造良好的安全氛围	1. 利用厂区安全标志和标识，强化员工的安全文化建设；2. 透过"健康安全计划"的推行，提升员工对安全的重视；3. 时刻以行为安全的理念影响周围的人员，营造良好的安全氛围	随时	◀		◀	◀	◀	◀	◀	◀	◀	◀	◀	◀	

HSE管理体系基础知识

表 5-4　20××年某基层车间主任个人安全行动计划

序号	行动	价值和目的	频次	20××年 1.	2.	3.	4.	5.	6.	7.	8.	9.	10.	11.	12.	备注
1	认真执行公司倡导的行为安全习惯	养成良好的行为安全习惯	随时	▲	▲	▲	▲	▲	▲	▲	▲	▲	▲	▲	▲	
2	提醒其他人（包括承包商）遵守安全制度，纠正不安全行为	协助安全意识薄弱的人	发生时	▲	▲	▲	▲	▲	▲	▲	▲	▲	▲	▲	▲	
3	定期与直属上级就个人行动计划进行沟通，寻找差距；参与直属下级个人行动计划的制定	回顾个人行动计划的执行情况，寻找差距；直属下级个人行动更合理	每季度			▲			▲			▲			▲	
4	对未遂事故、事件组织调查	对未遂事故的统计调查	发生时	▲	▲	▲	▲	▲	▲	▲	▲	▲	▲	▲	▲	
5	邀请主管领导到车间参加安全活动，如安全会议、事件调查、安全培训等	展现本车间HSE现状	每月	▲	▲	▲	▲	▲	▲	▲	▲	▲	▲	▲	▲	
6	组织召开月度安全会议	回顾安全工作，解决问题	每月	▲	▲	▲	▲	▲	▲	▲	▲	▲	▲	▲	▲	
7	采取多种方式对下属进行公司HSE理念、方针和原则的培训与沟通	提高员工安全理念	随时	▲	▲	▲	▲	▲	▲	▲	▲	▲	▲	▲	▲	
8	组织落实工作安全分析、上锁挂牌等相关作业许可管理制度	提高员工安全意识，防止发生事故	随时	▲	▲	▲	▲	▲	▲	▲	▲	▲	▲	▲	▲	
9	组织策划JCC、PHA、合理安排参加人员	有效发现问题	实施时	▲	▲	▲	▲	▲	▲	▲	▲	▲	▲	▲	▲	
10	组织对属地进行细化，督促属地负责人行使权利和履行义务	专人实施属地管理	随时	▲	▲	▲	▲	▲	▲	▲	▲	▲	▲	▲	▲	
11	积极推行安全经验分享	参与安全文化建设	各种会议前	▲	▲	▲	▲	▲	▲	▲	▲	▲	▲	▲	▲	

续表

序号	行动	价值和目的	频次	1.	2.	3.	4.	5.	6.	7.	8.	9.	10.	11.	12.	备注
				\multicolumn{12}{c	}{20××年}	
12	鼓励员工编写HSE方面的论文或稿件	营造HSE氛围	安全征文时													
13	鼓励员工提出HSE方面的合理化建议，并对建议予以反馈	激励员工参与HSE管理	随时	◂	◂	◂	◂	◂	◂	◂	◂	◂	◂	◂	◂	
14	关心工作外安全，及时了解本单位发生的工作外伤害或未遂事件	关注8小时外安全，加强员工安全意识	每当发现时	◂	◂	◂	◂	◂	◂	◂	◂	◂	◂	◂	◂	
15	积极学习应急自救知识	提高个人安全素质	每年			◂										
16	对车间安全方面表现好的员工进行鼓励	激励员工	每月一次	◂	◂	◂	◂	◂	◂	◂	◂	◂	◂	◂	◂	
17	与车间安全方面表现不好的员工进行谈话	了解员工问题；改变员工安全认知和习惯	每月一次	◂	◂	◂	◂	◂	◂	◂	◂	◂	◂	◂	◂	
18	制定并实施家庭安全健康行动计划	关注工作外安全及家人的安全	每年													

第五节　安全经验分享

一、安全经验分享概念内涵

安全经验分享是指将本人亲身经历或所见、所闻的健康、安全与环保方面的典型经验、教训、事故事件、安全工作方法、实用常识等总结出来，在会议、培训班等集体活动前进行宣传，从而使教训、经验、常识得到分享和推广的一项活动。

二、开展安全经验分享的意义和作用

（1）通过长期坚持开展安全经验分享，能启发员工互相学习，激发员工积极参与 HSE 管理，创造一种以 HSE 为核心的"学习的文化"；

（2）能强化员工正确的 HSE 做法，使其自觉纠正不安全习惯和行为，树立良好的 HSE 行为准则，促进全体员工 HSE 意识的不断提高，形成良好的安全文化氛围；

（3）通过分享交流安全工作经验，获得的正确的安全工作做法，提高员工安全工作技能；

（4）领导层、管理层、操作层各层次人员参与一起互动的安全经验分享，以多种形式开展分享活动，既丰富了安全教育的内容，也改变了安全教育的方式。

三、开展安全经验分享的要求

（1）不要将安全经验分享当做一项工作任务，去强行摊派或者执行，而应是自动自发的行为；

（2）不要将安全经验分享形式化，不是走过场，确实要使得大家学到了经验、吸取了教训，能够有所收获；

（3）重点是分享自己亲身经历的事故或事件，这样更具说服力和生命力；

（4）进行安全经验分享时应考虑对象和受众，分享的内容应有一定的针对性，可以引起共鸣或反思；

（5）安全经验分享不宜过多，每一项活动或者一个时间单元一般进行一次即可，比如召开工作交流会时，可每半天进行一个经验分享，不需要每个发言人都做一个安全经验分享。

四、开展安全经验分享的做法

时间：不宜过长，一般 3~5 分钟。

内容：健康、安全和环境知识不限，工作中的 HSE 经验和生活中的 HSE 常识不限。

形式：可以直接口述，也可借助多媒体、图片、照片等形式讲述。

人员：进行安全经验分享的人员可以是会议或者活动的主持人，也可是事前指定的人

员，或其他人员主动进行经验分享。

场所：人员集中地方，不限于各类 HSE 会议，各类活动或者培训之前都可以。

目的：通过共同分享，营造人人参与 HSE 管理的文化氛围。

第六节　安全观察与沟通

一、安全观察与沟通概念内涵

安全观察与沟通是针对各级管理者如何到基层与作业人员就作业行为、环境、规程、工器具等方面的安全事项进行探讨、交流而建立的一套实施程序和方法。

安全观察与沟通和传统检查方式的不同，主要表现在以下几个方面：

(1) 从对象上来说，传统的检查更多侧重于物的不安全状态，安全观察与沟通更多倾向于人的行为（包括安全行为和不安全行为）；

(2) 从方式上来说，传统的检查活动中员工只是被动地接受检查，安全观察与沟通更多地采用管理人员和员工进行平等互动的沟通与交流；

(3) 从内容上来说，传统的检查活动中只关注做得不到位的负面信息，安全观察与沟通在关注负面信息的同时，也关注员工的安全行为好的方面；

(4) 从范围上来说，传统的检查活动中关注的范围比较大，比如安全生产大检查，安全观察与沟通每次在进行的时候，可以细致地关注某个作业场所的某几个员工，范围较小，更有针对性；

(5) 从管理者的心态上来说，传统的检查活动出发点是抓住做得不到位的地方，进行严厉处罚，而安全观察与沟通的目的是在获知员工真实想法的基础上反思管理流程中的缺陷或者漏洞，目的是持续改进，而不是为了惩罚做错了的员工。

二、推行安全观察与沟通的意义和作用

(1) 改变目前由管理人员进行的集中式、权威式、警察式的安全检查现状。

(2) 落实有感领导，展现领导承诺，关注安全工作；通过日常的安全观察与沟通，确保各项管理体制落实到位。

(3) 提供沟通平台，双向平等探讨，营造安全文化氛围。在管理者和员工之间建立一种请教、咨询互动式的平等、双向沟通机制，是落实有感领导的载体，真正体现"以人为本"。

(4) 通过该系统的有效运行来减少伤害和事故的发生，提高各级管理人员和全体员工的安全意识，创建安全的工作场所。

(5) 及时发现不安全行为，查找在工艺、设备和操作纪律上的不安全行为和隐患，避免伤害的发生与财产损失。

（6）了解安全标准的理解和应用的程度；了解员工在工作中对《反违章禁令》和《HSE 管理原则》的执行程度；了解安全管理体系中运作良好的部分；识别体系中的薄弱环节；了解解决这些问题的方案及其状态。

三、安全观察和沟通六步法

（1）观察：决定采取行动，安全地制止不安全行为。

（2）表扬：肯定员工作业中安全的部分。

（3）讨论：与员工讨论其不安全行为，以及该行为会带来的后果，和是否有安全的作业方法。

（4）沟通：就如何安全地工作与员工取得一致意见，取得员工的承诺。

（5）启发：引导员工讨论工作相关的其他安全问题。

（6）感谢：对员工的配合和合理化建议表示感谢。

四、安全观察和沟通的内容

安全观察与沟通应重点关注可能引发伤害的行为，并综合参考以往的伤害调查、未遂事件调查以及安全观察结果。安全观察与沟通内容包括以下七个方面，具体见表 5-5。

表 5-5　安全观察与沟通的内容

员工的反应	员工的位置	个人防护装备	工具和设备	程序	人体工效学	整洁
观察到人员的异常反应 □调整个人防护装备 □改变原来的位置 □重新安排工作 □停止工作 □接上地线 □上锁挂签 □其他	可能 □被撞击 □被夹住 □高处坠落 □绊倒或滑倒 □接触极端温度的物体 □触电 □接触、吸入或吞食有害物质 □不合理的姿势 □接触转动设备 □搬运负荷过重 □接触振动设备 □其他	未使用或未正确使用；是否完好 □眼睛和脸部 □耳部 □头部 □手和手臂 □腿和腿部 □呼吸系统 □躯干 □其他	□不适合该作业 □未正确使用 □工具和设备本身不安全 □其他	□没有建立 □不适用 □不可获取 □员工不知道或不理解 □没有遵照执行 □其他	办公室、操作和检维修环境 □是否符合人体工效学原则 □重复的动作 □躯体位置 □姿势 □工作场所 □工作区域设计 □工具和把手 □照明 □噪声 □其他	□作业区域是否整洁有序 □工作场所是否井然有序 □材料及工具的摆放是否适当 □其他

（1）员工的反应。员工在看到他们所在区域内有观察者时，他们是否改变自己的行为（从不安全到安全）。员工在被观察时，有时会做出反应，如改变身体姿势、调整个体防护装

备、改用正确工具、抓住扶手、系上安全带等,这些反应通常表明员工知道正确的作业方法,只是由于某种原因没有采用。

(2) 员工的位置,员工身体的位置是否有利于减少伤害发生的概率。

(3) 个体防护装备,员工使用的个体防护装备是否合适,是否正确使用,个体防护装备是否处于良好状态。

(4) 工具和设备,员工使用的工具是否合适,是否正确,工具是否处于良好状态,非标工具是否获得批准。

(5) 程序,是否有操作程序,员工是否理解并遵守操作程序。

(6) 人体工效学,办公室和作业环境是否符合人体工效学原则。

(7) 整洁,作业场所是否整洁有序。

五、安全观察和沟通的要求

(1) 非惩罚非责备原则。欣赏员工的安全责任、进步和成果,保护员工的工作主动性、积极性。

(2) 及时性原则。及时发现,及时制止、纠正不安全行为,及时沟通,及时填卡,及时鼓励奖励,及时总结分析。

(3) 普遍性原则。全员参与,共同关注,平等互助,使员工"想参与,能参与",绝非"领导审群众"。

(4) 更加关注细节,关注改进。行为小改变,安全大改善,使安全工作具体化。

(5) 主动沟通,相互关爱。在沟通中理解,在实践中提高,促进团队合作精神,人人为我,我为人人。

(6) 聚沙成塔,积少成多,达到岗位培训的效果。

(7) 激励员工主动从"我要安全"走向"我们要安全",而不是依赖干部,依赖监督。

(8) 正视不安全行为的存在,使之得到正面分析、沟通和提高,而不是批评与惩罚,避免对不安全行为的遮掩、忽视、漠视、不愿干涉,甚至篡改事实,从而有利于更早更全面地剖析原因、完善设备、改进方法、修订程序,乃至实现更为广泛的经验共享。

(9) 追求本质安全,真正能在事故发生前,发现并纠正人的不安全行为,尤其是习惯性违章,大幅度降低事故几率。

(10) 通过大量的现场资料汇总分析,为管理改进提供明确方向。

(11) 关注安全行为和关注不安全行为同样重要。

六、实施安全观察与沟通的做法

(1) 建立安全观察与沟通管理办法,与现行的定点联系点制度结合,是对定点联系点制度的技术支撑。

（2）建立一个完善的观察与沟通系统，包括组织、目标、职责、培训、执行效果的监督，定期对观察与沟通结果进行分析及建议等。

（3）逐级培训，直线领导对培训结果负责：

①熟悉安全观察与沟通的工作流程；

②掌握安全观察技巧；

③掌握沟通技巧。

（4）数据统计，分析执行情况和趋势，分析安全行为和不安全行为的趋势（图5-2安全审核统计表，图5-3安全审核趋势图）。根据统计结果，建立一个以安全观察和沟通分析统计结果为基础的安全生产预警系统。

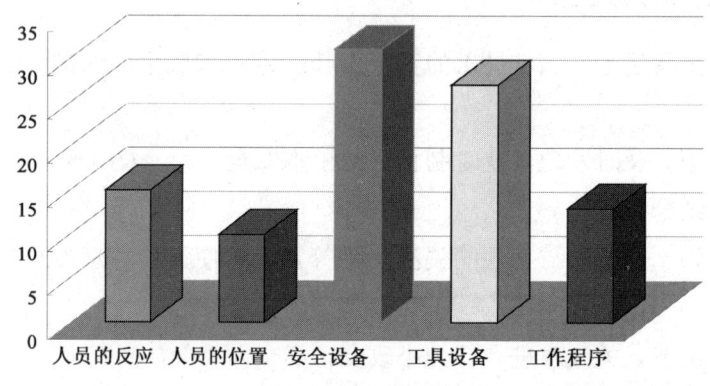

图5-2 安全审核统计表

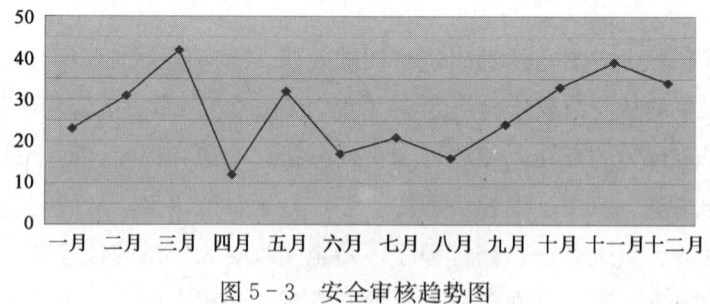

图5-3 安全审核趋势图

第七节 HSE培训矩阵

一、HSE培训矩阵概念内涵

HSE培训需求矩阵是将HSE培训需求与有关岗位列入同一个表中，以明确说明各岗位需要接受的HSE方面的培训内容、掌握程度、培训频率、培训方式等，这样的表称为HSE

培训矩阵。

培训内容一般包括 HSE 理念、HSE 基础知识、HSE 操作技能、HSE 生产受控技能等。掌握程度根据岗位职责要求分知晓、独立应用、指导他人三个层次。培训频率根据培训内容及掌握程度要求分为 1 年、2 年、3 年。培训方式可以采用课堂讲授、课堂讲授＋考试、各种会议、主管主持的专题研讨会、实际操练、网络培训等形式。

通常 HSE 培训矩阵分为三类：

(1) 规定动作培训矩阵，即按规定动作开发，操作技能细化到最小单元。

(2) 与岗位业务相关的个人能力提升矩阵。

(3) 单项矩阵，具体针对某一事或某一项（制度）。

二、建立 HSE 培训矩阵的意义和作用

(1) HSE 培训旨在转变人的安全理念，提升遵章守纪法制化观念与培养安全行为，因此它是一项长期的事业，必须总体策划，有计划分步实施，实现动态管理。

(2) 培训矩阵的建立与维护是体现上述思路的有效工具。第一，培训矩阵可以系统地分析全体员工的需求，其需求的基础来自于公司的规章制度、标准和规范。第二，培训矩阵可以系统地定义岗位员工的岗位应知、应会及其程度。第三，培训矩阵可以系统、动态地管理员工的岗位能力。第四，培训矩阵可以避免培训的随意性。

三、建立培训矩阵的要求

(1) 基层 HSE 培训矩阵是一种提高培训针对性和有效性的工具，应大力推广、广泛应用。

(2) 一切培训活动以满足岗位培训需求为核心，有目的地进行。

(3) 要建立符合岗位风险控制实际的培训矩阵，体现具有前瞻性的总体策划思路，使 HSE 培训不再仅仅被动地"按上级要求"执行，而是根据风险控制需要有计划分步实施，从而取得真正的实效。至少要考虑下述各项内容：

①岗位危害、风险评价的结果与控制风险所需要的意识、知识及技能；此项内容是基础，它决定了需要培训的范围、内容与掌握程度。

②员工（包括管理人员）对安全管理理解与知识、技能的初始状态；此项内容决定培训的起始点，确保培训针对需求。

③员工组织状态（集中还是分散，是否轮班）；此项内容决定了培训与效果验证的方式。

④法规要求（国家安全生产法、消防法、交通法等，石油行业相关标准等）；此项内容决定了培训要达到或高于相关法规的要求。

⑤公司目标与中国石油 HSE 方针、原则等；此项内容保证达到与中国石油 HSE 方针

的符合性。

培训矩阵的开发除满足上述基本要求外，还应体现针对不同层次岗位、不同内容要求、掌握程度要求、培训方式和学时、培训周期以及考核要求等信息。根据各企业及岗位 HSE 风险的特点和培训需求不同，开发的培训矩阵表格的形式可以有所不同。

四、培训需求分析的基本流程

培训矩阵建立的主要依据是员工培训需求分析结果，培训需求分析是一种通过系统评价确定培训目标、培训内容及其相互关系的方法，具体而言，是指企业在策划、设计培训之前，由有关部门收集企业战略、组织和员工的相关资料和信息，然后采用一定的分析方法进行分析，确定是否要进行培训，为什么要进行培训，需要培训什么内容的活动的一个过程。HSE 培训需求分析基本流程，如图 5-4 所示。培训矩阵就是普查员工实际培训需求的过程，使 HSE 培训不再被动地"按上级要求"执行，而是根据岗位风险控制所要求的知识与能力，确定培训需求。

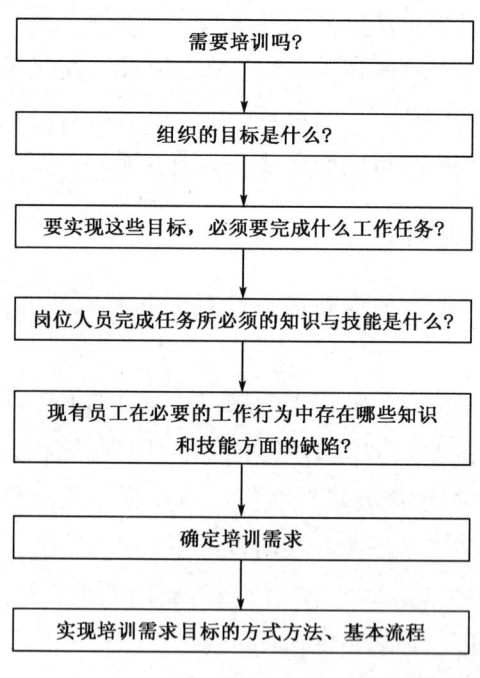

图 5-4 培训需求分析的基本流程

五、HSE 培训矩阵示例

示例 1 基层 HSE 培训实施矩阵——采油队井组班长，如表 5-6 中所示。该矩阵详细列出了井组班长应培训的内容、达到的效果、培训方式、培训周期、培训课时以及师资等信息，这是具体培训实施的指导和依据。

示例2 某钻探工程公司员工HSE培训矩阵,如表5-7所示。表5-7是根据企业的组织结构和工程技术服务专业齐全的业务特点,按照与HSE管理相关的10种不同类型的员工开发的HSE培训矩阵。二级单位依据公司层面的HSE培训矩阵,并以此为最低和通用的要求为基础,进一步开发了与本业务特点相关的HSE培训矩阵。该钻探公司的HSE培训矩阵体现了三大特点:第一,简单实用;第二,按照岗位可能接触HSE风险大小分类;第三,培训矩阵内的每一课程都对应一个标准的培训教材,且有唯一的编号,这样有利于培训的统一性和培训资源的共享。

表5-6 采油队井组班长培训矩阵

编号	培训内容	培训效果	培训方式	培训周期	培训课时	培训师资
2.1	抽油机运行、维护、调整				3.5	
2.1.1	抽油机检查	掌握	课堂+现场	三年	0.5	基层
2.1.2	抽油机启停	掌握	课堂+现场	三年	0.5	基层
2.1.3	抽油机测电流	掌握	课堂+现场	三年	0.5	基层
2.1.4	抽油机保养	掌握	课堂+现场	三年	1	基层
2.1.5	抽油机换皮带	掌握	课堂+现场	三年	1	基层
2.1.6	抽油机井调防冲距(碰泵)	掌握	课堂+现场	三年	1	基层
2.2	油水井计量、测试、维护				8	
2.2.1	油、水井检查	掌握	课堂+现场	三年	0.5	基层
2.2.2	油、水井开、停井(关井)	掌握	课堂+现场	三年	0.5	基层
2.2.3	油井计量	掌握	课堂+现场	三年	0.5	基层
2.2.4	油井掺输温度控制	掌握	课堂+现场	三年	0.5	基层
2.2.5	油井测气	掌握	课堂+现场	三年	0.5	基层
2.2.5	油、水井测油套压	掌握	课堂+现场	三年	0.5	基层

表5-7 某钻探工程公司员工HSE培训矩阵

模块1:所有员工	再培训周期(年)	课时	掌握程度	课程包
公司HSE方针与原则	3	1小时	A	CQM01
事故报告应知应会	3	30分钟	A	CQM06
灭火器材的使用	2	1小时	B	CQF21
与本岗位有关的应急响应程序	2	1小时	B	CQF32
模块2:办公室人员(模块1+以下内容)				
办公室人体工程学	3	30分钟	B	CQF01
非专业人员的用电安全	3	1小时	A	CQF08
模块3:办公室人员(去现场检查指导工作)(模块1+模块2+以下内容)				
作业许可	1	1小时	A	CQF34
上锁挂签	1	1小时	A	CQF25

续表

受限空间应知应会	1	1小时	A	CQF27
高处作业	1	1小时	A	CQF09
临时用电安全	1	1小时	A	CQF19
变更管理	3	2小时	A	CQP01
个人防护装备（PPE）	3	1小时	B	CQF10
模块4：处级以上领导 （模块1＋模块2＋模块3＋以下内容）				
有感领导	2	2小时	B	CQM08
直线责任	2	2小时	B	CQM09
属地管理	2	2小时	B	CQM10
HSE审核	2	2小时	B	CQM03
事故事件调查与分析方法	3	1小时	A	CQM07
模块5：一线操作员工 （模块1＋以下内容）				
工业人体工程学	1	30分钟	B	CQI01
手动工具使用安全	1	30分钟	B	CQF26
梯子的使用安全	1	30分钟	B	CQF28
工作安全分析	2	2小时	B	CQF11
作业许可	1	2小时	B	CQF34
上锁挂签	1	1小时	B	CQF25
受限空间应知应会	1	1小时	A	CQF27
高处作业	1	1小时	B	CQF09
个人防护装备（PPE）	3	1小时	B	CQF10
模块6：井场作业员工 （模块1＋模块5＋以下内容）				
变更管理	3	1小时	A	CQP01
起重机、提升设备和锁具安全	1	2小时	A	CQF23
压缩气体气瓶的储存、搬运、使用	2	1小时	A	CQF30
噪声危险（听力保护）	3	1小时	B	CQI02
气体监测仪的使用	1	1小时	B	CQF24
正压呼吸器的使用	1	1小时	B	CQF33
临时用电规范	1	30分钟	A	CQF20
动火作业	1	1小时	B	CQF05
模块7：建筑现场作业员工 （模块1＋模块5＋以下内容）				
起重机、提升设备和锁具安全	1	2小时	A	CQF23

续表

压缩气体气瓶的储存、搬运、使用	2	1小时	A	CQF30
脚手架的安装和使用	3	2小时	—	CQF16
临时用电规范	1	30分钟	A	CQF20
模块8：一线管理人员 （模板1＋模块5＜全部C级要求＞＋以下内容）				
安全观察与沟通	3	2小时	B	CQM04
工作循环检查	3	2小时	C	CQF12
变更管理	3	2小时	C	CQP01
模块9：HSE专业人员 （模块1＋模块2＋模块3＋模块4＋模块5＋ 模块6＜以上内容均需达到C级＞＋以下内容）				
有毒有害气体防护	2	4小时	C	CQF31
"两书一表"	2	8小时	C	CQM02
模块10：特定工作岗位 人员需要接受的个人培训课程				
设备完整性（设备使用及管理部门人员）	3	2小时	—	CQP04
变更管理（生产运行和装备管理人员）	3	2小时	—	CQP01
工艺安全管理（工程技术管理人员）	按需要	按需要		CQP02
工艺危害分析（PHA）	按需要	按需要		CQP03
井控管理和井喷应急预案（工程技术管理人员）	2	4小时		CQF18
有毒有害气体防护	2	4小时		CQF31
放射性物品安全管理	3	1小时		CQF07
民爆物品安全管理	3	1小时		CQF22
脚手架的安装和使用	3	2小时		CQF16
防卫性驾驶（司机）	3	2小时		CQF06
压缩气体气瓶的储存、搬运、使用	3	1小时		CQF30
化学品危险应知应会	3	1小时		CQF15
危险化学品运输	3	2小时		CQF29
噪声危险（听力保护）	3	1小时		CQI02
紧急救护（现场担任救护人员）	3	2小时		CQF17
吊装作业	2	2小时		CQF04
吊装指挥	2	2小时		CQF03
动火作业	2	2小时		CQF05
管线打开	1	1小时		CQF13
临时用电规范	1	1小时		CQF20
正压呼吸器的使用	2	2小时	—	CQF33

续表

承包商管理	3	1小时	—	CQM05
叉车安全	2	1小时	—	CQF02
焊接安全	2	30分钟	—	CQF14
气体监测仪的使用	2	1小时	—	CQF24

注：掌握程度：A—学习知晓；B—独立应用；C—指导他人。

第八节 工作前安全分析

一、工作前安全分析概念内涵

工作前安全分析（Job Safety Analysis，JSA）是事先或定期对某项工作任务进行风险评价，并根据评价结果制定和实施相应的控制措施，达到最大限度消除或控制风险的方法。

工作前安全分析是一个风险评估的工具，它是通过有组织的过程来对工作场所的工作中所存在的危害进行识别、评估，并按照优先顺序采取行动，降低风险，从而将风险降低到可接受的程度。该方法具有很强的针对性和适用性，广泛用于石油行业各项施工活动中的风险控制。中国石油在2009年发布了Q/SY 1238—2009《工作前安全分析管理规范》，明确了在进行危险性较大的施工活动前应进行工作前应安全分析，这也是申请作业许可的前提条件和审批作业许可的依据。

二、实施工作前安全分析的意义和作用

（1）通过实施工作前安全分析可以帮助找出风险，研拟解决对策，可以预防伤害与事故的发生，可以有组织、系统化地在工作前进行风险辨识，依据现场情况及时确定并实施风险控制措施，以保证生产作业能够更正确、更有效率地执行，使员工养成安全的工作习惯。

（2）通过实施工作前安全分析，可以帮助企业达到满足规章和政策的需要，使企业的整个团队更加关注实际工作任务中的风险防控，不断改善对危害的认识及对新危害的辨识能力，确保风险控制措施有效并得到落实，以便消除重大危害，减少事故发生，还可以通过实施工作前安全分析持续改善安全标准和现场工作条件。

（3）实施工作前安全分析的意义不仅在于控制作业风险，同时还是对员工进行操作培训、评估作业程序有效性的重要手段。

三、工作前安全分析管理流程

工作前安全分析管理流程图见图5-5。

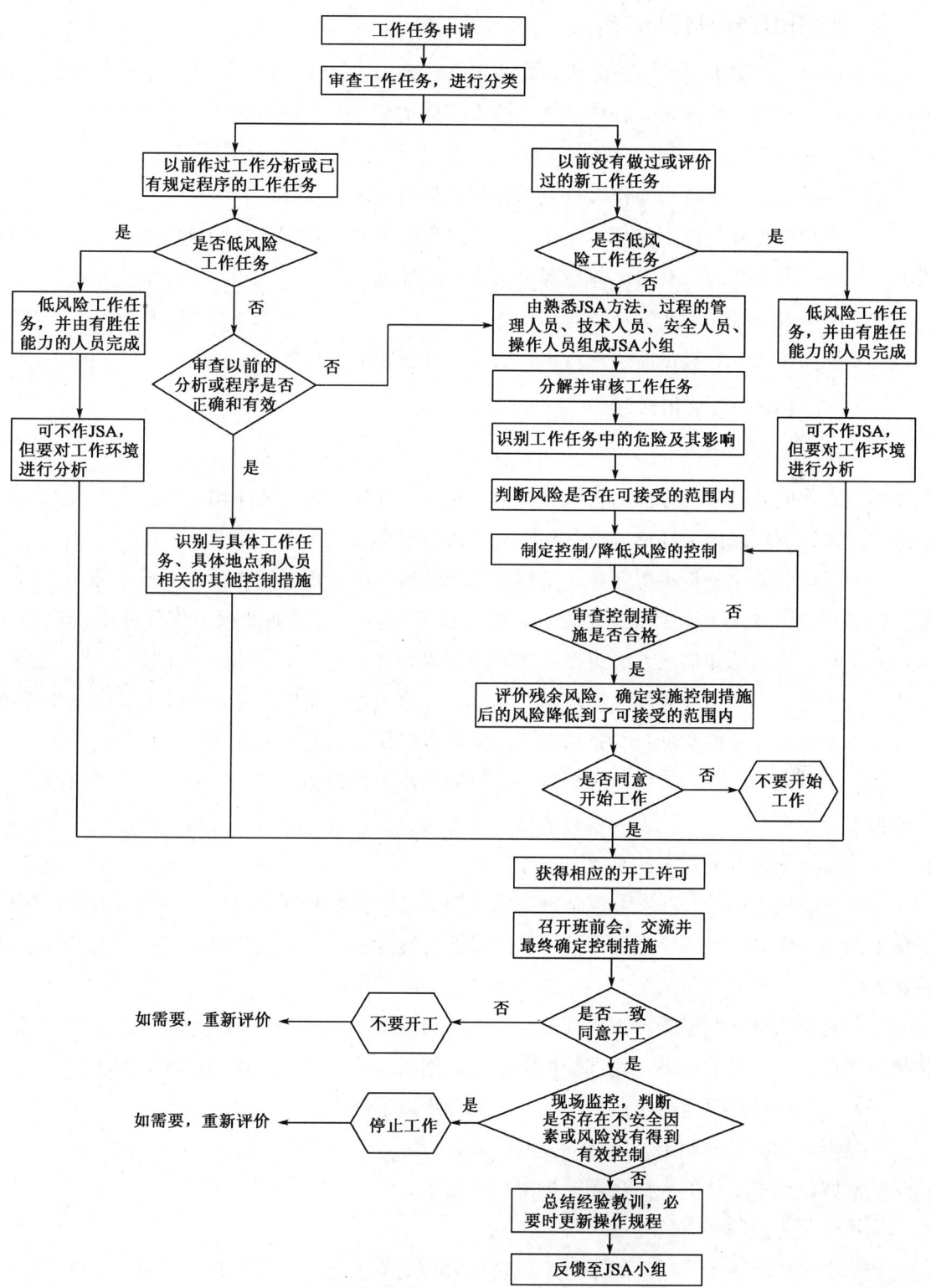

图 5-5 工作前安全分析（JSA）管理流程图

(一) 工作任务的初步审查

由基层单位负责人对工作任务进行初步审查，确定工作任务内容，判断是否需要做工作前安全分析，制定工作前安全分析计划。符合下列情况之一，应进行工作前安全分析：

(1) 无程序管理、控制的工作；

(2) 新的工作（首次由操作人员或承包商人员实施的工作）；

(3) 有程序控制，但工作环境变化或工作过程中可能存在程序未明确的危害，如可能造成人员伤害、发生井喷、有毒气体泄漏、火灾、爆炸等；

(4) 可能偏离程序的非常规作业；

(5) 现场作业人员提出需要进行工作前安全分析的工作任务。

(二) 工作前安全分析步骤

(1) 成立工作前安全分析小组。基层单位负责人指定工作前安全分析小组组长，组长应选择熟悉工作前安全分析方法的管理、技术、安全、操作人员组成小组。小组成员应了解和熟悉工作任务及所在区域环境、设备和相关的操作规程及工作前安全分析方法。

(2) 工作前安全分析小组任务。工作前安全分析小组要审查工作计划安排，分解工作任务，搜集相关信息，实地考察工作现场，核实以下内容：①以前此项工作任务中出现的健康、安全与环境问题和事故；②工作中是否使用新设备；③工作环境、空间、照明、通风、出口和入口等；④工作任务的关键环节；⑤作业人员是否有足够的知识、技能；⑥是否需要作业许可及作业许可的类型；⑦是否有严重影响本工作安全的交叉作业；⑧其他。

(3) 识别危害因素。工作前安全分析小组识别该工作任务关键环节的危害因素，并填写工作前安全分析表。识别危害因素时应充分考虑人员、设备、材料、环境、方法5个方面和正常、异常、紧急3种状态。

(4) 进行风险评价。对存在潜在危害的关键活动或重要步骤进行风险评价。根据判别标准确定初始风险等级和风险是否可接受。风险评价宜选择半定量风险矩阵法或作业条件危险性评价（LEC）法。

(5) 制定风险控制措施。工作前安全分析小组应针对识别出的每个风险制定控制措施，将风险降低到可接受的范围。在选择风险控制措施时，应考虑控制措施的优先顺序。

(6) 制定出所有风险的控制措施后，还应确定以下问题：

①是否全面有效地制定了所有的控制措施；

②对实施该项工作的人员还需要提出什么要求；

③风险是否能得到有效控制。

(7) 在完成上述工作后，如果每个风险在可接受范围之内，并得到工作前安全分析小组成员的一致同意，方可进行作业前准备。工作前安全分析表见表5-8。

表 5-8　工作前安全分析（JSA）表

记录编号：　　　　　　　　　　　　　　　　　　　　　　　　　日期：

单位			JSA组长			分析人员		
工作任务简述：								
□新工作任务　□已做过工作任务　□交叉作业　□承包商作业　□相关操作规程　□许可证　□特种作业人员资质证明								
工作步骤	危害描述	后果及影响人员	风险评价				现有控制措施	建议改进措施	残余风险是否可接受
			暴露频率	可能性	严重度	风险值			

（三）作业许可和风险沟通

（1）需要办理作业许可证的作业活动，作业前应获得相应的作业许可。

（2）作业前应召开班前会，进行有效的沟通，确保：

①让参与此项工作的每个人理解完成该工作任务所涉及的活动细节及相应的风险、控制措施和每个人的职责；

②参与此项工作的人员进一步识别可能遗漏的危害因素；

③如果作业人员意见不一致，异议解决后，达成一致，方可作业；

④如果在实际工作中条件或者人员发生变化，或原先假设的条件不成立，则应对作业风险进行重新分析。

（四）现场监控

（1）在实际工作中应严格落实控制措施，根据作业许可的要求，指派相应的负责人监视整个工作过程，特别要注意工作人员的变化和工作场所出现的新情况以及未识别出的危害因素。

（2）任何人都有权利和责任停止他们认为不安全的或者风险没有得到有效控制的工作。

（五）总结与反馈

（1）作业任务完成后，作业人员应进行总结，若发现工作前安全分析过程中的缺陷和不足，及时向工作前安全分析小组反馈。如果作业过程中出现新的隐患或发生未遂事件和事故，小组应审查工作前安全分析，重新进行工作前安全分析。

（2）根据作业过程中发生的各种情况，工作前安全分析小组提出完善该作业程序的建议。

(3) 由作业负责人填写工作前安全分析跟踪评价表，判断作业人员对作业任务的胜任程度。

四、实施工作前安全分析的做法

(1) 对员工进行工作前安全分析培训。将工作前安全分析内容写入操作员工和主管的培训矩阵中，并进行考核，工作前安全分析培训方式应以现场练习为主。

(2) 正确区分事前工作安全分析与计划性工作安全分析的不同作用和意义。事前工作安全分析通常是办理作业许可的前提条件，是针对特定的非常规作业，其目的是控制此次作业的风险。计划性工作安全分析是针对整个作业流程中的关键任务，多数是常规作业，或者是可预见的非常规作业，其目的是通过工作安全分析评估现有作业程序的有效性或补充关键任务的作业程序。

(3) 正确运用工作前安全分析"四步法"

第一步，将工作任务分解为可观察到的工作步骤，步骤不可过于笼统，也不可过于细化，一般来说步骤的分解不宜超过10步，要点在于找出存在风险的关键步骤。

第二步，识别出每个关键步骤中的危害。危害因素描述要简洁、直接，将工作中会导致人员伤害、设备受损的情况描述清楚，如危害描述"泥浆泵万向轴无护罩导致伤人"，不应描述为机械伤害等危害类别。

第三步，进行风险评价。风险评价要由小组人员共同进行，确保评价结果科学。

第四步，制定有针对性的风险控制措施。控制措施应为具体技术措施，不要使用类似"小心使用"等词语，应简洁说明应该做什么或不应该做什么。如打开氧气瓶阀门时，控制措施应制定为"操作人员须站在阀门出口侧面，不应正对阀门"，不应制定为"小心，注意安全"。

示例 钻杆起吊工作前安全分析见表5-9，表明了起吊钻杆工作前安全分析的全过程。

第九节 工艺危害分析

一、工艺危害分析概念内涵

工艺危害分析（Process Hazard Analysis，PHA）是通过系统的方法来识别、评估和控制工艺过程中的危害，以预防工艺危害事故的发生。PHA是工艺安全管理的基础。完整的PHA还包括落实执行已经接受的措施，并传达给受影响的人员。

工艺危害分析运用有组织、系统的研究途径寻求和达成对于危险控制的跨部门的一致意见并将结果文件化。工艺危害分析应该涵盖以下内容：

(1) 工艺系统的危害；

(2) 对以往发生的可能导致严重后果的事件的审查；

表5-9 起吊钻杆工作前安全分析表

记录编号：

单位									
××钻井队	工作任务简述 起吊钻杆					JSA组长 ×××		分析人员 ×××，×××	日期：

工作步骤	危害描述	后果及影响	风险评价				等级	现有控制措施	建议改进措施	残余风险是否可接受
			L	E	C	D				
第一步：吊车打脚和布置	四个支脚不能完全伸出（场地受限）	起吊能力严重下降，起重机倾覆，人员伤亡	初始风险 6	6	15	540	5	1.加强监护； 2.在支脚梁上打垫木	1.停止作业； 2.在场地不能做调整的情况下，计算起重机在这种条件下的起重负荷，如果超过起重机额定负荷75%，应减少起吊钻杆数量	是
			残余风险 0.5	6	15	45	2			
	有一支脚梁只能伸出1/2	起吊能力严重下降，起重机倾覆，人员伤亡	初始风险 6	6	15	540	5	加强监护	1.停止作业； 2.在场地不能做调整的情况下，计算起重机在这种条件下的起重负荷，如果超过起重机额定负荷75%，应减少起吊钻杆数量	是
			残余风险 0.5	6	15	45	2			
	配合不当垫枕木时挤压手指	伤手	初始风险 6	6	3	108	3	加强监护	1.合理分工，一人负责垫枕木时，一人指挥，统一指挥信号，提醒注意作业时相互配合	是
			残余风险 3	6	3	54	2			
	钢丝绳毛刺、钢丝绳挤压	伤手	初始风险 10	10	1	100	3	戴帆布手套	1.定期保养，保持钢丝绳的清洁； 2.作业时戴皮手套	是
			残余风险 3	10	1	30	2			
第二步：钻杆打捆和起挂	钻杆打捆不牢，钻杆上还压有其他物体	直接起吊钻杆会弹出伤人	初始风险 6	6	15	540	5	停止起重作业； 清除钻杆上的物体	1.采用双支穿套式解索； 2.使用卸扣	是
			残余风险 0.5	6	15	45	2			
	光滑部位打滑绳索	绳索断裂，人员伤亡	初始风险 6	6	15	540	5	停止起重作业； 使用垫物	1.使用专用垫片； 2.穿套时增加圈数	是
			残余风险 0.5	6	15	45	2			

续表

记录编号：　　　　　　　　　　　　　　　　　　　　　　　　　　　　　　　　　　　日期：×××，×××
单位：××钻井队　　　工作任务简述：起吊钻杆　　　JSA组长：×××　　　分析人员：×××

工作步骤	危害描述	后果及影响	风险评价 L	E	C	D	等级	现有控制措施	建议改进措施	残余风险是否可接受
第三步：起吊设备	重物超负荷，钢丝绳断裂	绳索断裂，人员伤亡	初始风险 3	6	15	270	4	1. 起吊前计算被吊物重量；2. 增大一个型号选择钢丝绳；3. 使用力矩限制器	1. 选择合理长度的钢丝绳；2. 肢间夹角控制在60°以内	是
			残余风险 0.5	6	15	45				
	钻杆在起吊过程中摆动	打击人身	初始风险 6	6	7	252	4	1. 加强监护；2. 平稳超吊操作	使用索引绳	是
			残余风险 0.5	6	7	21	2			
	起吊设备绕过电线	电的危害，人员触电	初始风险 6	6	15	540	5	起吊物体距电线5米以外	如果不能达到安全距离，应停止供电，待确认停电后起吊	是
			残余风险 0.2	6	15	18	1			
	地面不平整	钻杆放下后倾斜、散落伤人	初始风险 6	6	7	252	4	1. 加强监护；2. 平稳操作下放钻杆	下放位置加木	是
			残余风险 0.5	6	7	21	2			
第四步：下放设备、取吊具	司绳人员在取吊具时，起重司机起升吊索	人员伤害	初始风险 6	6	7	252	4	专人指挥	1. 加强作业过程监护；2. 提醒作业人员按统一指挥信号作业，起重人员注意观察，相互配合	是
			残余风险 0.5	6	4	12	1			

(3) 控制危害的工程手段和行政手段；

(4) 控制危害的工程手段和行政手段失效时的后果；

(5) 现场设施；

(6) 人为因素；

(7) 定量后果分析。

二、实施工艺危害分析的意义和作用

(1) 通过实施工艺危害分析，可以发现和暴露隐患，并对存在的隐患进行分析，关注风险的更新与变化，制定并实施有效的风险控制措施，采取多种方式、多种途径，有效地控制风险，消除隐患，更好地保证工艺安全系统的安全。

(2) 通过识别已知与未知的危险事件、危害性物料与危险的工艺过程，为理解危险事件及如何对其作出响应提供背景框架。

(3) 识别、消除或减少危险源的风险水平，识别危害事件的后果及对其他工艺安全管理要素的影响。

三、进行工艺危害分析的时机

工艺危害分析方法可以应用在研究和技术开发、新改扩建项目、在役装置、工艺技术变更、停用封存装置、报废拆除装置的各个阶段（见图5-6）。

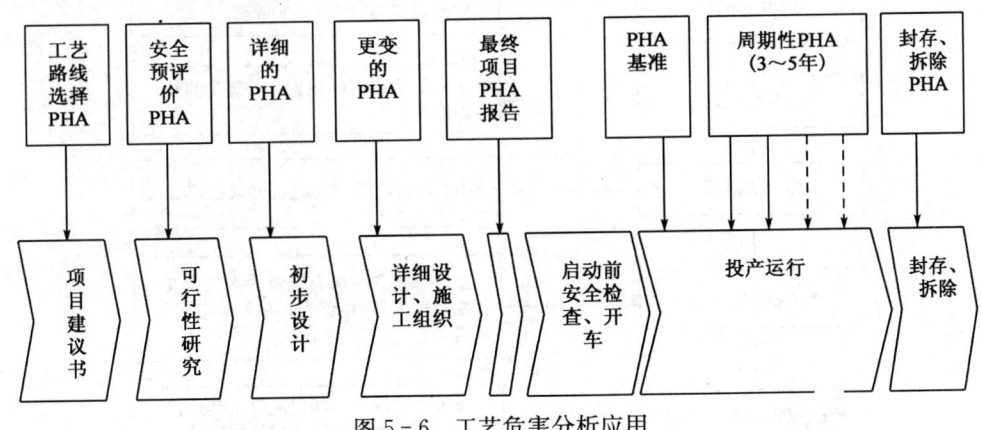

图5-6 工艺危害分析应用

四、实施工艺危害分析的步骤

企业应按照直线管理的要求，根据不同的业务特点，明确工艺安全管理的部门或单位，提供实施PHA相关资源。工艺安全管理部门或单位制定年度整体PHA计划，在具体开展PHA之前，明确PHA负责人，下达PHA工作任务书，选择工作组成员，规定PHA工作组职责、任务和目标。

PHA 的实施包括计划和准备、危害辨识、后果分析、危害评价、风险评估、建议的提出和回复、PHA 报告、建议的追踪等阶段。PHA 流程图见图 5-7。

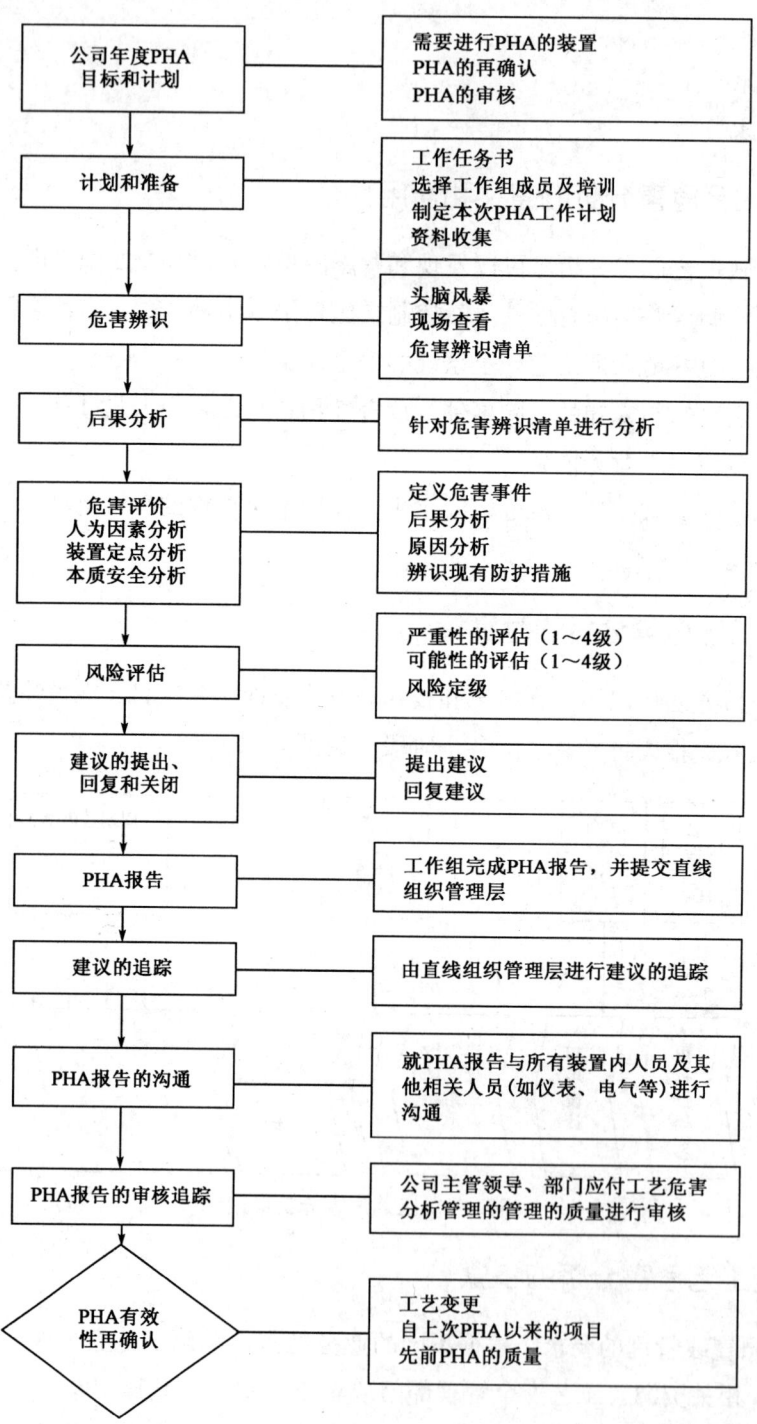

图 5-7 工艺危害分析流程简图

五、常见的工艺危害分析方法

(一)"如果…会怎么样"提问法

"如果…会怎么样"提问法(What If)主要是通过一系列"如果…会怎么样?"的提问,找出与工艺过程相关的危害,是一种"头脑风暴"活动,通常需要一个小组来执行,比较适用于相对简单的工艺系统。

分析的实际效果取决于提问者的经验和知识,如果小组成员有丰富经验并了解相关的工艺生产过程,此方法非常有用;反之,完成的分析可能会不够全面和缺乏系统性。表 5-10 是一个简单的例子。

表 5-10 "如果…会怎么样?"提问法举例

序号	如果…会怎么样	后果/危害	改进措施
1	冷却水泵 P1210 故障停机	反应器 R201 没有冷却水,反应器内的温度升高,可能超压,甚至导致反应器破裂和物料泄漏	为冷却水系统增加一台备用冷却水泵
2	反应器 R201 的冷却水盘管破裂	冷却水进入反应器 R201,可能短时间内产生大量的蒸汽,导致反应器超压破裂和物料泄漏	将反应器 R201 的冷却水盘管列入工厂的"关键设备清单",以增加维护和检测频率
……	……	……	……

(二)安全检查清单法

安全检查清单法(Check List)是根据事先编制的检查清单,按照清单中列出的项目逐项对工艺设计或运行的工艺系统进行检查,确保清单中列出的项目都已经符合相关的要求,没有被遗漏或忽视。

安全检查清单法是典型的定性危害分析方法,它是运用以往积累的经验和事故教训来提高工艺系统的安全性。这种方法很灵活,但所辨识的往往是事故的单一原因,较难对工艺系统进行全面、深入的分析,但可以作为其他危害分析方法的有益补充。

(三)故障模式与后果分析法

故障模式与后果分析法(FMEA)是一种定性的危害分析方法,它主要是面向系统的组成单元,分析工艺系统各个组成单元的故障模式及其原因,并记录可能导致的所有后果。这种方法适用于分析单个设备,以改进设备或工艺单元的设计,其缺点是只关心系统的组成单元,不考虑人为错误和系统单元之间的相互影响。

(四)危险性与可操作性研究

危险性与可操作性研究(Hazard and Operability Study,HAZOP)内容已在本书第二章第三节"HSE 风险评价"中进行较为详细介绍,这里不再赘述。

第十节　作业许可管理

一、作业许可管理概念内涵

作业许可是指对在生产或施工作业区域内工作程序或操作规程未涵盖到的非常规作业，同时包括有专门程序规定的作业活动，如进入受限空间、挖掘、高处作业、吊装、管线打开、临时用电、动火及其他高风险的临时作业，事前开展作业危害辨识，提出作业申请，验证作业安全措施，并最终获得作业批准的一个过程。

办理作业许可是作业的一部分，不是作业前的负担。工作许可证本身不能保证安全，只有作业许可要求的安全措施得到落实才能保证安全。

二、实施作业许可管理的意义和作用

（1）作业许可是对非常规作业和高危作业进行风险控制的重要手段，其目的是通过许可证的办理落实非常规作业、高危作业的安全工作方案，为作业人员提供控制风险和相互协调的指导方法。

（2）使员工养成作业风险未控制在允许承受的范围内不许作业、安全措施不到位不许作业、按标准作业的良好行为习惯。

（3）生产作业活动的管理对象可分为三个方面：常规作业、非常规作业、紧急状态下的应急处置。常规作业可按照操作规程进行管理，紧急状态下的应急处置可按照应急预案执行，对于非常规作业，没有程序或者操作规程上的规定和指导，可采取作业许可的方式进行管理。

三、实施作业许可做法和要求

（1）作业涉及不同的部门，作业许可的审批是直线领导的责任，根据作业初始风险的大小，由有权提供、调配、协调风险控制资源的直线管理人员或其授权人审批作业许可证。批准人通常应是企业主管领导、业务主管、区域（作业区、车间、站、队、库）负责人、项目负责人等。安全人员提供咨询指导。

（2）作业许可由项目单位申请，属地单位负责办理；属地单位负责落实风险控制措施；属地单位必须安排项目监护人员；属地单位主管领导进行审核。

（3）所有需要办理作业许可的作业都要进行工作前安全分析，作为申请作业许可的前提条件。作业负责人应组织所有作业人员就工作前安全分析和许可证中的内容进行培训交底，交底完成后方可到批准人处申请作业许可证，不应在许可证签发后才对作业人员进行培训交底。

（4）所有作业许可证的审批都应到现场进行核查，确认安全措施落实到位，方可批准作

业许可。切忌在办公室里批准作业许可证。

（5）所有人员对违章作业有权中止作业活动。当发生下列任何一种情况时，生产单位和作业单位都有责任立即终止作业，取消（相关）作业许可证，并告知批准人许可证被取消的原因，若要继续作业应重新办理许可证。

①作业环境和条件发生变化；

②作业内容发生改变；

③实际作业与作业计划的要求发生重大偏离；

④发现有可能发生立即危及生命的违章行为；

⑤现场作业人员发现重大安全隐患；

⑥事故状态下。

当正在进行的工作出现紧急情况或已发出紧急撤离信号时，所有的许可证立即失效。重新作业，应办理新的作业许可证。

（6）许可证的签发表示工作正式开始，许可证的关闭表示工作正式结束，许可证签发后不应对其已确认的内容进行更改，因此批准人在签发许可证时要慎重考虑许可证的有效期，尽量减少不必要的延期。

许可证的有效期限一般不超过一个班次。如果在书面审查和现场核查过程中，经确认需要更多的时间进行作业，应根据作业性质、作业风险、作业时间，经相关各方协商一致确定作业许可证有效期限和延期次数。如果在许可证有效期内没有完成工作，申请人可申请延期，申请人、批准人及相关方应重新核查工作区域，确认所有安全措施仍然有效，作业条件未发生变化，申请人和批准人方可在作业许可证上签字延期。在规定的延期次数内没有完成作业，需重新申请办理作业许可证。

（7）作业完毕后，要执行关闭程序，恢复现场，确认无遗留隐患，申请人与批准人在现场验收合格，双方签字后方可关闭作业许可证。

（8）如果工作中包含进入受限空间、挖掘作业、高处作业、移动式吊装作业、管线打开、临时用电、动火作业等高危作业，还应同时办理专项作业许可证。

四、作业许可管理流程

作业许可管理流程如图5-8所示，总体上来说作业许可管理流程分为：作业申请、作业批准、作业实施和作业关闭四个环节，形成一个完整的PDCA闭环。其中，作业申请包括作业前的准备、作业风险的评估以及落实控制措施；作业批准包括进行书面审查和现场核查确认合格后，签批作业许可票证；作业实施包括安全技术交底、现场作业以及作业结束等环节；作业关闭是指确认该项非常规作业已经完成，恢复现场后没有遗留风险，方可签批关闭作业许可票证。

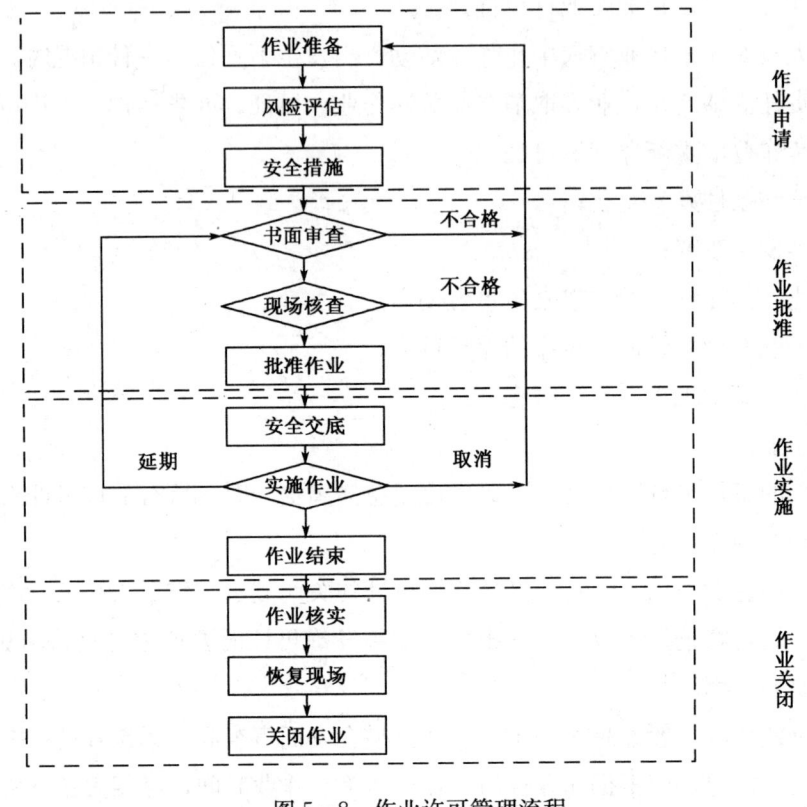

图 5-8 作业许可管理流程

五、实施作业许可注意事项

(1) 作业许可不是行政审批,是作业风险辨识和控制的过程;要正确区别作业许可与行政审批,作业许可是针对某项具体的工作任务办理的许可证,其目的是控制该项作业的风险;而办理 HSE 市场准入证是对承包商资质的审查,是属于行政审批范围。不能将作业许可与行政审批混淆。

(2) 谁负责签批作业许可票证,谁负责组织作业风险辨识和控制;施工作业的人员应参与作业风险辨识和控制的全过程。

(3) 许可证不是安全管理的万能工具。实现本质安全是风险控制的首选措施。设备的改善、防护装备的合理配备、员工安全意识和技能的提高是有效执行作业许可的前提。在硬件没有改善、安全防护不到位时,办理许可证没有实质意义。

(4) 补充必要的作业程序,减少许可证的办理频次。作业许可证是对作业程序无法覆盖的非常规作业和高危作业的特殊控制措施。但一些风险相对较低、频次较高的作业,如修理泥浆泵、淘洗泥浆罐等作业应尽量制定出作业程序,减少许可证的办理,以提高生产效率。

第十一节 上锁挂牌管理

一、上锁挂牌概念内涵

上锁挂牌就是通过安装上锁装置及悬挂警示标牌，来防止危险能源和物料意外释放造成人员伤害或财产损失的做法。上锁就是隔离危险能源，包括释放可能存在的任何残留危险能源，并用锁定它来确保隔离；而挂牌就是挂一个"危险—禁止操作"标签，以确认（清理）现场的所有危险物品，确保设备的污染物已清除、压缩空气已排空、电容等储存能量或机械能量已释放，也指在必要时设置路障，并让不必要的人员离开现场。

二、上锁挂牌的作用及职责

（一）上锁挂牌的作用

（1）防止已经隔离的危险能量和物料被意外释放；
（2）对系统或设备的隔离装置进行锁定，保证作业人员免于安全和健康方面的危险；
（3）强化能量和物料隔离管理。

（二）上锁挂牌的职责

各级领导有责任执行本单位上锁挂牌管理程序，保证上锁挂牌的有效实施；每一位员工及承包商人员应对其自己的安全负责，亲自执行上锁挂牌程序。

三、上锁挂牌十大原则

（1）启动上锁挂牌前，辨识所有危险能源；
（2）作业之前，确定工作中适当的隔离已到位，相关的隔离已有保障；
（3）在能用锁的地方，不单独挂牌，在不能用锁的地方，制定专门挂牌程序，采取相当上锁的措施；
（4）进入上锁区域的人员都应考虑可能会暴露于危险中；
（5）沟通上锁挂牌的状态；
（6）在能源去除和隔离之前，要考虑可能是有危害的；
（7）必须实施有效的试验步骤；
（8）对于所有的电气危险，必须实施断电试验；
（9）任何时候隔离"动力源"，比省时间、省钱、避免麻烦、方便或提高产量都更重要；
（10）"上锁"及"危险禁止操作牌"是神圣不可侵犯的措施。

四、上锁挂牌管理流程

(1) 辨识：上锁挂牌前，辨识所有危险能量和物料的来源。

所有能量和物料的有效隔离是上锁挂牌成功的必要条件。认真计划工作的每一个细节，使用工作前安全分析来辨识作业区域设备、系统或环境内所有的危险能量和物料的来源及类型，并确认有效隔离点。

(2) 隔离：对辨识出的危险能量明确隔离点和类型。

将阀件、电器开关、蓄能配件等设定在合适的位置或借助特定的设施使设备不能运转或危险能量和物料不能释放，采用非管理的方式确保物料和能量不被意外释放。

隔离方式有断开电源或对电容器放电、隔离压力源或释放压力、停止转动设备并确保它们不再转动、释放（容器、管线等）储存的能量和物料、放低设备确保其不因重力而移动、防止设备可能受外力的影响引起的移动。

(3) 上锁：根据隔离清单选择合适的锁具和标签。

根据隔离清单，对已完成隔离的隔离设施选择合适的锁具、填写危险警示标签；正确使用上锁挂牌，以防止误操作的发生；应有程序明确规定安全锁钥匙的控制；上锁同时应挂牌，标签上应有上锁者姓名、日期、单位、简短说明，必要时可以加上联络方式。

(4) 确认：清除现场所有危险物品，危险能源已被隔离。

①确认的方法有：正常启动方式和其他非常规的运转方式；

②试验前，清理该设备周围区域内的人员和设备；

③试验时，屏蔽所有可能会阻止设备启动或移动的限制条件；

④有测试按钮的设备，应在切断电源箱开关之前，先按测试按钮以确认按钮正常，上锁后，再进行确认测试，以确保电源确实被切断。

五、上锁方式及解锁方式

(一) 上锁方式

1. 个人锁

每人只有一把锁供个人专用，用于锁住单个隔离点或锁箱的标有个人姓名的安全锁。

2. 集体锁

用于锁住隔离点并配有锁箱，集体锁可以是一把钥匙配一把锁，也可以是一把钥匙配多把锁。

3. 单个隔离点上锁

有两种形式：单人单个隔离点上锁和多人单个隔离点上锁。

(1) 单人单个隔离点上锁：设备所属单位操作人员和作业人员用各自个人锁对隔离点进

行上锁挂牌；

(2) 多人单个隔离点上锁有两种方式：所有作业人员和设备所属单位操作人员将个人锁锁在隔离点上；或者使用集体锁对隔离点上锁，集体锁钥匙放置于锁箱内，所有作业人员和设备所属单位操作人员个人锁上锁于锁箱。

4. 多个隔离点上锁

用集体锁对所有隔离点进行上锁挂牌，集体锁钥匙放置于锁箱内，所有作业人员和设备所属单位操作人员用个人锁对锁箱进行上锁。

5. 电气上锁

(1) 确认所有电源得到控制。

(2) 上锁人员应有能力进行电气危害评价和处理。

(3) 对可能进行的带电作业或在带电设备附近作业上锁时要采取附加的安全措施。

(4) 电气专业人员在隔离电源点上锁挂牌及测试后，将钥匙放入集体锁箱，作业人员在确认隔离点上锁挂牌后在集体锁箱上锁。

(5) 作业现场的隔离按上锁挂牌执行。

(二) 解锁方式

解锁分正常解锁和非正常拆锁。

(1) 正常解锁：工作完成后，由上锁者本人进行解锁。

在确认所有工作完成后，每个上锁挂牌的作业人员应亲自去解锁，他人不得替代；涉及多个作业人员的解锁，应在所有作业人员完成作业并解锁后，操作人员按照上锁清单逐一确认并解除集体锁及标牌。

(2) 非正常拆锁：上锁者本人不在场或没有解锁钥匙，且其危险禁止操作标签或安全锁需要移去时的解锁。

如有上锁挂牌的人员不在现场或没有钥匙时，解锁应满足以下两个条件之一：

①与锁的所有人联系并取得其核准；

②生产及施工单位主管双方确认下述内容后方可解锁：确知上锁的理由；确知目前工作状况；检查过相关设备；确知解除该锁及标签是安全的；在该员工回到岗位后，告知其本人。

第十二节 目视化管理

一、目视化管理概念内涵

目视化管理就是通过颜色、标识、标签等方式区分或鉴别工器具及设备的使用状态、工艺介质及流向、生产作业场所的危险状态、人员身份及资质等的现场（定置）管理方法。目视化管理包括人员目视化、工器具目视化、工艺目视化、设备目视化和现场目视化管理。

二、目视化管理意义和作用

通过简单、明确、醒目、易于辨别的管理模式或方法，强化现场安全管理，确保工作安全，目的是为了规范人员、工器具、工艺设备和生产作业现场的目视化管理，提高现场管理水平，有效提升工作现场的安全管理绩效，也是营造安全文化环境氛围的一种手段。

三、目视化管理做法和要求

（一）人员目视化管理

（1）工作服（背心）颜色、安全帽颜色，用于不同部门、工种或承包商的辨识区别管理。

（2）所有人员入场前经过培训，考核合格后方能发予胸卡（以不同的颜色区别员工及承包商），用来识别员工及承包商的基本培训资格认证。入厂许可证胸卡（识别证）的发放必须编号记录归档。

（3）经过特种作业培训并考核合格后发予"特种作业资格证"，标识粘贴于安全帽上以识别工作人员的特种作业资格。"特种作业资格证"的发放必须编号记录归档。

（二）工器具目视化管理

以各种不同颜色的检查标签粘贴于明显位置以供识别工具设备合格与否，例如：

（1）梯子检查通过时，应在从底部算起第二与第三阶之间的右边柱子涂上颜色或用胶带贴上年度检查颜色。

（2）用附有检查日期的不同颜色的标签贴附在被检查的电动设备或工具上。

（3）在脚手架踏板两端涂刷颜色以识别踏板应突出或重叠长度的要求。

（4）用不同标签来识别压力瓶罐的容量或工具设备的好坏（损坏标签、危险标签等），应用状态标签标明气瓶的使用状态。

（5）对于其他工具应在其明显位置粘贴有检查（校验）日期、使用状态（合格、不合格）的标签，以确认该工器具使用的合规性。

（三）工艺目视化管理

（1）管线、阀门——应在管线上标明介质名称、流向，在控制阀门上悬挂或粘贴显示工位号或编号、相关参数的耐用标签。

（2）仪表——应在就地指示仪表上标识出仪表的工作范围，粘贴校验标签。远传仪表在现场应悬挂显示工位号、相关参数的耐用标签，联锁仪表应在标签上注明。

(3) 化学品器具——不同的化学品应分类摆放，应对盛装器具设置标识，标识包括化学品名称、危害等级等基本信息以及检验状态。

(四) 设备目视化管理

(1) 设备标识牌——应在设备明显位置设置标识牌，标识牌可包括设备基本信息、责任人以及使用状态等内容。

(2) 控制按钮/开关——现场电气设备按钮/开关都应标注控制对象。

(3) 润滑器具——设备润滑器具、加油桶、加油壶应分类定置摆放，并设置包括油品名称、牌号等基本信息的标识。

(五) 现场目视化管理

(1) 生产作业现场的标识。

生产装置周边——画黄色指示线，提示有危险，进入时需注意；装置主要入口喷涂警示和提示标识。

消防设备、重要设施及特殊要求场所——画红色指示线，表示禁止、停止、危险以及消防设备。

装置内油桶区域——地面画蓝色或白色指示线，表示指令，要求人们必须遵守的规定。

废旧物资及化工原材料——应分类存放并设有标识。

(2) 生产作业现场的隔离，分为警示性隔离、保护性隔离。

警示性隔离——采用安全专用隔离带标识出隔离区域。安全专用隔离带应固定在稳固立柱上并距离地面1.2米。适用于临时性维修区域、安全隐患区域以及其他禁止人员随意进入的区域。

保护性隔离——采用围栏标识出隔离区域。围栏可使用木板、金属板等材料。适用于容易造成人员坠落、有毒有害物质喷溅、路面施工以及其他防止人员随意进入的区域。

(3) 定置管理。

现场长期使用（超过一个月）的机具、车辆（包括厂内机动车、特种车辆）、消防器材、急救设施等物件，应根据需要摆放在指定的安全位置。应对物件的摆放位置做出标识（可在周围画线或以文字标识）。标识应与其对应的物件相符，并易于辨别。

第十三节 HSE"两书一表"管理实践

中国石油从1997年在全系统推行HSE体系建设，积极探索适合于中国石油基层组织有效实施的HSE风险管理模式，以实现对风险的有效控制。在借鉴一些西方石油公司风险管理方法的基础上，着重对壳牌公司所使用HSE CASE进行了研究、分析和借鉴。根据中国石油所属企业基层组织员工的文化素质和企业管理现状，研发出了适用于中国石油基层组织特点的HSE"两书一表"管理模式，并自2001年开始，在中国石油未上市企业全面推行。2007年，对HSE"两书一表"的编制进行了规范和改进完善，并在中国石油各企业与地区公司推广应用，取得了良好效果。目前，HSE"两书一表"已形成了具有中国石油特色的基层组织HSE风险管理模式。

一、HSE"两书一表"概念

（一）"两书一表"的来历

HSE Case（HSE例卷）是壳牌石油公司开发设计的针对项目管理的HSE文件，是一个包括了与特定作业HSE有关的所有信息的简单、有序、可审核的文件；也是在作业过程或资产的整个存在过程中可不断修改的动态HSE风险管理文件；同时还是可实现石油公司既定目标的手段，通过在基层组织实施HSE Case管理，项目HSE风险管理工作得以进一步强化。并通过壳牌石油公司的推动，HSE Case在很多石油公司的项目风险管理中得到了应用。

（二）HSE"两书一表"概念的形成

中国石油在对外合作勘探开发业务中，逐步接触到了国际石油公司HSE管理，并在对外合作勘探开发项目中接触应用了HSE Case。壳牌公司所研发HSE Case是一种很好的项目HSE风险管理模式，但由于项目全面的HSE风险管理工作都要集中在项目开始前进行，对于壳牌公司而言，由于工期比较合理，员工素质、文化水平也高，因此，对于HSE Case的编制和宣贯都不存在什么问题。但对于中国石油的基层组织而言，通常由于工期紧张，同时员工的文化水平、业务素质也不高，工作开展起来难度很大。具体原因有：第一，在项目开工前，对一个项目通过风险管理"三部曲"（危害因素辨识、风险评估及风险的削减与控制），开展全面风险管理，活动工作量大，导致活动质量不高，效果不佳；第二，由于是项目的全面风险管理，内容很多，文件编制量很大；第三，由于文件篇幅长，宣贯工作量大，导致培训效果不佳；第四，由于是项目的全面风险管理，防控措施太多，短期内培训难以被员工领会并加以落实。另外，由于这些工作的执行主体是基层组织，鉴于中国石油基层组织无论是干部还是员工，由于其文化素质偏低，HSE风险管理知识欠缺，风险意识薄弱，加之日常工作任务繁重，使得基层组织干部、员工在开展这项工作时，客观上难度大，不易操作，主观上也不够积极主动，不愿去做，从而导致这项工作在基层组织推行起来举步维艰，难以实施。针对上述问题，中国石油天然气集团公司安全环保与节能部根据企业基层组织特点，按照不同类型的风险，把HSE Case一分为二，即对变与不变的风险分别进行管理，形成"两书一表"，即HSE作业指导书、HSE作业计划书和HSE检查表。由于大量的风险属于与专业相关、相对固定的常规风险，对这类风险的管理，相对固化下来形成 HSE 作业指导书。这样，由于对绝大多数风险的管理都集中在相对固定的作业指导书中，针对具体作业活动（项目）所编制的作业计划书就比较简单，能够在项目（活动）开始前完成编制，并进行宣贯。对于作业指导书虽然编制起来工作量相对较大，但对它的编制没有时间限制，且编制完成后可以长期使用。针对那些与专业无关的动态性风险，或因人、机、料、法、环等要素的变更而引发的新增风险等非常规风险的控制，形成另一份相对独立的作业文件，即 HSE 作业计划书。针对施工作业现场进行 HSE 检查编制一种实用表格，用于岗位员工的现场检查，即 HSE 检查表。这样，就解决了 HSE Case 在企业基层组织应用过程中所遇到种种问题，真正把风险管理落到了实处。因此，"两书一表"HSE 风险管理模式是在总结和借鉴 HSE Case 这种风险管理方法基础上，结合中国石油基层组织的实际，经过认真研究和探索而提出的，同时，在试点运行和不断改进的基础上，形成的具有中国石油特色的"两书一表"管理模式。"两书"用于规范人的不安全行为，"一表"用于检查物的不安全状态。实践证明 HSE "两书一表"是实现 HSE 管理体系文件在基层"落地"与"生根"的一种有效途径，是风险管理理论对具体工作的指导。

HSE "两书一表"的研发和应用，满足了中国石油企业基层组织生产经营任务繁重、人员文化素质偏低、HSE 管理文件化水平较低这种特定的需求。中国石油所属企业根据 HSE "两书一表"的风险管理原理，结合本专业特点，在推广应用 HSE "两书一表"的实践中进一步开发了诸如"两书一表一卡"、"一书一表"、"四有一卡"、"三卡一表"等形式多样应用形式，但这些都是以 HSE "两书一表"风险管理模式为基础的。

二、推行 HSE "两书一表"的意义和作用

通过 HSE "两书一表"的实施，就把风险管理这一理论工具与基层组织的实际工作，紧密地联系在了一起，把对大量不变的风险的管理，编制成相对固定的作业指导书，通过日常的培训、学习，提升员工素质，达到对常规风险管控的目的；同时，针对具体项目中由于人机、料、法、环的变化、变更所产生的新增风险，与具体项目密切相关，因此，只能通过具体项目的"一事一议"进行管理，这就是项目的作业计划书。较之 HSE Case，"两书一表"把不同类型（变与不变）的风险分别进行管理，变化的风险按"一事一议"的方式进行管理，固定的风险固化为固定版本的作业指导书，这样，就避免了像 HSE Case 那样每个项目都要把大量固定不变的风险进行反复地辨识、评估并制定措施。合理的分工，不仅便于文件的编制，更便于文件的使用。另外，"两书一表"风险管理模式，在"两书"的基础上增加"一表"，"两书"用于规范人的不安全行为，"一表"用于检查物的不安全状态。因此，西方管理专家在评价"两书一表"时认为，"两书一表"较之壳牌公司的 HSE Case，方法上更科学，理论上更合理。

"两书一表"的实施，既为理论服务于实践找到了用武之地，又解决了石油石化高风险行业亟待解决的风险控制问题，是运用风险管理理论，解决生产经营活动中风险控制问题的得力手段和有效工具。通过 HSE "两书一表"的实施，使广大员工参与到风险管理活动中去，向广大基层组织员工灌输了风险管理理念，使基层组织员工普遍树立了岗位风险管理意识。首先是参与本岗位的风险辨识活动，辨识本岗位存在哪些危害因素，为后续的风险评估提供信息输入；其次，通过风险管理过程制定出风险控制措施后，作为关键任务把它们分配到各相关岗位，并要求在相关岗位员工的参与下完成对风险的控制，强化了员工遵章守纪意识，减少了违章操作、违章指挥的行为，实现了对人的不安全行为和对物的不安全状态的控制，提升了基层组织风险管理水平，从而使得安全生产业绩有了显著提高。

此外，中国石油所实施的以风险管理为核心的 HSE 管理体系，也已为社会所认可。2002 年"中国石油 HSE 管理体系"项目获国家安全生产监督管理局科技成果一等奖，而其中 HSE "两书一表"作为基层组织 HSE 管理体系的实施模式，是 HSE 管理体系重要组成部分，同时 HSE "两书一表"已成为中国石油基层组织实施 HSE 体系管理的标志和品牌。

三、"两书一表"的管理做法与要求

（一）HSE "两书一表"的策划与编制

无论是 HSE 指导书还是计划书，其核心内容都是风险管理理论在实际工作中的具体运用，也即理论与实践相结合的产物。

HSE 作业指导书是对常规专业风险的管理，在策划指导书的编制时，首先是结合专业特点，使用某种危害因素辨识方法，对与本专业有关的危害因素进行全面、系统辨识；其次，在完成危害因素辨识的基础上，根据所辨识出的这些危害因素可能引发事故后果的严重程度，再结合该危害因素可能发生事故的概率，应用风险评估方法，对所辨识出危害因素风险的大小进行逐一评估，从而完成对风险严重程度的分级；然后，根据风险特点及其严重程度，分别制定出相应的削减或控制措施；最后，把所制定出的这些风险控制措施作为关键任务，分配到各相应岗位，落实到每个岗位员工，由每个岗位作业人员各司其职，从而实现对风险的有效控制。上述风险管理过程就构成了 HSE 作业指导书的主要内容。

HSE 作业计划书编制的基础是指导书，它是对指导书内容的补充，即把指导书所未涉及的，由于人、机、料、法、环的变更而引起的新增风险进行控制。其编制原则、方法与指导书一致，仍然是从危害因素辨识、风险评估到对风险控制，这一风险管理全过程在实际工作中的具体运用。计划书与指导书不同的是，作业计划书是主要针对指导书中没有涉及的，除常规专业风险之外的新增风险内容的管理，是对由于人、机、料、法、环的变更而引发的新增风险的控制，因此说，计划书是对指导书的补充。计划书必须在项目开工前完成编制，

以便在项目开始前培训学习,并在项目运行期间参考使用,一旦项目结束,该项目的计划书即告废止,因此,计划书更换频繁,需简明扼要、易于编制、便于使用。

相对于计划书的频繁更换,由于指导书是对常规专业风险的管理,而一个专业的工艺流程、设备设施等通常是相对固定的,由此而产生的风险也是相对固定的,因此,对于控制常规作业风险的指导书,一旦编制完成之后,只要构成指导书的要件(如设备、工艺等)不变,指导书就可保持不变。但指导书可在风险管理内容的基础上,增加一些应知应会知识内容等,做得丰富全面些,便于学习、参考,利于指导工作。指导书既可作为规范基层岗位员工操作行为的指南,也可作为基层岗位员工学习、培训的基本资料。

(二) HSE"两书一表"的编制内容

1. HSE 作业指导书

1) HSE 作业指导书的内容

2007 年,中国石油针对 HSE"两书一表"经过多年的运行所反映出的一些问题,经过深入研究探索,对"两书一表"编制内容做出了进一步规范和改进,发布了《关于进一步规范 HSE 作业指导书和 HSE 作业计划书编制工作的指导意见》(安全〔2007〕44 号),明确了指导书的主要内容由以下五部分组成:

(1) 岗位任职条件;

(2) 岗位职责;

(3) 岗位操作规程;

(4) 巡回检查及主要检查内容;

(5) 应急处置程序。

以上五部分是指导书的主要内容,随着基层岗位员工掌握程度和接受能力的提高,可逐步完善指导书的相关内容。对条件成熟的单位,应把现行的作业程序、设备操作规程、工艺技术规程以及应知应会知识等文件进行清理,充实指导书的内容,减少基层文件重复现象,确保指导书在规范基层岗位员工操作行为上具有唯一性和权威性。

2) HSE 作业指导书的编制与使用

HSE 作业指导书用作对本岗位(专业)常规风险的管理,是以操作规程为主要内容的员工应知应会知识的集成。HSE 作业指导书的编制应在企业或企业所属二级生产技术部门牵头组织下,由负责人事、企管法规、生产、技术、设备、工艺、标准及安全环保等相关职能部门参加,组成编制工作组。编制时,首先对基层组织现有的操作规程、规章制度等相关作业文件进行清理,对于需要收入指导书的操作规程,应通过风险管理手段进行修改完善。具体地,对于需要修改完善的操作规程,首先要对该操作规程所规范的作业环节开展危害因素辨识和风险评估,并对需要进行防控的风险制定出的风险削减与防范措施,再把这些风险削减与防范措施融入到该项操作规程中，实现对操作规程的修改和完善。其次，按照指导书的内容要求进行汇总和整合。另外，对操作规程、应急处置程序的修改、完善还应与"工作循环分析（JCA）"相结合，使之科学合理、便于操作。应根据属地管理原则修改完善岗位职责及任职条件。编制完成后，由主管生产技术的领导牵头，HSE主管部门组织，各有关部门和基层岗位员工参加，对HSE作业指导书进行审核，并组织培训。

HSE作业指导书应印发到基层岗位员工，内容较多时可按分册管理，相关人员应人手一册。使用过程中，要定期强化培训，对于指导书的培训应与HSE培训矩阵相结合。培训矩阵是一种能够有效提升员工培训效果的科学、合理的培训管理模式，而作业指导书是以岗位操作规程为主的岗位应知应会知识的集成，是提升岗位员工的业务素质基本知识的载体，因此，要有效提升岗位员工的业务素质，就要采用培训矩阵这种有效培训管理模式，开展对作业指导书的科学培训。应把作业指导书中的内容细化为培训模块，作为培训矩阵中的"培训内容"，按照培训矩阵中针对该项内容所设计的课时、周期、方式、师资等方面的要求进行培训。同时，应通过岗位作业指导书与岗位培训矩阵间的相互结合，逐步修改、完善岗位作业指导书。通过对岗位作业指导书的学习、培训，应达到有效提升员工业务素质，防控常规作业风险的目的。另外，各有关业务主管部门应及时收集有关信息，协调解决文件执行中的问题，按照体系变更程序进行变更管理。

2. HSE作业计划书

1) HSE作业计划书的内容

2007年，中国石油发布《关于进一步规范HSE作业指导书和HSE作业计划书编制工作的指导意见》（安全〔2007〕44号），明确了HSE作业计划书的主要内容由以下五部分组成：

（1）项目概况、作业现场及周边情况；

（2）人员能力及设备状况；

（3）项目新增危害因素辨识与主要风险提示；

（4）风险控制措施；

（5）应急预案。

基层组织可以参照上述内容，编制计划书。没有编制指导书的基层组织，或是由不同单位基层组织新组建的项目部，在各自的指导书上存在很大差异不便执行时，应按照上述内容，把指导书中有关内容一并考虑，编制计划书。

2) HSE作业计划书的编制与使用

在内容上，计划书应满足"适时、实用、简练"要求。计划书编写应在基层组织主要负责人（队长、项目经理）主持下，对项目（活动）在人员、环境、工艺、技术、设备设施等方面发生变化或变更而产生的危害因素进行辨识，由生产技术人员、班组长、关键岗位员工及安全员共同参与编制。计划书是对指导书内容的补充，它是对指导书未覆盖的、本项目特有的新增风险的管理。指导书与计划书的关系，即共性与个性、普遍性与特殊性的关系，计划书与指导书结合在一起，构成了对项目所有需要防控风险的控制。计划书的内容主要是对本项目中由于环境、人员、工艺技术、设备设施等各种变化、变更所产生的新增风险的管理和对本项目主要风险的提示。通过计划书对项目主要风险的提示，既强化了对项目主要风险的防控，又把项目主要风险与对其可能引发的事故、事件的应急管理联系在一起。计划书编制的繁简程度应根据具体项目情况而定，由于大多数项目工期短，前期准备时间紧张，因此，凡在指导书中已经体现的内容，原则上不应再写入计划书，使计划书简明扼要、简单易行。当甲方对计划书有特殊要求时，也可把对常规风险的控制措施制成固化的表单，作为计划书的附件，一方面既可以满足甲方的审查要求，也可以作为员工对常规风险控制措施的学习参考资料；另一方面，由于对常规风险的管理是已固化的表单，计划书编制完成后作为附件附在后面，不影响计划书主体内容的编制。另外，对于项目中风险较大的专项作业活动风险的防控，可在该项作业活动开始前，通过对其进行"工作前安全分析（JSA）"来控制，不必编写在前期的计划书中，这样既减少了前期计划书编制的工作量，也提高了对专项作业活动风险防控的针对性和可操作性。

　　计划书编制完成后，应在项目开工前组织培训，并对相关方进行告知。计划书的编制与应用应作为项目开工许可的必要条件，未完成计划书编制并进行宣贯的项目不得开工，杜绝项目边施工边编制计划书，或项目完工后再编制计划书的形式主义。计划书的编制与应用为"一事一议"模式，计划书应在项目开始之前完成编制并进行宣贯、交底，项目结束后，该项目计划书即宣告废止，严禁本项目计划书挪做下个项目使用。对于工期较长或作业环境等发生较大变化的项目，应通过《风险管理单》或"工作前安全分析（JSA）"等方式，对项目进行动态风险管理。各单位应根据项目性质及其风险的高低，明确计划书的审批权限，把好计划书的编制质量关。计划书应在项目开工前组织学习、交底，在项目作业期间参考使用，通过对项目作业计划书的学习、培训，使员工了解、掌握所从事项目的新增风险及其防控措施，达到对项目新增风险防控的目的。另外，在项目开工前组织学习计划书的同时，视情况还应对计划书所附的项目主要风险的应急预案进行学习，以强化对项目重特大风险的应急管理。

　　为进一步简化计划书编制内容，切实提高计划书的针对性和可操作性，指导意见对施工作业活动划分了四种类型，供在计划书编写时参考使用。

　　第一种：作业周期长、作业场所相对固定的作业项目（如钻井的探井、重点井，井下的大修、试油，以及炼化装置停工检修等），应在施工前编制项目计划书，并在计划书中增加《风险管理单》，见表5-11。在施工过程中，应定期组织危害识别活动，对随着时间变化而带来的新增危害因素进行辨识,在原计划书基础上,制定相应的风险削减及控制措施,填写《风险管理单》,作为对计划书的补充。

表 5-11 风险管理单(样表)

编码			编号		
	作业地点(包括井号、工号等)				
	本表对应的作业计划书名称				
1	新增主要危害因素辨识(包括对人员、环境、工艺、技术、设备设施变化的描述)				
2	主要风险提示(包括指导书中提到的主要风险)				
3	风险削减和控制措施				
4	应急处置				
编写人		年 月 日	项目监督		年 月 日
审核人		年 月 日	项目经理		年 月 日
相关人员告知记录					
序号	姓名	工作岗位(职务)		签字	日期
					年 月 日
					年 月 日
					年 月 日
完成时间		年 月 日	验收人		年 月 日

备注:1. 本表是计划书的附件。
2. 本表的内容按照计划书的使用要求填写。
3. 本表的内容不限于在一张表格上,可以视情况增加附页。

第二种:作业周期长、作业场所移动的作业项目(如物探作业、管道建设施工等),应在施工前编制项目计划书,并在计划书中增加《风险管理单》。在施工过程中,对随着时间、环境变化而带来的新增危害因素进行辨识,在原计划书基础上,制定相应的风险削减及控制措施,填写《风险管理单》,作为对计划书的补充。

第三种：作业周期短、作业场所移动且在同一区块内作业的项目（如钻井开发井，井下小修、压裂，以及测井、录井、固井等在同一区块作业），应在施工前编制区块计划书，并在计划书中增加《风险管理单》。在同一区块施工过程中，对随着时间、环境变化而带来的新增危害因素进行辨识，在原区块计划书基础上，制定相应的风险削减及控制措施，填写单井《风险管理单》。

第四种：作业周期短、作业场所相对固定的作业活动（如生产辅助性作业，炼化装置临检维修等），作业前必须开展危害识别活动，填写《风险管理单》，也可将风险削减及控制措施纳入"作业许可"、"施工方案"或"工作单"等相关文件中。

思 考 题

1. 你认为你所在企业目前在管理机制上存在什么问题？在执行力上存在什么问题？
2. 你是如何理解 HSE 管理原则及反违章六条禁令？
3. 应如何做到有感领导？您认为在具体工作中如何体现出有感领导？
4. 如何理解属地管理的内涵？属地管理包括哪些要素？
5. 每件工作安排是否都应做到责任明确，是否落实直线责任？你认为应如何落实直线责任？
6. 安全观察与沟通的作用和目的是什么？实行安全观察与沟通与常规的安全检查有何不同？
7. 领导在个人行动计划中需要做哪些事情？
8. 实施作业许可过程中有哪些注意事项？
9. 目视化管理有哪些意义？如何才能做到现场的标识保持完好？
10. 你认为如何完善和有效运行 HSE 培训系统？识别培训需求需要考虑哪些方面？
11. HSE 作业指导书和项目 HSE 作业计划书编制的内容有哪些？

附　录

附录1　Q/SY 1002.1—2007《健康、安全与环境管理体系　第1部分：规范》

1　范围

Q/SY 1002 的本部分规定了健康、安全与环境管理体系的基本要求，旨在使组织能够控制健康、安全与环境风险，实现健康、安全与环境目标，并持续改进其绩效。

本部分适用于中国石油天然气集团公司各组织及其相关方建立、实施、保持和持续改进健康、安全与环境管理体系。

组织依据本部分的要求建立、实施、保持和改进健康、安全与环境管理体系时，应充分考虑组织的健康、安全与环境方针、活动性质、运行的风险与复杂性等因素。

2　规范性引用文件

下列文件中的条款通过 Q/SY 1002 的本部分的引用而成为本部分的条款。凡是注日期得的引用文件，其随后所有的修改单（不包括勘误的内容）或修订版均不适用于本部分，然而，鼓励根据本部分达成协议的各方研究可使用这些文件的最新版本。凡是不注日期的引用文件其最新版本适用于本部分。

GB/T 24001—2004　环境管理体系　要求及使用指南（ISO 14001：2004，IDT）
GB/T 28001—2001　职业健康安全管理体系　规范（neq OHSAS 18001：1999）
SY/T 6276—1997　石油天然气工业　健康、安全与环境管理体系

3　术语和定义

下列术语和定义适用于 Q/SY 1002 的本部分。

3.1　事故 accident

造成死亡、疾病、伤害、污染、损坏或其他损失的意外情况。

3.2　内部审核 audit

客观地获取审核证据并予以评价，以判定组织对其设定的健康、安全与环境管理体系审核准则满足程度的系统的、独立的、形成文件的过程。

注：在许多情况下，独立性可通过与所审核活动无责任关系来体现。

3.3 审核员 auditor

经过培训,并取得相应资质,有能力实施审核的人员。

3.4 清洁生产 cleaner production

将整体预防的环境战略持续应用于生产过程、产品和服务中,以期提高资源利用效率并减少或消除环境污染和生态破坏。

3.5 持续改进 continua improvement

为改进健康、安全与环境总体绩效,根据健康、安全与环境方针,组织不断强化健康、安全与环境管理体系的过程。

注:该过程不必同时发生在活动的所有领域。

3.6 纠正 corrective

消除已发现的不符合。

3.7 纠正措施 corrective action

为消除已发现的不符合的原因所采取的措施。

[GB/T 24001—2004 中的 3.3]

3.8 顾客 customer

接受产品的组织或个人。

3.9 文件 document

信息及其承载媒体。

注:媒体可以是纸张、计算机磁盘、光盘或其他电子媒体,照片或标准样品或它们的组合。

[GB/T 24001—2004 中的 3.4]

3.10 环境 environment

组织运行活动的外部存在,包括空气、水、土地、自然资源、植物、动物、人,以及他们之间的相互关系。

注:从这一意义上,外部存在从组织内延伸到全球系统。

[GB/T 24001—2004 中的 3.5]

3.11 环境影响 environmental impact

全部或部分地由组织的活动、产品或服务给环境造成的任何有害或有益的变化。

[SY/T 6276—1997 中的 3.4]

3.12 健康 health

影响工作场所内员工、临时工作人员、合同方人员、访问者和其他人员的身体、精神、行为等方面达到良好状态的条件和因素。

3.13 危害因素 health, safety and environmental hazard

一个组织的活动、产品或服务中可能导致人员伤害或疾病、财产损失、工作环境破坏、有害的环境影响或这些情况组合的要素,包括根源和状态。

3.14 危害因素辨识 hazard identification

识别健康、安全与环境危害因素的存在并确定其特性的过程。

3.15 健康、安全与环境管理体系 health, safety and environmental management system (HSE—MS)

总的管理体系的一个部分,便于组织对与其业务相关的健康、安全与环境风险的管理。它包括为制定、实施、实现、评审和保持健康、安全与环境方针所需的组织结构、策划活动、职责、惯例、程序、过程和资源。

3.16 健康、安全与环境方针 health, safety and environmental policy

组织对其健康、安全与环境绩效的意图与原则的声明。

3.17 健康、安全与环境指标 health, safety and environmental target

直接来自健康、安全与环境目标,或为实现目标所需规定并满足的具体的健康、安全与环境绩效要求(准则),它们可适用于组织或其局部,如可行应予以量化。

3.18 事件 incident

导致或可能导致事故的情况。

注:其结果未产生疾病、伤害、损坏或其他损失的事件叫未遂事件,在英文中还可称为"near-miss"。英文中,术语"incident"包含"near-miss"。

[GB/T 28001—2001 中的 3.6]

3.19 相关方 interested parties

关注组织的健康、安全与环境绩效或受其绩效影响的个人或团体。

注:相关方包括了立法者、政府、毗邻者、合作者、顾客(见3·8)、保险商、承包方、供应方等。

3.20 管理方案 management parties

为实现健康、安全与环境目标和指标,经策划所编制的规定职责权限、资源、程序(措施)和期限的文件。

注1：管理方案是健康、安全与环境管理体系建立和保持策划阶段的文件之一。

注2：管理方案是针对组织的活动、产品、服务和/或运行条件的变化，采取不同的健康、安全与环境管理的具体对策或措施，形式可以列表或是综合性指导文件。

注3：作业计划书可视为针对具体项目的管理方案。

3.21　不符合 non-conformance

任何与工作标准、惯例、程序、法规、管理体系绩效等的偏离，其结果能够直接或间接导致伤害或疾病、财产损失、工作环境破坏、有害的环境影响或这些情况的组合。

3.22　目标 objectives

组织在健康、安全与环境绩效方面所要达到的目的。

3.23　组织 organization

职责、权限和相互关系得到安排的一组人员和设施。

注：对于拥有一个以上运行单位的组织，可以把一个单独的运行单位视为一个组织。

3.24　绩效 performance

基于健康、安全与环境方针和目标，与组织的风险控制有关的健康、安全与环境管理体系的可测量结果。

注1：绩效测量包括健康、安全与环境管理活动和结果的测量。

注2："绩效"也可称为"业绩"。

3.25　事故预防 prevention of accident

采用技术和管理等措施以避免事故的发生。

3.26　预防措施 preventive action

为消除潜在不符合原因所采取的措施。

[GB/T 24001—2004 中的 3.17]

3.27　程序 procedure

为进行某项活动或过程所规定的途径。

[GB/T 24001—2004 中的 3.19]

3.28　记录 record

阐明所取得的结果或提供所从事活动的证据的文件。

[GB/T 24001—2004 中的 3.20]

3.29　风险 risk

某一特定危害事件发生的可能性与后果的组合。

[GB/T 28001—2001 中的 3.14]

3.30 风险评价 risk assessment

评估风险程度以及确定风险是否可容许的全过程。

3.31 安全 safety

免除了不可接受的损害风险的状态。

[GB/T 28001—2001 中的 3.16]

3.32 可容许风险 tolerable risk

根据组织的法律义务和健康、安全与环境方针,已降至组织可接受程度的风险。

4 总要求

组织应建立、实施、保持和持续改进健康、安全与环境管理体系,确定如何实现这些要求,并形成文件。第 5 章描述了健康、安全与环境管理体系的要求。

组织应界定健康、安全与环境管理体系的范围,并形成文件。

健康、安全与环境管理体系模式如图 1 所示。

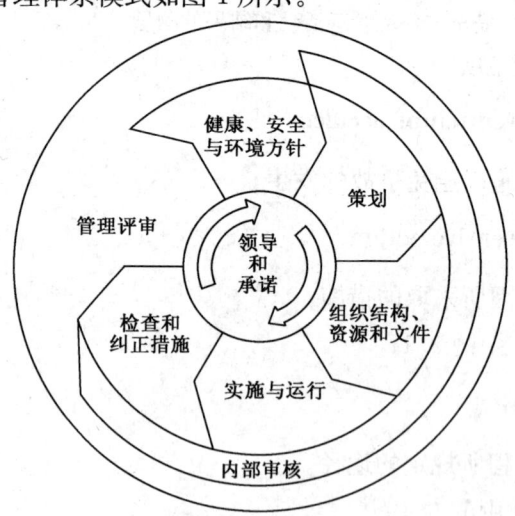

注:本部分规定的健康、安全与环境管理体系基于策划—实施—检查—改进(PDCA)的运行模式原理。关于 PDCA 的含义简要说明如下:
——策划:建立所需的目标和过程,以实现组织的健康、安全与环境方针所期望的结果;
——实施:对过程予以实施;
——检查:根据承诺、方针、目标、指标以及法律法规和其他要求,对过程进行监视和测量;
——改进:采取措施,以持续改进健康、安全与环境管理体系绩效。

图 1 健康、安全与环境管理体系模式

5 健康、安全与环境管理体系要求

5.1 领导和承诺

组织应明确各级领导健康、安全与环境管理的责任，保障健康、安全与环境管理体系的建立与运行。最高管理者应对组织建立、实施、保持和持续改进健康、安全与环境管理体系提供强有力的领导和明确的承诺，建立和维护企业健康、安全与环境文化。各级领导应通过以下活动予以证实：

a) 遵守法律、法规及相关要求；
b) 制定健康、安全与环境方针；
c) 确保健康、安全与环境目标的制定和实现；
d) 主持管理评审；
e) 提供必要的资源；
f) 确保健康、安全与环境管理体系有效运行。

5.2 健康、安全与环境方针

组织应具有经过最高管理者批准的健康、安全与环境方针，规定组织健康、安全与环境管理的原则和政策。健康、安全与环境方针应：

a) 包括对遵守法律、法规和其他要求的承诺，以及对持续改进和清洁生产、事故预防、社会责任的承诺等；
b) 与上级组织的健康、安全与环境方针保持一致；
c) 适合于组织的活动、产品或服务的性质和规模以及健康、安全与环境风险；
d) 传达到所有为组织或代表组织工作的人员，使其认识各自的健康、安全与环境义务；
e) 形成文件，实施并保持；
f) 可为相关方所获取；
g) 定期评审。

组织应建立健康、安全与环境战略（总）目标，并应与健康、安全与环境方针相一致，以提供建立和评审健康、安全与环境目标和指标的框架。

5.3 策划

5.3.1 对危害因素辨识、风险评价和风险控制的策划

组织应建立、实施和保持程序，用来确定其活动、产品或服务中能够控制或能够施加影响的健康、安全与环境危害因素，以持续进行危害因素辨识、风险评价和实施必要的风险控制和削减措施。这些程序应包括但不限于：

a) 常规和非常规的活动;

b) 所有进入工作场所的人员(包括合同方人员和访问者)的活动;

c) 工作场所的设施(无论由本组织还是由外界所提供);

d) 事故及潜在的危害和影响;

e) 以往活动的遗留问题。

组织在建立健康、安全与环境目标时,应考虑危害因素辨识、风险评价的结果和风险控制的效果。

组织应开发危害因素辨识、风险评价和风险控制的方法:

a) 依据健康、安全与环境风险和影响的范围、性质和时限性进行,确保该方法是主动性的而不是被动性的;

b) 规定风险分级,识别出可通过风险管理措施来削减或控制的风险;

c) 与运行经验和所采取的风险削减和控制措施的能力相适应;

d) 为确定设施要求、识别培训需求和(或)开展运行控制提供输入信息;

e) 规定对所要求的活动进行监视,以确保其及时有效实施。

组织应对危害因素辨识、风险评价和风险控制的过程的有效性进行评审,并根据需要进行改进。

组织应将危害因素辨识、风险评价和风险控制结果方面的信息形成文件并及时更新。

注:危害因素辨识、风险评价和风险控制包括了健康、安全与环境三个方面的因素。

5.3.2 法律、法规和其他要求

组织应建立、实施和保持程序,用来:

a) 识别适用于其活动、产品和服务中危害因素的法律、法规和其他应遵守的要求,并建立获取这些要求的渠道;

b) 确定这些要求如何应用于组织的危害因素。

组织应及时更新有关法律、法规和其他要求的信息,并将这些信息传达给相关员工和其他相关方。

组织应确保在建立、实施、保持和改进健康、安全与环境管理体系时,考虑现行适用的法律法规和其他要求。

5.3.3 目标和指标

组织应针对其内部各有关职能部门和管理层次,建立、实施和保持形成文件的健康、安全与环境目标和指标。

如可行,目标和指标应可测量。目标和指标应符合健康、安全与环境方针及战略(总)目标,并考虑对遵守法规、事故预防、清洁生产和持续改进的承诺。

组织在建立和评审健康、安全与环境目标和指标时，应考虑：

a) 法律、法规和其他要求；

b) 健康、安全与环境危害因素和风险；

c) 可选择的技术方案；

d) 财务、运行和经营要求；

e) 相关方的意见。

5.3.4 管理方案

组织应制定、实施并保持旨在实现其目标和指标以及针对特定的活动、产品或服务的健康、安全与环境管理方案。方案应形成文件，内容应包括但不限于：

a) 为实现目标和指标所赋予有关职能部门和管理层次的职责和权限；

b) 实现目标和指标的方法和时间表。

应在计划的时间间隔内对方案进行评审，必要时应针对组织的活动、产品、服务或运行条件的变化，对方案进行修订。

5.4 组织结构、资源和文件

5.4.1 组织结构和职责

组织应确定与健康、安全、环境风险有关的各级职能部门和管理层次及岗位的作用、职责和权限，形成文件，便于健康、安全与环境管理。

健康、安全与环境的最终责任由最高管理者承担。

所有承担管理职责的人员，应表明其对健康、安全与环境绩效持续改进的承诺。

5.4.2 管理者代表

组织应在最高管理层中指定一名成员作为专门的管理者代表，以确保健康、安全与环境管理体系的有效实施，并在组织内推行各项要求。

组织的管理者代表，无论是否还负有其他方面的责任，应有明确的健康、安全与环境作用、职责和权限，以便：

a) 确保按本部分的要求建立、实施和保持健康、安全与环境管理体系；

b) 向最高管理者报告健康、安全与环境管理体系的运行情况和绩效，以供评审，并提出改进建议。

5.4.3 资源

管理者应为建立、实施、保持和持续改进健康、安全与环境管理体系提供必要的资源，包括但不限于以下：

a) 基础设施；

b) 人力资源；

c) 专项技能；

d) 技术资源；

e) 财力资源；

f) 信息资源。

为确保提供的资源适合于组织的活动、产品或服务的性质和规模以及健康、安全与环境风险控制的需要，应考虑来自各级管理者和健康、安全与环境专家的意见，且定期评审资源的适宜性。

5.4.4 能力、培训和意识

对于其工作可能产生健康、安全与环境风险和影响的所有人员，应具有相应的工作能力。在教育、培训和（或）经历方面，组织应对其能力做出适当的规定，并对员工完成工作的能力进行定期的评估。

组织应确定培训的需求并提供培训，评估培训效果并采取改进措施。培训程序应考虑不同层次的职责、能力和文化程度以及风险。

组织应建立、实施和保持程序，确保处于各有关职能部门和管理层次的员工都意识到：

a) 符合健康、安全与环境方针、程序和健康、安全与环境管理体系要求的重要性；

b) 在工作活动中实际的或潜在的健康、安全与环境风险，以及个人工作的改进所带来的健康、安全与环境效益；

c) 在执行健康、安全与环境方针和程序中，实现健康、安全与环境管理体系要求，包括应急准备和响应（见5.5.8）方面的作用和职责；

d) 偏离规定的运行程序的潜在后果。

5.4.5 协商和沟通

组织应建立、实施和保持程序，确保就相关健康、安全与环境信息进行相互沟通：

a) 组织内各职能部门和管理层次间的内部沟通；

b) 与外部相关方联络的接收、文件形成和答复；

c) 组织应考虑对涉及健康、安全与环境重要危害因素的信息的处理，并记录其决定。

组织应将员工参与和协商的安排形成文件，并通报有关的相关方。员工应：

a) 参与风险管理，方针和程序的制定、实施和评审；

b) 参与商讨影响工作场所内人员健康和安全的条件和因素的任何变化；

c) 参与健康、安全与环境事务；

d) 支持员工代表和管理者代表的工作（见5.4.2）。

5.4.6 文件

健康、安全与环境管理体系文件应包括：

a) 承诺；

b) 方针、目标和指标；

c) 对健康、安全与环境管理体系覆盖范围的描述；

d) 对健康、安全与环境管理体系主要要素及其相互作用的描述，以及相关文件的查询途径；

e) 组织为确保对涉及危害因素的过程进行有效策划、运行和控制所需的文件和记录；

f) 本部分所要求的其他文件，包括记录。

5.4.7 文件控制

组织应对健康、安全与环境管理体系文件和资料进行控制。记录是一种特殊类型的文件，应依据 5.6.5 的要求进行控制。

组织应建立、实施和保持程序，以规定：

a) 在文件发布前进行审批，以确保其充分性和适宜性；

b) 必要时对文件进行评审和修订，并重新审批；

c) 确保对文件的更改和现行修订状态做出标识；

d) 确保在使用处得到适用文件的有关版本；

e) 确保文件字迹清楚、易于识别；

f) 确保对策划和运行健康、安全与环境管理体系所需的外来文件做出标识，并对其发放予以控制；

g) 防止对过期文件的非预期使用，如需将其保留，要做出适当的标识。

5.5 实施和运行

5.5.1 设施完整性

组织应建立、实施和保持程序，以确保对设施的设计、建造、采购、安装、操作、维护和检查等达到规定的准则要求，对项目建设、设施购置及建造前应进行健康、安全与环境评价，用满足本质健康、安全与环境要求的设计来削减和控制风险和影响。

对设计、建设、运行、维修过程中与准则之间的偏差，组织应进行评审，找出偏差的原因，确定纠正偏差的措施并形成文件。

5.5.2 承包方和（或）供应方

组织应建立、实施和保持程序，以保证其承包方和（或）供应方的健康、安全与环境管理与组织的健康、安全与环境管理体系要求相一致。组织与承包方和（或）供应方之间应有特定的关系文件，以便明确各自的职责，在工作之前解决存在的差异，认可有关工作文件。组织应收集承包方和（或）供应方的相关信息并定期评审，在确定承包方和（或）供应方的评定过程中应考虑：

a) 资质；

b) 历史业绩；

c) 能力；

d) 健康、安全与环境管理状况等。

5.5.3 顾客和产品

组织应识别、确定并满足顾客有关健康、安全与环境方面的需求。对产品的生产、运输、储存、销售、使用和废弃处理过程中的健康、安全与环境风险和影响应进行评估和管理，提供与产品相关的健康、安全与环境信息资料。

5.5.4 社区和公共关系

组织应就其活动、产品或服务中的健康、安全与环境风险和影响，与社区内关注组织健康、安全与环境绩效或受其影响的各方进行沟通。通过适当的规划和活动，展示组织的健康、安全与环境绩效，获取社区各相关方对组织改进健康、安全与环境绩效的支持。

5.5.5 作业许可

组织应建立、实施和保持作业许可程序，规定作业许可类型和证明，以及作业许可的申请、批准、实施、变更与关闭。作业许可内容应包括区域划分、风险控制措施和应急措施，以及作业人员的资格和能力、责任和授权、监督和审核、交流沟通等。通过执行作业许可程序，控制关键活动和任务的风险和影响。

5.5.6 运行控制

组织应确定控制健康、安全与环境风险的活动和任务，并且不同职能部门和管理层次的管理者应针对这些活动和任务进行策划，通过以下方式确保其在规定的条件下执行：

a) 对于因缺乏程序指导可能导致偏离健康、安全与环境方针、目标和指标的运行情况，应建立、实施和保持形成文件的程序和工作指南；

b) 在程序和工作指南中对运行准则予以规定；

c) 对于组织所购买和（或）使用的货物、设备和服务中已识别的健康、安全与环境风险和影响，应建立、实施和保持程序，并将有关的程序和要求通报承包方和（或）供应方；

d) 建立、实施和保持程序，用于工作场所、过程、装置、机械、运行程序和工作组织的设计，包括考虑与人的能力相适应，以便从根本上消除或降低风险和影响；

e) 建立、实施和保持程序，推行清洁生产，对使用有毒有害原料进行生产或者在生产中排放有毒有害物质以及污染物超标排放时，应进行清洁生产审核并实施清洁生产方案。

5.5.7 变更管理

组织应建立、实施和保持程序，以控制组织内设施、人员、过程（工艺）和程序等永久性或暂时性的变化，避免对健康、安全与环境的有害影响及风险。包括：

a）对提议的变更及实施应确定并形成文件；

b）对变更及其实施可能导致的健康、安全与环境风险和影响进行评审和做出记录；

c）对认可的变化及其实施程序形成文件；

d）提议的变更应经过授权部门的批准。

注：当新的运行或者更改运行会引起管理体系的变化，变更管理不再适宜，组织需要建立专门的管理计划。

5.5.8 应急准备和响应

组织应建立、实施和保持程序，以系统地识别潜在的紧急情况和事故，并规定响应措施。

组织应对实际发生的紧急情况和事故做出响应，以便预防和减少可能随之引发的疾病、伤害、财产损失和环境影响。

组织应评审其应急准备和响应的程序和措施，必要时对其修订，尤其是在事故或紧急情况发生后。

如果可行，组织还应定期测试这些程序和措施。

5.6 检查和纠正措施

5.6.1 绩效测量和监视

组织应建立、实施和保持程序，对可能具有健康、安全与环境影响的运行和活动的关键特性以及健康、安全与环境绩效进行监视和测量。程序应规定：

a）适用于组织的运行控制所需要的定性和定量测量；

b）对组织的健康、安全与环境目标和指标的满足程度的监视和测量；

c）主动性的绩效测量，即监视和测量是否符合健康、安全与环境管理方案、运行准则；

d）被动性的绩效测量，即监视和测量事故、事件、疾病、污染和其他不良健康、安全与环境绩效的历史证据；

e）记录充分的监视和测量的数据和结果，以便于后面的纠正措施和预防措施的分析。

如果绩效测量和监视需要设备，组织应建立、实施和保持程序，对此类设备进行校准和验证，并予以妥善维护，且应保存相关记录。

5.6.2 合规性评价

为了履行遵守法律法规和其他要求的承诺，组织应建立、实施和保持程序，以定期评价对现行适用法律法规和其他要求的遵守情况。

组织应保存对上述定期评价结果的记录。

5.6.3 不符合、纠正措施和预防措施

组织应建立、实施和保持程序，确定有关的职责和权限，以便：

a) 识别和纠正不符合，采取措施减少因不符合而产生的风险和影响；

b) 对不符合进行调查，确定其产生原因，并采取纠正措施避免再次发生；

c) 评价采取预防措施的需求；实施所制定的适当措施，以避免不符合的发生；

d) 记录采取纠正措施和预防措施的结果；

e) 评审所采取的纠正措施和预防措施的有效性。

对于所有拟定的纠正措施和预防措施，在其实施前应先通过风险评价进行评审。采取的措施，应与问题的严重性和相应的健康、安全与环境风险及影响相适应。

组织应确保对因纠正和预防措施引起的健康、安全与环境管理体系文件进行修改。

5.6.4 事故、事件报告、调查和处理

组织应建立、实施和保持程序，确定有关的职责和权限，以便：

a) 各职能部门和管理层次应记录并报告已经影响或正在影响健康、安全与环境的各类事故、事件（包括突发情况或管理体系的缺陷所引起的事故、事件）。事故、事件报告应达到法律、法规要求的范围，或达到组织对外交流所需要的更广的范围；

b) 确定事故、事件调查和处理的工作程序及责任，应与发生不符合情况时所采取纠正措施、预防措施的工作程序（见5.6.3）相一致。事故、事件调查和处理所确定的责任应与事故、事件的实际和潜在影响的程度相符合。事故、事件调查应尽可能快地开始，并考虑到事故现场、人员和环境保护的需要。

5.6.5 记录控制

组织应建立、实施和保持程序，用于记录的标识、存放、保护、检索、留存和处置。

健康、安全与环境记录应字迹清楚、标识明确，并具有可追溯性。健康、安全与环境记录的保存和管理应便于查阅，避免损坏、变质或遗失。应规定保存期限并予以记录。

组织应按照适于组织和健康、安全与环境管理体系的方式保存必要的记录，用于证实符合本部分的要求，以及所实现的结果。

5.6.6 内部审核

组织应建立、实施和保持审核的方案和程序，确保按照计划的间隔开展健康、安全与环境管理体系审核。目的是：

a) 确定健康、安全与环境管理体系是否：

1) 符合健康、安全与环境管理工作的策划安排，包括满足本部分的要求；

　　2) 得到了恰当的实施和保持；

　　3) 有效地满足组织的方针和目标。

b) 向管理者报告审核的结果；

审核方案，包括日程安排，应基于组织活动的风险评价结果和以往审核的结果。审核程序应包括审核的准则、范围、频次、方法和能力要求，以及实施审核和报告审核结果的职责和要求。

审核员的选择和审核的实施均应确保审核过程的客观性和公正性。

5.7 管理评审

组织的最高管理者应按规定的时间间隔对健康、安全与环境管理体系进行评审，以确保其持续适宜性、充分性和有效性。评审应包括评价改进的机会和对健康、安全与环境管理体系进行修改的需求。管理评审过程应确保收集到必要的信息提供给管理者进行评价。应保存管理评审的记录。

管理评审的输入应包括但不限于：

a) 内部审核和合规性评价的结果；

b) 和外部相关方的交流信息，包括投诉；

c) 组织的健康、安全与环境绩效；

d) 目标和指标的实现程度；

e) 纠正措施和预防措施的状况；

f) 以前管理评审的后续措施；

g) 客观因素的变化，包括与组织有关的法律法规和其他要求的发展变化；

h) 改进建议。

管理评审的输出应包括为实现持续改进的承诺而做出的，与健康、安全与环境方针、目标以及其他要素的修改有关的决策和行动。

附录2 中国石油天然气集团公司关于进一步加强健康安全环境管理体系建设的意见
(中油质安字〔2006〕739号)

为了全面加强集团公司健康安全环境管理体系（以下简称HSE管理体系）建设，进一步推进HSE管理体系的有效规范运行，实现安全发展、清洁发展，为集团公司率先建成一流的社会主义现代化和具有较强国际竞争力的跨国企业集团提供保障，特制定本意见。

一、统一思想，切实提高对HSE管理体系建设重要性德认识

（一）正确认识HSE管理体系工作取得的成绩和存在的问题。集团公司积极推行HSE管理体系以来，基层单位HSE风险管理不断完善，"两书一表"、"四有工作法"等强化过程控制的有效方法得到推广应用，HSE监督机制正在形成。但HSE管理体系建设工作发展还不平衡，覆盖面还不全，有些单位还存在着认识不高、要求不严、执行不力等问题，造成HSE管理体系与实际工作脱节。因此，加强HSE管理体系建设并推动其有效运行，仍将是今后一项长期而艰巨的任务。

（二）进一步加强HSE管理体系建设是实现集团公司持续健康发展的客观要求。石油石化行业属于高危行业，其易燃易爆、高温高压、有毒有害等特点决定了集团公司健康安全环保工作的艰巨性、复杂性和长期性。随着集团公司业务领域不断延伸和生产规模不断扩大，安全环保管理基础相对薄弱的问题日渐突出，安全环保形势依然严峻。集团公司进一步强化HSE管理体系建设，是建立现代企业管理制度，实现健康安全环境管理科学化、系统化、规范化的有效方法；是建立安全环保长效机制，实现安全发展、清洁发展的重要举措；是全面落实科学发展观、构建和谐企业的必然要求。

二、理清思路，明确HSE管理体系工作的原则和目标

（三）指导原则

1. 安全第一、环保优先、以人为本。 坚持把安全生产、清洁生产放到各项工作的首位；坚持生产建设服从安全环保；坚持关爱生命，保护环境，切实做到人与自然、企业与社会的和谐发展。

2. 统一规范、持续改进、全员参与。 坚持统一HSE政策和标准，规范管理方式和方法；坚持不断提高HSE管理体系运行质量，持续改进HSE绩效；坚持人人讲HSE、全员

抓HSE，强化HSE管理体系执行力。

3. 继承发扬、科学创新、注重实效。 坚持继承和发扬优良传统；坚持推进观念创新和管理创新；坚持与企业生产经营相结合，立足基层实际，克服形式主义，切实提高HSE管理体系的可操作性和有效性。

（四）工作目标

总体目标： 建立安全环保长效机制，形成中国石油特色的HSE管理体系和文化，集团公司HSE管理达到国际石油行业先进水平。

到2007年末，集团公司制定统一的HSE承诺、方针、战略目标和HSE政策，各企业全面建立并实施HSE管理体系。

到2010年，集团公司制定统一的HSE技术标准和操作规程；基本建立安全环保长效机制，形成具有中国石油特色的HSE管理体系。

到2020年，HSE管理体系有效运行，安全环保文化系统形成，本质安全全面实现，安全环保业绩优良。

三、科学策划，努力增强HSE管理体系运行有效性

（五）**突出HSE管理体系文件的实用性。** 集团公司制定统一的HSE承诺、方针和战略目标，统一HSE政策和标准；各企业要按照集团公司的统一标准建立和修订HSE管理体系，避免结构复杂和层次繁多。程序文件应优化管理流程，理顺管理接口；作业文件应细化操作步骤和要求，完善风险控制措施；记录要符合实际，满足生产和HSE管理的需要。确保HSE管理体系文件的"简练、适用、有效"。

（六）**提高HSE管理体系的执行力。** HSE管理体系文件是全体员工必须遵守的行为准则。要将健康安全和环保工作真正纳入体系管理，制定并严格落实HSE工作计划，加强监管；HSE目标考核要与业绩考核挂钩；管理人员应严格遵照HSE管理程序，规范管理行为；所有岗位操作员工都应严格按照规定进行操作；不断完善HSE管理体系日常监控、内部审核以及管理评审等自我改进机制，持续提高HSE管理体系的执行力。

（七）**正确处理HSE管理体系与其他管理体系的关系。** 要在积极引进国际先进HSE管理体系的基础上，把HSE管理体系与石油石化行业的优良传统有机结合起来；HSE管理体系文件要符合法律法规、政策、规章制度和标准要求；要处理好HSE管理体系文件与日常行政文件、各类规章制度之间的关系，使HSE管理体系与其他管理体系有效衔接、有机融合。

四、突出重点，加强HSE管理体系运行关键环节管理

（八）**加强风险管理。** 重视事故资源利用，加强事故案例学习，提高全员风险意识和风

险控制能力。积极引进并应用国际先进的风险管理技术和方法，开展风险管理技术研究。要把专家风险评估与现场岗位人员风险识别相结合。要加强对资产收购、并购过程中的 HSE 评估。要严格落实工程项目安全生产预评价、环境影响评价和职业卫生预评价制度。要加强关键施工作业 HSE 许可和确认管理，使各项风险控制措施得到有效落实。基层单位要广泛开展生产作业场所、作业过程和岗位的 HSE 风险识别，落实风险削减措施，增强应急处置能力。

（九）加强变更管理。要加强变更程序管理，强化对因法律法规、标准规范以及人员、工艺工程、设备、工作环境变更而产生的风险的控制。企业要根据法律法规和标准规范的变更，对风险控制进行适用性评审，及时完善 HSE 管理体系；实施 HSE 关键岗位人员变更审批制度，一线关键岗位人员变更要进行 HSE 能力确认；要实施对工艺工程变更的审查确认制度，对工艺改造、工艺调整等技术变更，制定相应的风险控制措施；要实施对设备、设施，特别是 HSE 关键设备、设施变更的风险评估制度，充分识别和控制变更所带来的风险；要注重因工作环境变更所带来的风险控制，采取有效措施，避免新的风险产生。

（十）加强承包商管理。要进一步加强和规范承包商管理。严格承包商准入资质审查，承包商 HSE 管理应满足企业的 HSE 管理体系要求。要加强炼化检维修承包商作业过程的 HSE 监管，严格落实作业审批手续和各项安全环保措施。加强对工程建设承包商的过程监控，强化承包商作业现场的 HSE 监督，确保承包商落实各项健康安全环保措施。要对承包商 HSE 表现进行评估，完善对承包商的考核和退出机制。

（十一）加强 HSE 培训管理。集团公司将加强 HSE 培训基地建设，统一编制培训教材，统一培训师资队伍，定期组织 HSE 管理和技术交流。各企业要加强领导人员的 HSE 意识和领导方法的培训，提高其 HSE 管理和决策水平；加强管理人员的 HSE 法律法规、管理方法和标准的培训，增强其 HSE 管理体系的实施能力；加强一线岗位人员 HSE 技能的培训，强化其岗位 HSE 风险识别、控制和应急处置等技能。

五、加强领导，促进 HSE 管理体系的持续改进

（十二）加强领导。集团公司和各企业要进一步加强健康安全环境委员会建设，分业务设置专业委员会；专业委员会按照业务特点开展工作，及时分析和研究健康安全环保工作中存在的问题。集团公司将在安全环保部门设立 HSE 管理体系办公室，配备专职人员，加强对 HSE 管理体系的协调、指导、督促和审核工作；各企业及其所属单位也要设置 HSE 管理体系的管理部门，加强人员和资源的配置，抓好 HSE 管理体系的维护和改进工作。

（十三）落实责任。要完善 HSE 管理体系工作统一管理、部门分工负责的线性管理责任机制，将 HSE 管理体系各项要求和职能落实到各部门和岗位。企业及所属单位行政正职是本单位 HSE 管理体系推进工作的第一责任人，要落实 HSE 承诺，制定 HSE 目标，保障

体系运行所需资源；要任命一名同级副职为 HSE 管理体系的管理者代表，负责组织编制、修订体系文件，开展体系审核和培训等工作；其他相关领导按照业务分工，负责抓好分管领域内的 HSE 管理体系工作。相关职能部门按照"谁主管，谁负责"的原则，做好职责范围内 HSE 管理工作。

（十四）**加强审核**。集团公司将进一步完善 HSE 管理体系审核制度，规范审核员管理，逐步引入国际 HSE 咨询机构，开展咨询和审核。各企业要加强 HSE 管理体系内部审核，将审核与 HSE 检查结合起来。

（十五）**保障费用**。各企业及其所属单位要将 HSE 管理体系运行专项资金优先列入预算，落实 HSE 管理体系建设、培训、监测、审核和维护费用，确保体系持续改进和有效运行。

（十六）**培育 HSE 文化**。要把 HSE 文化建设作为企业文化建设的重要内容，用 HSE 文化理念培育广大员工良好的行为习惯，使安全第一、环保优先、以人为本的理念转化为每位员工的自觉行动，以高度的社会责任感关爱环境，关注社会，创造和谐。

各企业事业单位要按照本意见的要求，结合实际制订工作计划，认真组织贯彻落实，不断推进 HSE 管理体系建设上新水平。

附录 3　中国石油天然气集团公司 HSE 管理体系建设推进计划
（中油安字〔2007〕343 号）

为贯彻集团公司《关于进一步加强 HSE 管理体系建设的意见》，规范和强化 HSE 管理体系有效运行，加快安全环保长效机制建设，实现安全环保形势明显好转和根本好转，特制定中国石油天然气集团公司 HSE 管理体系建设推进计划（2007 年—2010 年）。

一、总体部署

（一）总体思路

紧紧围绕集团公司安全发展、清洁发展战略，认真总结集团公司推行 HSE 管理体系的经验和成功做法，学习、借鉴国外石油公司先进管理方法，结合实际，系统规划。以构建有中国石油特色的 HSE 制度标准体系、培训体系和 HSE 指标考核体系为重点，整合 HSE 理念，统一 HSE 标准，规范 HSE 管理制度，突出 HSE 管理体系的完整性、有效性。加强 HSE 监督和审核，扎实推进集团公司整体 HSE 管理体系建设，提升集团公司 HSE 业绩，形成具有中国石油特色的 HSE 管理体系和文化，树立中国石油良好形象。

（二）推进原则

统一规范，继承创新，分类指导，高效务实。

统一规范，即：统一、健全集团公司企业内部通用性 HSE 制度、标准和规程，做到管理有制度、执行有标准、操作有规程。

继承创新，即：继承中国石油的优良传统和做法，坚持推进观念创新、技术创新和管理创新，建立起既与国际惯例接轨，又符合中国石油实际，具有中国石油特色的 HSE 管理体系。

分类指导，即：按业务领域，对企业基层组织进行指导，总结推广，培育一批 HSE 样板工程、样板站库、样板车间和样板队。

高效务实，即：注重研究，讲求实效，立足基层实际，减轻基层负担，切实建立一个简洁、实用、可操作的 HSE 管理体系。

（三）工作目标

2007 年，整合集团公司 HSE 承诺、方针和战略目标，统一 HSE 管理体系政策、标准，修订《集团公司 HSE 管理体系管理手册》，总结提炼基层组织 HSE 管理经验和方法，夯实

HSE 管理的基础。

2008—2010 年，配套完善集团公司 HSE 制度和技术标准，加强 HSE 管理、监督、审核人员队伍建设，健全 HSE 信息系统，完善 HSE 管理体系规范运行的培训、指导、监督、审核等保障机制。

二、主要任务

（一）整合 HSE 理念

1. 修订 HSE 管理手册。总部修订、完善现行 HSE 管理体系管理手册，统一集团公司 HSE 承诺、方针和战略目标，明确集团公司 HSE 管理总体框架和基本要求。企业依据集团公司新版管理手册，修订、完善本单位的 HSE 管理体系管理手册，明确 HSE 管理体系职能分工，确定企业 HSE 管理基本要求，并确保本单位 HSE 承诺、方针和战略目标与集团公司保持一致。

2. 加强 HSE 宣传。充分运用报纸、电视、网络等新闻媒介，宣传介绍 HSE 管理理念、基础知识和企业的成功经验及做法，强化全员 HSE 意识和基本知识；要通过树样板、典型等方式大力宣传 HSE 先进事例、先进人物和先进基层班组，统一思想，汇聚合力，营造比先进、学先进、赶先进的文化氛围。

3. 转变领导观念。从总部管理层做起，自上而下对各级机关管理层、机关职能部门进行重点培训，强化 HSE 理念，掌握 HSE 基本知识和风险管理方法。并选派企业领导、专职 HSE 人员和培训师赴国外进行 HSE 培训。

4. 规范 HSE 业绩考核。完善集团公司各级安全环保责任，逐级签订安全环保责任状。修订完善集团公司年度安全环保业绩考核规定，对 HSE 管理体系建立和运行情况进行考核。

5. 发布 HSE 业绩报告。总部继续对外发布社会责任报告，定期公布集团公司年度安全生产、清洁生产业绩和 HSE 表现，展示集团公司 HSE 品牌形象。企业要加强 HSE 数据统计管理，改进和完善安全生产、环境保护、健康管理的指标分类、统计和分析方法，健全 HSE 数据资源共享信息库，充分利用 HSE 信息系统平台等手段，准确、及时统计、上报各类 HSE 管理数据和信息。

（二）统一 HSE 规范

1. 开展 HSE 现状评估。总部将聘请国际咨询机构，针对 HSE 管理体系现状的完整性、适用性及运行有效性，选择典型企业，开展现状评估和差距分析，确定集团公司统一的 HSE 管理体系框架及改进措施。企业也要开展 HSE 管理现状评估，分析差距，找准 HSE 管理体系改进的切入点，结合总部的《HSE 管理体系建设推进计划》制定、落实本单位的

HSE 管理体系推进工作具体方案。

2. 统一 HSE 管理体系标准。总部制定和发布《HSE 管理体系规范》、《HSE 管理体系实施指南》和《HSE 管理体系审核指南》等系列标准，为集团公司企业建立实施 HSE 管理体系提供统一的工作准则。

3. 统一、完善 HSE 文件体系。总部将确定统一的 HSE 制度和标准体系表，企业要清理现行 HSE 制度和标准，结合实际，配套完善本单位的 HSE 管理制度和标准体系。新成立或还没有建立 HSE 管理体系的企业，年内必须完成 HSE 管理体系的文件编写；新整合的企业，年内必须完成 HSE 制度、标准的整合工作。

4. 统一、完善 HSE 信息系统。总部已经配套开发了 HSE 信息系统，并在逐步推广、完善。已上线运行的企业要加强 HSE 信息系统应用考核，按时、准确录入数据，及时反映系统问题；未上线企业要积极准备，做好相关数据的收集和整理工作；HSE 信息系统项目组负责跟踪和监控企业的应用情况，及时解决系统应用过程中的问题。

（三）加强 HSE 风险管理

1. 强化源头控制。企业要坚持关口前移，认真抓好项目立项、方案论证、设计审查、物资采办、施工建设等环节的 HSE 管理，严格落实"三同时"制度，努力从源头实现本质安全和清洁生产。

2. 完善隐患治理机制。进一步完善事故隐患排查和治理投入机制，抓住关键环节和隐患治理重点，优先安排整改资金，做到专款专用。企业要按项目制定隐患监控和治理实施方案，实行挂牌督查，严格落实监控运行和整改消项的责任。

3. 规范基层岗位风险管理。修订完善基层 HSE "两书一表"，分专业编制作业指导书和岗位指导卡；总结推广长北气田、大连西太、中油碧辟、华油天然气等成功经验和做法，突出基层 HSE 文件的实用、适用和可操作性；在炼化系统继续完善和全面推广"四有一卡"工作法。集团公司将派出指导工作组，分专业实施指导和验收，及时总结推广先进经验。

（四）提高 HSE 执行力

1. 加强 HSE 培训。进一步完善 HSE 培训制度，加强培训基地、教材和师资队伍建设，加快教学案例开发、模拟仿真技术研究和实践演练手段完善工作，规范师资管理，分专业、分层次、分岗位、分工种开发针对性培训教材，自上而下分层次开展全员针对性的 HSE 培训。

2. 加强 HSE 监督。企业要进一步健全 HSE 监督工作机制，配齐配全 HSE 专职监督人员，加大对重点领域、关键环节、要害部位的 HSE 监督；加强建设项目 HSE 监督，推行以甲方为主体的异体 HSE 监督机制。

3. 加强 HSE 审核和评审。健全 HSE 审核和内部审核员管理制度,规范企业内部审核和管理评审。企业每年至少要进行一次完整的内部审核和管理评审,总部按专业领域,定期对所属企业开展抽查审核和 HSE 管理体系运行质量评估,并将审核、评估结果与企业年度评比挂钩。

4. 做好 HSE 技术支持。进一步规范企业 HSE 管理体系、环境管理体系和职业健康安全管理体系认证、咨询活动,实行 HSE 管理体系咨询、认证机构准入制度,严格资格审查、加强业绩考核、建立退出机制。鼓励和支持各 HSE 技术机构和企业开展 HSE 管理体系及相关技术的科学研究。

三、保障措施

(一)组织领导

集团公司成立 HSE 管理体系建设推进项目领导小组,主要负责 HSE 体系推进工作的重大问题决策。集团公司总经理任组长、主管副总经理任副组长,机关各部门和专业公司主要领导参加,领导小组成员名单见附件1。

领导小组下设推进工作组,全面负责集团公司 HSE 管理体系推进工作,并为领导小组决策提供依据和建议。总部机关各部门和股份公司4个专业公司作为推进工作组成员单位,并确定1名现职处长作为联络员。

推进工作组办公室作为日常办事机构,主要职责是听取推进工作专项汇报,对推进工作中的具体问题作出决策。成员由集团公司办公厅、人事劳资部、财务资产部、安全环保部、质量管理与节能部、国际事业部、思想政治工作部,股份公司总裁办、人事部、财务部及4个专业公司主管领导组成,安全环保部主任兼任办公室主任,具体名单见附件2。

(二)推进要求

1. 加强组织领导。各企业要高度重视 HSE 管理体系建设推进工作,要成立由主要领导负责的 HSE 管理体系推进工作领导小组,逐级明确 HSE 管理体系工作的管理部门,明确归口管理职责和任务,充实人员力量,抓好推进工作的日常协调和督查。要按照"谁主管、谁负责"原则,不断健全、完善统一管理、分工负责的 HSE 管理体系推进工作责任机制。各有关部门和单位要增强大局意识和全局观念,注重协调配合,注重沟通交流,各司其职,各负其责,全方位落实责任分工和任务分解,确保 HSE 管理体系建设推进工作取得实效。

2. 保证资金投入。总部设立专项资金,保障 HSE 管理体系建设推进咨询、技术支持、培训、推进工作组等经费支出。企业要将 HSE 管理体系推进日常费用纳入财务预算,保障必要的推进工作经费,确保本单位 HSE 管理体系建设推进工作顺利开展。

3. 强化工作落实。要务求实效，精心组织，抓好落实、扎实推进，做到思想认识到位、责任分解到位、过程控制到位、考核指导到位。企业要按照总部的工作任务分解和进度安排（见附件3），结合实际，制定出本单位的具体工作方案，层层分解工作任务，合理安排工作进度，把HSE管理体系建设推进工作情况纳入企业的日常工作考核之中，强化执行，规范运行，力戒形式主义，确保按时保质完成各项工作任务。总部将不定期派工作组到企业进行指导和考核验收。

附录 4 中国石油天然气集团公司 HSE 管理体系建设提升计划
（2011—2015 年）
（中油安〔2010〕561 号）

为贯彻落实集团公司《关于进一步加强 HSE 管理体系建设的意见》要求，2007—2010 年，集团公司积极学习借鉴国际先进的 HSE 理念方法，大力推进 HSE 管理体系建设，进一步提升了全员 HSE 理念，完善了 HSE 制度标准，强化了 HSE 风险管理，促进了安全环保形势稳定好转。为进一步加快推广 HSE 管理体系推进试点成功经验，全面提升集团公司 HSE 管理整体水平，制定集团公司 2011—2015 年 HSE 管理体系提升计划。

一、总体部署

（一）总体思路

坚持以科学发展观为统领，以贯彻落实集团公司 HSE 管理原则和反违章禁令为重点，以推广实施试点经验和有效做法为载体，着力在"转变观念、养成习惯、提高能力"上狠下工夫，进一步提升 HSE 理念，提高全员能力，控制作业风险，规范体系运行，真正树立安全核心价值观，培育有中国石油特色的 HSE 文化，为建设综合性国际能源公司提供坚实的战略基础保障。

（二）工作原则

1. 巩固成果，融合深化。进一步总结 HSE 国际合作成果，将国际先进 HSE 理念方法与企业传统有效做法有机融合并深化推行，健全完善既与国际接轨，又符合中国石油实际的"统一、规范、简明、可操作"HSE 管理体系。

2. 突出重点，分类指导。突出责任落实、反违章以及工艺安全、承包商安全等重点，紧密结合各专业特点，完善方法，加强指导，强化措施，着力消除制约企业 HSE 管理的短板和瓶颈，进一步提升企业风险管理水平。

3. 立足基层，注重实效。坚持夯实基层基础，减轻基层负担，创新工作方式，努力以通俗、简洁、高效方式开展 HSE 管理体系提升工作，调动基层员工参与 HSE 管理的主动性和积极性，持续推动 HSE 管理体系要求深入基层，见到实效。

（三）工作目标

1. 在集团公司 HSE 管理体系总体框架下，各专业板块突出专业管理特性，形成共性通用、特性突出、统一规范的 HSE 制度标准体系。各专业板块有 2~3 家所属企业的 HSE 管理达到国际同行业先进水平。

2. 建立以培训矩阵为基础的基层 HSE 培训管理模式，完善培训课件，改进培训方式，培养培训师队伍，形成满足企业安全环保需要的 HSE 培训管理系统。

3. 建立 HSE 管理体系运行质量评估标准，培养满足企业需求、综合素质高、业务能力强的 HSE 评估专家队伍，在总部和企业层面有效开展系统、量化的 HSE 管理现状评估工作。

二、主要任务

（一）提升理念

1. 加强 HSE 宣传。充分利用多种方式，积极组织开展安全经验分享，安全环保主题月、宣传周、知识竞赛等活动，广泛宣传 HSE 先进理念、有效做法和典型事迹，着力推动"环保优先、安全第一、质量至上、以人为本"，"安全源于责任、源于设计、源于质量、源于防范"，"一切事故都是可以避免的"等 HSE 理念入脑、入心、入行。

2. 践行有感领导。以编制实施个人安全行动计划为载体，推动各级领导干部认真贯彻落实 HSE 管理原则，带头遵守 HSE 制度，带头开展安全经验分享，带头讲授安全课，带头开展安全观察沟通，切实提高领导干部 HSE 管理领导能力，实现领导干部对 HSE 工作从重视向重实转变。

3. 落实直线责任。以"管工作必须管安全"为原则，突出各级一把手全面负责，副职领导分管负责，业务部门具体负责，岗位人员直接负责要求，将业务职能与 HSE 职责紧密结合，逐级明确岗位 HSE 职责，优化 HSE 业绩指标，签订 HSE 责任书，规范 HSE 委员会和分委会运行，推动各级职能部门由 HSE 管理的参与者向责任者转变。

4. 强化属地管理。以基层生产作业现场为重点，按照岗位职责和区域划分，进一步明确基层岗位属地管理职责，配套健全属地管理激励政策，充分调动基层岗位员工安全自主管理的积极性，主动落实对属地区域内作业活动、工艺设备以及相关人员安全的管理职责，推动基层员工从岗位操作者向属地管理者转变。

（二）提高能力

1. 提高 HSE 管理领导力。总部、专业公司、企业分层次开展领导干部、管理人员 HSE 理念方法和管理技能培训，开展各级领导干部和管理人员 HSE 能力评估和履职审计，切实将 HSE 业绩和表现作为提拔领导干部和聘用管理人员上岗的重要条件，纳入提拔考核标准，认真落实，不断提高各级领导干部和管理人员的 HSE 意识和管理能力。

2. 提高 HSE 监管能力。企业加强 HSE 监管机构建设，总部和企业分层次开展 HSE 专职人员培训，加强履职考评，切实发挥 HSE 专职人员对企业 HSE 管理的综合策划、指导和监督职能。加强 HSE 技术支撑专家队伍建设，总部培养百名 HSE 咨询师，完善激励政策，加强考核管理，不断健全 HSE 管理体系有效运行的指导、监督和审核保障机制。

3. 提高安全操作技能。建立油气勘探、炼化生产、管道运行、工程建设等典型专业基层组织 HSE 培训矩阵，以操作规程、"两书一表"、应急处置预案等为主体内容，以现场辅导为主、课堂培训为辅，采取多种方式大力开展岗位技能培训和能力评估，不断提高岗位生产操作和作业人员的风险识别、控制和应急处置能力，实现生产和作业活动受控。

（三）控制风险

1. 深化"两书一表"管理。深化推行"两书一表"和"四有一卡"，不断完善钻井、管道工程建设等典型专业"两书一表"模版，规范野外移动施工作业风险管理。总结炼化"四有一卡"经验，完善集团公司有关操作规程管理制度，专业公司配套健全操作规程管理制度，规范和明确专业领域内基层岗位操作规程管理要求，企业完善岗位操作规程，明确规定动作，强化执行落实。

2. 强化作业许可管理。加强非常规作业管理，结合典型事故案例，完善集团公司作业许可管理制度，分专业编制基层作业安全管理指南。专业公司和企业结合实际，配套完善内部作业许可管理制度，落实作业许可管理直线责任和属地职责，明确作业许可管理范围，完善作业许可管理流程，开展工作安全分析，落实上锁挂牌要求，加强作业现场监督，确保作业安全。

3. 规范工艺安全管理。总部完善工艺危害分析、工艺安全信息等工艺安全管理标准，分专业编制基层工艺安全管理指南。专业公司加强工艺安全管理专业指导，确保本专业领域工艺安全管理的统一规范性。企业完善工艺安全管理相关制度，开展新改扩建项目和在役装置 HAZOP 分析工作，严格工艺设备变更管理和启动前安全检查，落实设备设施完整性管理要求，不断提高工艺安全管理水平。

4. 加强承包商安全管理。将承包商安全纳入企业 HSE 管理体系，统一标准，统一管理。总部完善承包商 HSE 管理制度，明确承包商准入、现场监督、考核评审等关键环节 HSE 管理要求。企业实施承包商分类管理，严把承包商队伍资质关、HSE 业绩关、人员素质关、施工监督关、现场管理关，促进承包商安全管理与企业 HSE 业绩水平同步提升。

5. 重视安全事件管理。牢固树立"一切事故都是可以避免的"理念，切实将生产安全事件作为加强和改进 HSE 管理的宝贵资源，及时上报，统计和分析。完善生产安全事件管理制度，落实激励政策，全面开展安全生产事件报告与分析，鼓励员工将生产安全事件及时转化为可以借鉴学习的资源，共同分享，做到以小见大，举一反三，防微杜渐。

（四）规范运行

1. 完善 HSE 制度标准。结合集团公司业务发展和组织机构变化，修订完善集团公司

HSE管理手册及制度标准框架。及时总结经验，汲取教训，不断健全完善工艺安全管理、作业安全管理等HSE制度标准，及时开展新制度标准的宣贯培训工作。企业结合实际，梳理HSE制度标准，优化管理流程，完善管理方法，切实建立结构清晰、流程顺畅、简洁实用的HSE制度标准体系，并强化执行落实。

2. 规范HSE绩效管理。借鉴国际通行的事故事件统计做法，建立集团公司百万工时统计指标和考核规则，完善企业HSE业绩考核过程性和结果性指标。突出安全核心价值，提高HSE业绩指标考核权重，强化正向激励，将HSE业绩指标纳入对领导干部、管理人员和基层员工的绩效考核之中，并作为领导干部提拔任用和员工聘用上岗的基本条件，严格考核。

3. 完善HSE信息系统。做好HSE信息系统整体升级的业务资讯和人才储备，扩大HSE信息系统覆盖面，持续充实相关数据指标，完善HSE功能模块，不断提高信息系统的统计分析和信息共享功能。完善业务流程化管理，提高信息系统的计算、报告和可视化功能，逐步实现对重大危险源和污染源的预警预测管理。

4. 深化HSE审核评估。发布《集团公司HSE管理体系运行质量评估标准》，开展企业HSE管理现状对标分析与量化评估工作，探索研究企业HSE管理体系运行绩效改进措施和方式方法。继续开展HSE管理体系总部推动审核，企业将HSE管理体系审核与各类安全检查紧密结合，将管理评审与HSE委员会会议紧密结合，规范开展审核评审工作，推动HSE管理体系规范有效运行。

5. 做好重点指导工作。不断完善HSE管理体系推进工作方法，提高推进工作效率。总部每年分专业选择8～10家企业，专业公司选择2～4家企业，企业选择1～3家所属单位，开展HSE管理体系推进重点指导工作。统一协调专家资源，重点指导新增业务、偏远辅助、基础薄弱等单位有效开展HSE管理体系建设工作，以点带面，加快推广HSE管理体系推进试点经验，加快提升集团公司HSE管理管理整体水平。

三、保障措施

为保证集团公司HSE管理体系提升计划有效实施，使各项工作落在实处，见到实效，从组织领导、资源投入、强化落实等方面采取有效保障措施。

（一）组织领导

集团公司HSE管理体系推进领导小组和推进办公室继续负责HSE管理体系提升计划落实的指导推动工作。企业成立HSE管理体系提升工作领导小组，组建推进办公室，制定落实提升工作计划，确保集团公司HSE管理体系提升整体工作稳步开展。

（二）工作要求

1. 加强组织领导。总部机关部门、专业分公司和企业认真履行直线责任，结合管理职能和专业特点,积极组织落实 HSE 管理体系提升工作,确保工作质量和实施成效。企业要增强主体意识,不等不靠,积极学习借鉴试点经验和有效做法,紧密结合生产经营管理工作,扎实推进,确保成效。

2. 保证资金投入。总部落实专项经费,保障 HSE 管理体系提升各项工作任务经费支出。企业要将 HSE 管理体系提升工作费用纳入财务预算,落实必要的工作经费,确保本单位 HSE 管理体系提升工作顺利开展。

3. 强化技术支持。充分依托集团公司安全环保技术研究院等 HSE 技术机构,做好 HSE 管理体系提升的培训咨询、评估审核和技术研究工作,为 HSE 管理体系提升工作提供有效的技术支持和服务和研究保障。

4. 强化工作落实。各级领导干部要做到思想认识到位,责任分解到位,过程控制到位,监督考核到位。企业要结合实际,按照总部的工作任务分解和进度安排(见附表),制定出本单位的具体工作方案,层层分解工作任务,合理安排工作进度,把 HSE 管理体系提升工作纳入企业日常工作,抓好落实,务求实效。

参 考 文 献

[1] 董国勇，赵朝成. 石油天然气工业健康安全环境管理体系培训教程. 北京：石油工业出版社，2000.

[2] 中国石油天然气集团公司 HSE 指导委员会. 健康、安全与环境管理体系基础知识. 北京：石油工业出版社，2001.

[3] 中国石油天然气集团公司安全环保部. Q/SY 1002.1—2007《健康、安全与环境管理体系 第1部分：规范》释义. 北京：石油工业出版社，2009.

[4] 中国石油天然气集团公司安全环保部. HSE 风险管理理论与实践. 北京：石油工业出版社，2008.

[5] 中国石油天然气集团公司 HSE 指导委员会. 健康、安全与环境管理体系风险评价. 北京：石油工业出版社，2009.

[6] 中国石油天然气集团公司. HSE 标准选编. 北京：石油工业出版社，2009.

[7] 中国石油天然气集团公司安全环保部. HSE 管理原则学习手册. 北京：石油工业出版社，2009.

[8] 中国石油天然气集团公司安全环保部. 反违章禁令学习手册. 北京：石油工业出版社，2008.

[9] 中国石油天然气集团公司安全环保部. HSE 管理典型经验和有效做法汇编. 北京：石油工业出版社，2010.

[10] GB/T 23694—2009 风险管理术语.

[11] GB/T 24353—2009 风险管理原则与实施指南.

[12] ISO 31000—2009 Risk management—Principles and guidelines.

[13] Q/SY 1238—2009 工作前安全分析管理规范.

[14] 邱少林. 全面推进 HSE 管理体系建设. 现代职业安全，2010，7.

[15] 刘景凯. 企业突发事件应急管理. 北京：石油工业出版社，2010.

[16] 薛洪旺，张进萍. HSE 管理体系在我国的发展历程及趋势. 当代石油石化，2009，7.

[17] 刘德军. 科学发展观与企业 HSE. 北京石油管理干部学院学报，2009，3.

[18] 戴颂文. 国外 HSE 管理体系的应用状况及发展趋势. 当代石油石化，2009，17.

[19] 壳牌公司杜邦公司 HSE 管理简介. 石油安全通讯，2000，1.

[20] 栗镇宇. 工艺安全管理与事故预防. 北京：中国石化出版社，2007.